アユ学

アユの遺伝的多様性の利用と保全

谷口順彦・池田 実〈著〉

築地書館

島のアユ採集

上／屋久島の内川
右／内川で釣ったアユ
下左／対馬の仁田ノ内川
　この川のアユは小さかった
下右／奄美大島の役勝川
　川の中の石の上でマムシがとぐろを巻いていた

最上川のアユ採集

上左／月山から流れくる立谷沢川
上右／最上川本流、清川付近のトロ場
中左／最上川本流、清川瀬肩付近で釣ったアユ
中右／レンタカーに積んだ採集道具一式
下／最上川本流の清川付近の瀬。中左の写真のアユはここで釣り上げた

上／天然遡上成魚
中／人工種苗放流成魚
下／人工種苗池中成魚
左が外観で、右が肝臓

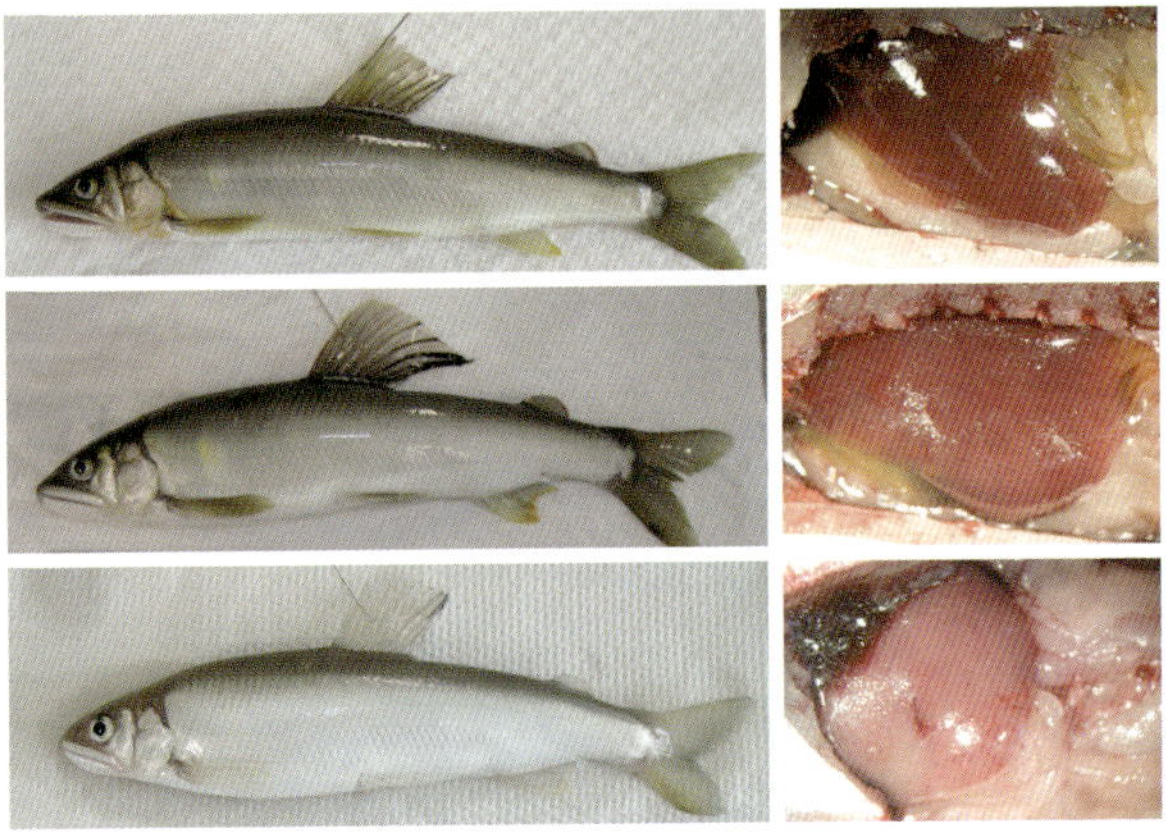

ミトコンドリアDNAハプロタイプからみたアユ集団の遺伝的類縁関係（本文134ページ参照）

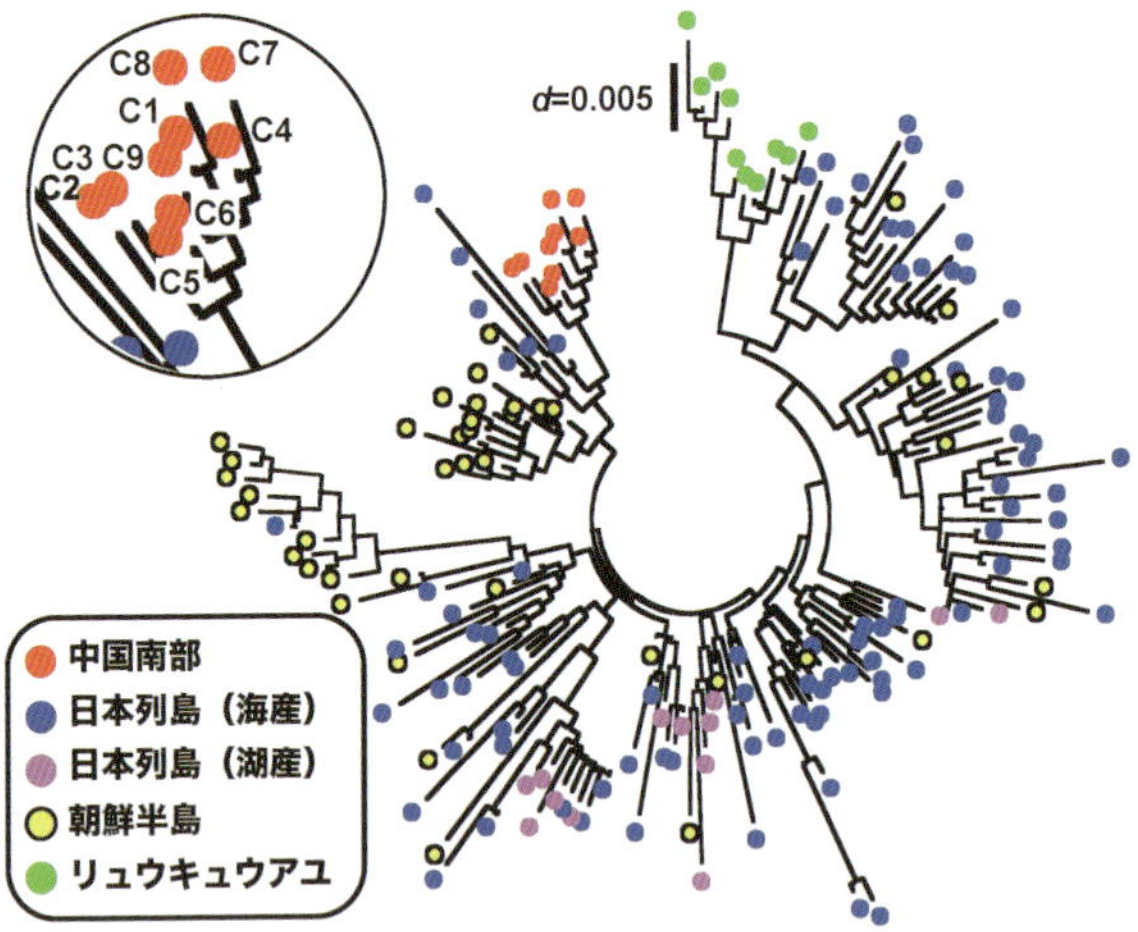

高知産人工種苗アユ（1代目）のマイクロサテライトDNA多型（本文200ページ参照）
上のバンド：
Pal-5 マーカー座
下のバンド：
Pal-4 マーカー座

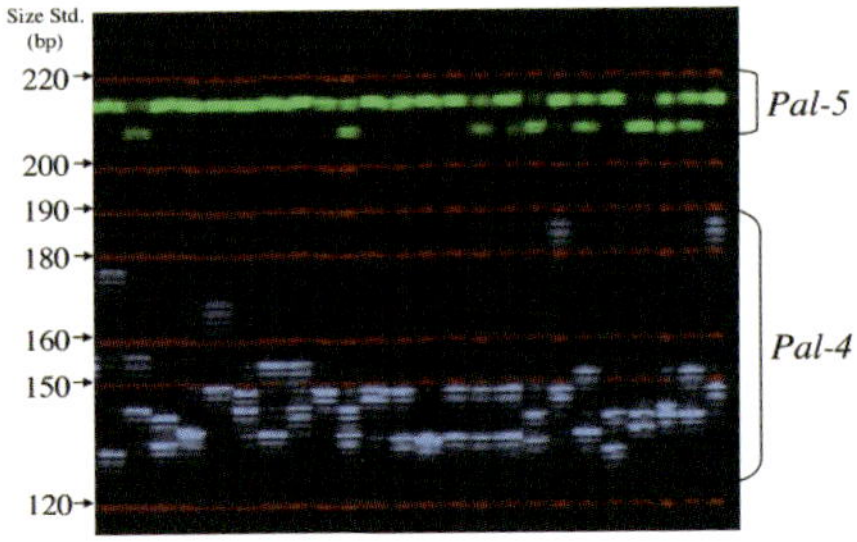

アユ学

――アユの遺伝的多様性の利用と保全

はじめに

一九九二年に、ブラジルのリオデジャネイロで地球サミットが開催され、生物多様性条約がそのなかの重要議題として提案され採択された。その翌年、国連食糧農業機関（ＦＡＯ）はイタリアのローマ郊外において魚介類の遺伝学専門家会議を招集し、水産増養殖にかかわる遺伝資源の利用と保全にかかわる行動方針を策定した。この会議は、地球サミットの基本精神である資源の持続可能な利用と保全をめざすものであった。私はこの時期、魚類の遺伝資源の多様性保全に強い関心をもって研究をすすめていたので、ＦＡＯからの招聘を喜んで受けることにした。

二〇世紀の後半、魚介類の増養殖生産の研究分野では、人工種苗の大量生産技術が飛躍的に進歩しつつあった。これにともない魚介類生産の研究分野においても、遺伝育種関係の技術開発がいよいよ進展するという期待感が盛りあがるのをじかに感じた。同時に、育種という技術は在来生物に遺伝的に大きな改変をもたらすため、それによるリスクについて対処法をよく考えておかなければならないと思った。ＦＡＯの会議で話し合われた内容はまさしくこれに関することで、私自身たいへん心強く思った。

アユに限ったことではないが、自然の生息地域にはその環境に適応した遺伝的特性を保有する地方集団が存在する。天然種苗が生息する河川に、別の地域から遺伝的に異なる種苗を輸送し放流する場合、放流種苗の定着あるいは放流による資源の増加が期待できるか否か、在来の遺伝資源の安定性を乱すことがないか、さらにはその結果として、資源の衰退をもたらすことはないか、などについて十分に調査研究し、その影響を予測することが必要である。それゆえ、放流事業を実施する前に、その河川で使用される放流用種苗の由来を調査することは、それらの遺伝的リスクを評価することにつながる重要な研究課題と考えられる。

私は少年時代を琵琶湖のほとりで過ごした。放課後は毎日のように湖岸に群れ来る小アユを追いかけ戯れ遊んだ。研究者になってからも、当初、海産魚や淡水魚など種々の有用魚類を中心に研究をすすめてきたが、あるとき、友人からアユの友釣りを習ったのを契機に、アユは趣味の対象となっただけでなく、中心的研究対象としてもつきあうようになり、たいへん愛着をもってかなり近い距離から眺めてきた。

そのため、アユをとりまく河川環境がどれほど悪化したか、濫獲や魚病による大量死の影響、気象不順による産卵不調など、その資源の持続にとって負担となる種々の問題に気づくようになった。私の期待に違わずアユは生態学や集団遺伝学にかかわる多くのことを教えてくれ、今となっては、一生つきあうに十分の手応えのある魚だと思っている。同時に、今後もこの魚が人々に親しまれ、いつまでも生きながらえてほしいと心底から強く願っている。

私は、過去三十有余年にわたり、魚類の集団構造と遺伝的多様性に関する遺伝育種の研究をすすめてきた。学生時代に興味をもって取り組んだのが魚類の進化に関する形態学的研究であった。ほどなく関心事が種分化論に移り、当時新しい学問分野であった集団遺伝学の世界を知ることになった。それ以来、私の研究の底流には「いかなる魚種も、遺伝子給源（gene pool）を共有し、他家受精の任意交配を行なう個体からなる集団によって成り立ち、その集団は相対的に独立した複数の分集団（メンデル集団）によって構成され、このような集団構造こそ生物種の進化の一断面をなすもの」という考え方が流れることになった。

言い換えると、種内の分集団こそが魚類の生活史と種集団の遺伝的分化、資源量変動および遺伝的多様性の伸縮などのダイナミズムに関与する基本単位であり、このような集団構造の解明こそが、水産生物集団のなかで起こっている諸事象を解き明かすための中心課題となることを確信するにいたった。

私の研究は、当初は、日本列島を中心としたアユの遺伝的変異と遺伝的集団構造に関するものであった。その後、韓国や中国などのサンプル採集も行ない、アユの生息圏全域に広がった。

研究手法として遺伝マーカーの使用が必須となるが、当初は、遺伝マーカーとして酵素タンパク多型に依存して研究をすすめ、それにより集団構造の大まかな枠組みの解明に成功した。しかし、日本列島およびその周辺の海産アユの遺伝的集団構造については、酵素タンパク遺伝マーカーの感度に限界があり、分集団の地理的分化の実態に関する遺伝情報を得ることができなかった。その後、酵素タンパク遺伝マーカーよりはるかに感度の高いＤＮＡマーカーの開発期が到来し、およそ二〇年前からＤＮＡマーカーの開発とそれを応用した集団遺伝学的研究がすすめられることになった。

アユの遺伝的多様性の研究は、近年のＤＮＡマーカーが遺伝指標として採用されることにより一段と進展するなかで、これまでよくわからなかった日本沿岸の海産アユ集団や中国・韓国など遠隔地集団、同一海域内の遺伝子流動や地理的分化などの実態把握に大きな力を発揮するようになった。

本書は、私たちがアユから学んだ集団遺伝学的諸事象とその応用研究の成果のすべてを紹介し、資源の衰退がみられる日本のアユの復活とその持続的利用についての道筋を解明することを目的とし、巻末にリストアップされた私たちの研究論文を中心素材として「アユの遺伝的多様性の利用と保全」というテーマでまとめたものである。「遺伝資源の利用」は、生物のそなえる特性である多様性に着目して生産の向上を図ることを意味する。また、「遺伝資源の保全」は、種または系統のそなえる遺伝的特性が人間の種苗生産や種苗放流などの活動により攪乱され消失するのを防止することを意味している。

本書の構成は、アユのルーツと生物特性、遺伝的多様性マーカーとその応用、アロザイム（酵素タンパク）遺伝マーカーによるアユ種内集団の判別、ＤＮＡマーカーによるアユの集団構造の解明、海域内の遺伝子流動、人工種苗の健苗性に対する遺伝的問題、人工種苗の健苗性の発現にかかわる環境要因、放流種苗の追跡調査、アユの種苗特性と有効利用、種苗放流効果をめぐる諸問題、河川環境の保全と資源管理にかかわる問題などからなり、アユ集団にみられる遺伝育種学的な諸現象を取りあげ、さまざまな新しい知見を紹介するとともに、野生および増養殖用の種苗集団の遺伝的多様性維持と親魚集団の遺伝的管理手法の提案を行なった。このほかに、参考資料としてアユの集団分析マニュアルを巻末に掲載した。

本書には、私が高知大学、東北大学および福山大学に在任中に、同僚や在学生とともに蓄積した研究成果が盛りこまれている。これらの研究の大部分は論文として公表されており、それらは巻末にリストアップした。

近年、採用しはじめたDNAマーカーによるアユの集団分析に関する新しい知見は、東北大学在任中の私の同僚、池田実さんの協力と貢献に負うところが大きく、本書をまとめるにあたり、共著者として名を連ねていただいた。

谷口順彦

目次

第1章　アユのルーツと生態

孤高の系統

分類

アユは、分類学的には硬骨魚綱《こうこつぎょこう》、サケ目、サケ亜目、アユ科、アユ属に含まれるただ一つの魚種である。学名は *Plecoglossus altivelis*、英名では sweetfish と称されている。しかし、近年、国際的な学会誌にしばしば登場するようになり、研究者仲間では ayu で通じるようになった。まず、アユがサケの仲間であることは、分類学上サケ亜目に属し、脂鰭《あぶらびれ》をそなえることからもすぐにわかる（表1－1）。

その姿かたちはサケ類に本当によく似ている（図1－1）。しかし、体はさほど大きくならないので、ギンザケやベニザケのような大型種からなるサケ科には属さず、アユはその対極をなす小型種のキュウ

表 1-1　アユの分類学的位置（『日本産魚名辞典』1981より）

サケ目（*Salmoniformes*）			
サケ亜目（Salmonoidei）			
	キュウリウオ科（Osmeridae）		
		ワカサギ属（*Hypomerus*）	3種
		カラフトシシャモ属（*Mallotus*）	1種
		キュウリウオ属（*Osmerus*）	1種
		シシャモ属（*Spirinchus*）	1種
	アユ科（Plecoglossidae）		
		アユ属（*Plecoglossus*）	1種
	シラウオ科（Salangidae）		
		ヒメシラウオ属（*Neosalanx*）	1種
		シラウオ属（*Salangichthys*）	2種
		アリアケシラウオ属（*Salanx*）	1種
	サケ科（Salmonids）		
		イトウ属（*Hucho*）	1種
		サケ属（*Onchorynchus*）	8種
		マス属（*Salmo*）	2種
		イワナ属（*Salvelinus*）	6種

図 1-1　産卵期の雄アユ（左）と川へ回帰したシロザケ（右）

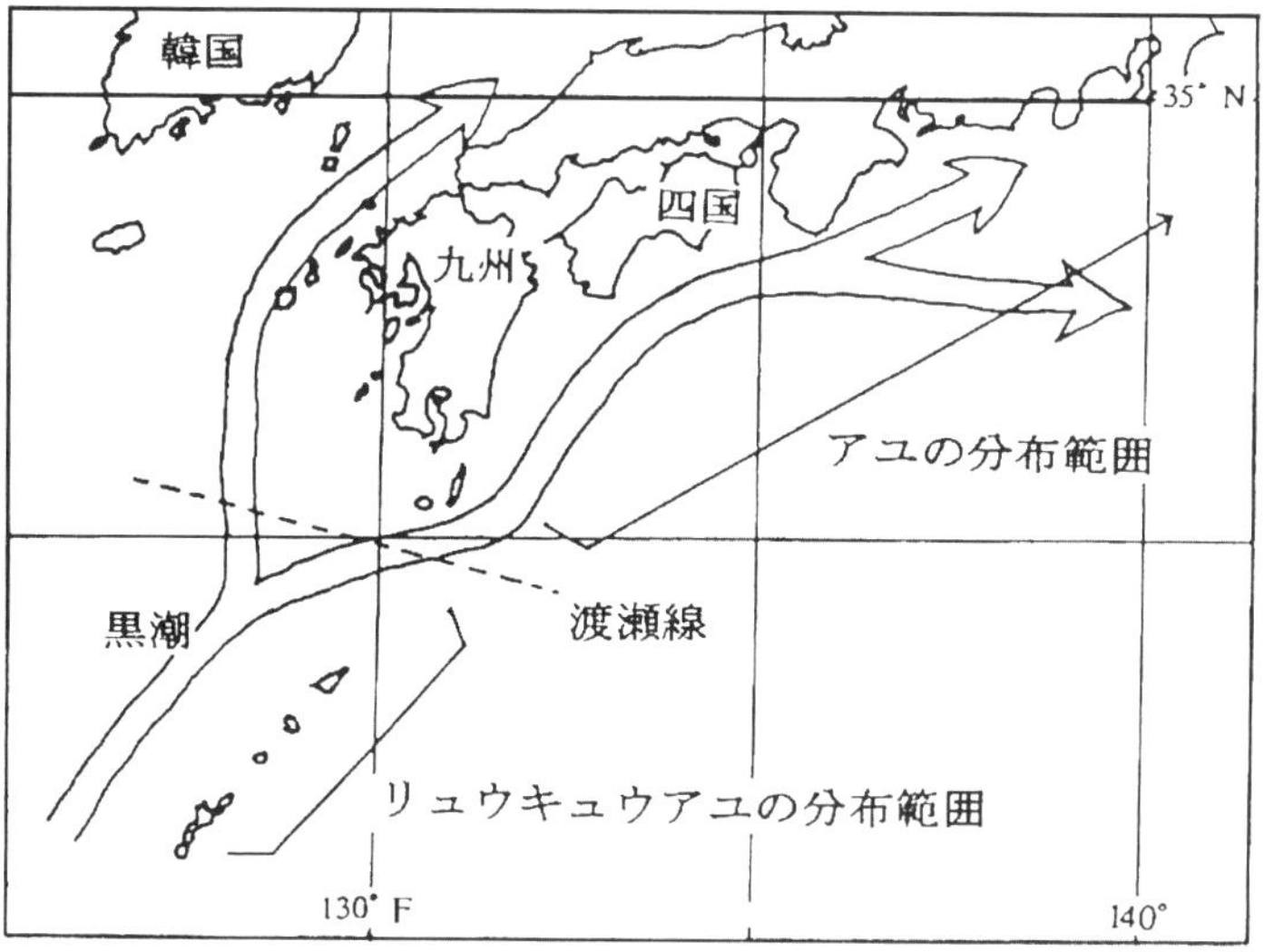

図1-2　黒潮とアユの生息域

リウオの仲間に近いと考えられている。しかし、シシャモ、ワカサギなどを含むキュウリウオ科や、幼形進化《ようけいしんか》で知られるシラウオ科に含まれることもなく、アユ一種からなるアユ科を形成している（川那部・桜井、一九八二）。

魚類はもともと魚種数が著しく多く、一つの科にはいくつもの属が、一つの属には複数の魚種が含まれるのが普通である。アユのように、一科、一属、一種の分類学的地位が与えられるケースはむしろめずらしい。

アユがサケの仲間といわれながら分類学的に特別待遇を受ける理由は、一方ではサケの仲間であることを示す普遍的特徴をしっかりとそなえておりながら（**図1-1**）、他方では付着藻類を底石から剥ぎ取って食するという特異的な摂餌《せつじ》習性と、それに対応した特殊装置である櫛状歯をそなえることにあると考えられる。アユのような特異的な形質をそなえる魚種は、本種の近縁グループにはみられない。遠縁のボウズハゼは付着藻類食だが摂餌装置は明らかに異なっている。

分布と系統

アユの分布域は東アジアといわれるが、実質的な分布域は日本が中心だといっても過言ではない（**図1−2**）。南限は中国大陸の福建省、台湾、琉球列島などで、北限は朝鮮半島東岸河川、日本沿岸では北海道余市《よいち》川、岩手県閉伊《へい》川などである。日本列島では黒潮と対馬暖流の影響域に限られるようだ。一方、夏の水温、気温が高すぎるところに分布することはない。これらの分布範囲の決定要因には、夏場の河川の高水温、越冬期（仔稚魚期）の低水温などが考えられる。純淡水魚として知られるコイ科魚類の生息可能な水温範囲の広さに比べると、アユの生活可能な要件ははるかに厳しいものがある。

アユのおおよそのルーツについては、形態形質にもとづく分類体系から推測することが可能と思われるが、キュウリウオ科に近いのかシラウオ科に近いのかといった詳しい関係については、それらの間を埋める魚種が少なくよくわかっていなかった。

近年、東京大学海洋研究所の西田睦教授を中心とする研究グループによって、アユの系統・類縁関係を推定するためのツールとして定評の高いミトコンドリアＤＮＡの塩基配列による研究がすすめられ、より詳細な関係が解明されている。その研究によると、キュウリウオ科とシラウオ科は互いに近い関係にあるのだが、アユはそれらとはやや遠い関係にあるということで、形態から判断する類縁関係が結構

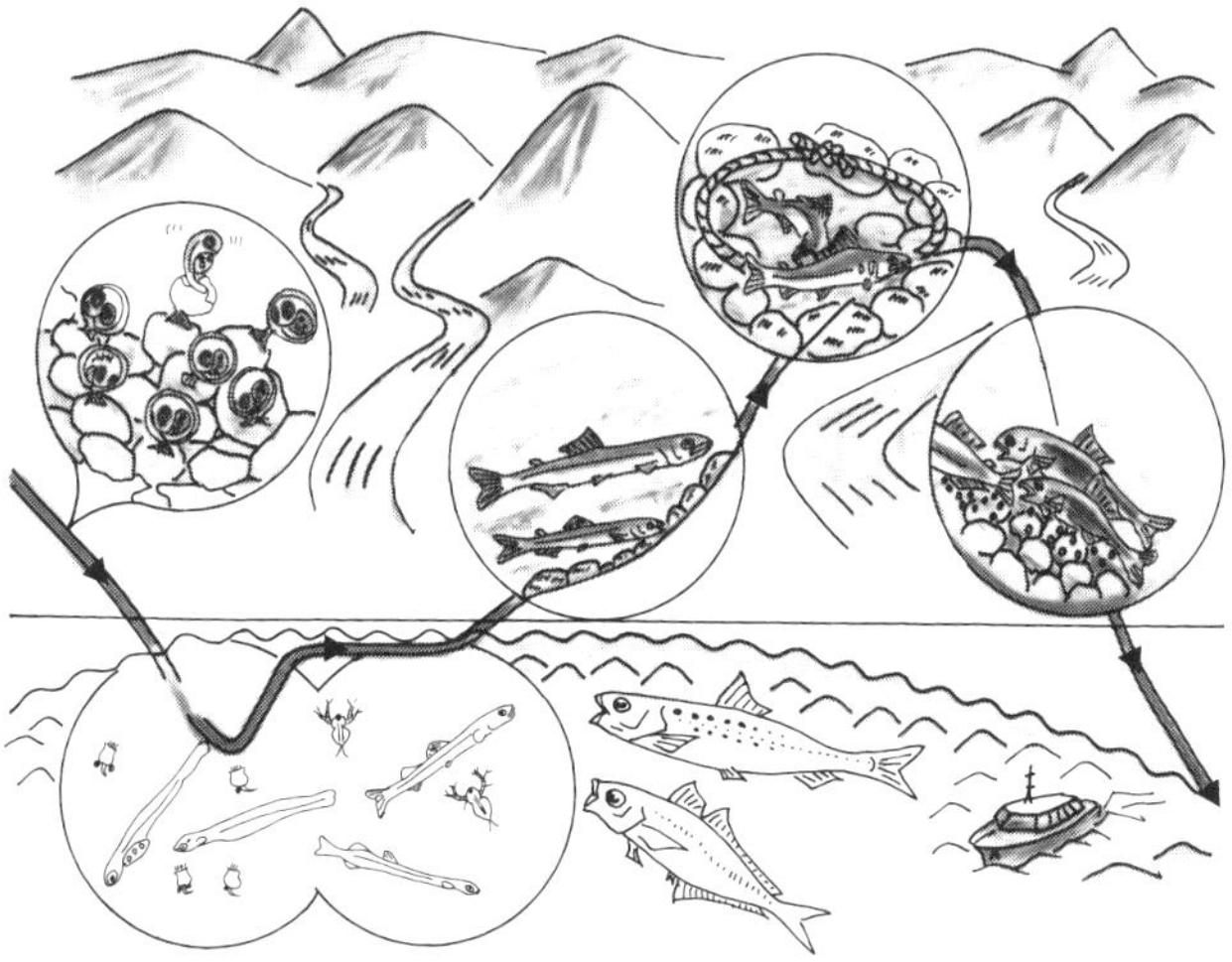

図1−3　アユの発育と生活史

信用度が高いことがわかった（Ishiguro *et al.*, 2003；Ishiguro *et al.*, 2005）。

亜種および品種

本種には、春に海から川へ遡上し、秋に産卵して一生を終え、孵化仔魚は海へ下り冬季をそこで過ごし、翌春に再び川へ戻るという生活史をそなえる系統がある。この系統は両側回遊型と呼ばれている（図1−3）。

これに対して、琵琶湖や九州の池田湖には、海へ行かないで一生を淡水域で終わる陸封型といわれる集団がある。このアユは湖岸および湖への流入河川の最下流域で産卵し、仔稚魚期を湖中で過ごし、春には再び湖の周辺河川へ遡上するという生活史をそなえている。

第2章で詳しく説明するが、前者は海から遡上してくるので海産アユとか海系アユと呼称され、後者は陸封型と呼ばれるが、その大部分が、琵琶湖で採捕されるため、通常、琵琶湖産アユまたは湖産アユと呼ばれている。

また、奄美大島には、アユとは別亜種とされる集団が知られている。本種との形態的な違いは微妙だが、遺伝子マーカーでは明らかな違いがみられ、個体ごとに識別することができる。この亜種はその分布域にちなんで、和名はリュウキュウアユ、学名は *Plecoglossus altivelis ryukuensis* と命名されている(Nishida, 1985 ; 1988)。

魅惑の生態

アユは、長い進化過程のなかで、川底の石の表面に付着する藻類を効率的に剝ぎ取り、それを消化することができる生態的・生理的な特技を獲得した。餌となる上質の付着藻類は、速い流れと複雑な流れが渦巻く川底で生産されるため、アユにとって採餌活動は楽なことではないと思われる。そのような生活環境のなかで、アユは強い水圧を避けながらうまく遊泳できるように適応したものと思われる。適応の証として、体形は滑らかな紡錘形、歯は櫛状に変形し、胃と腸の境界部にきわめて多数の幽門垂《ゆうもんすい》という消化器官をそなえている。このような生態を獲得したことで、アユは川魚のなかでも抜群に高い生産力を発揮できる魚種に進化し、河川生態系の中心的地位におどりでることに成功したものとみられる。

発育の段階

一般に、生物の形態形質は発育にともなって著しく変化するが、アユも例外ではない。この変化は形態形質だけではなく、生理的・生態的形質においても普通にみられる。したがって、アユの形態的特徴を的確に認識しようと思えば、調査対象とした個体がどの発育段階にあるかということを知っておくのが大切であって、常に日齢、月齢は基本的に留意すべき重要項目と考えられる。

アユの発育段階は、卵期、仔魚前期、仔魚後期、稚魚期、若魚期、未成魚期、成魚期、成熟期の八段階に分けられる（**図1-4**）。それぞれの段階において生活様式が変化し、生理・生態特性も変化していくものと考えられる（**図1-3**）。

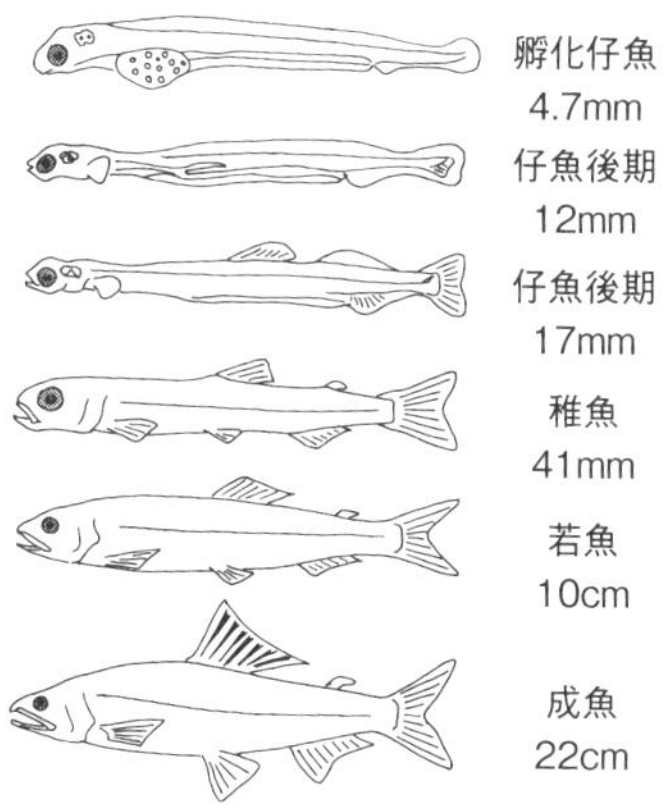

図1-4　アユの発育と体形変化

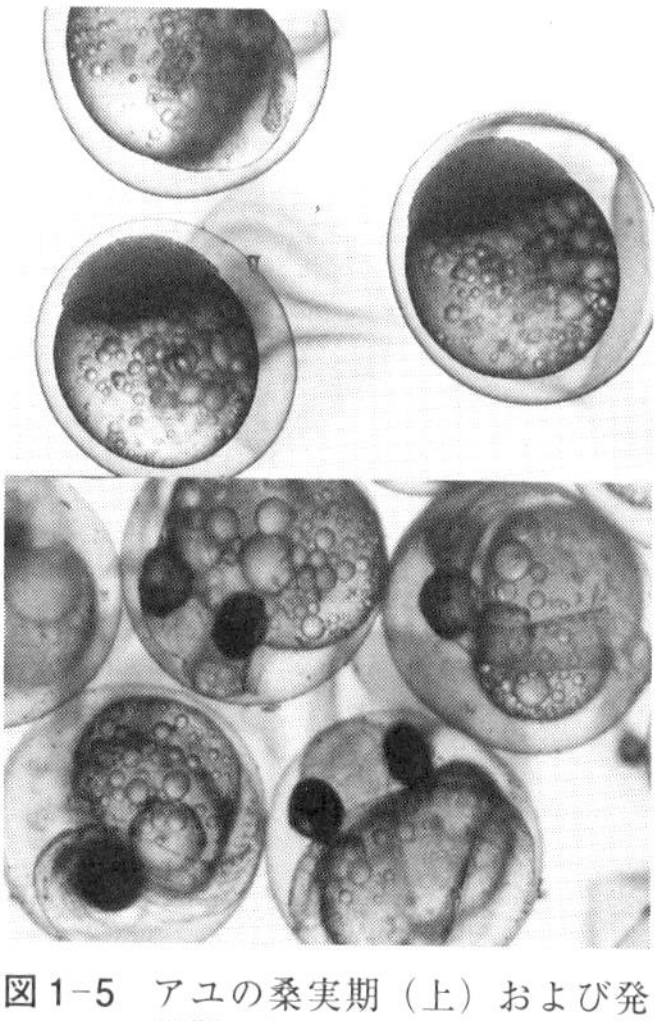

図1-5　アユの桑実期（上）および発眼期の卵（下）

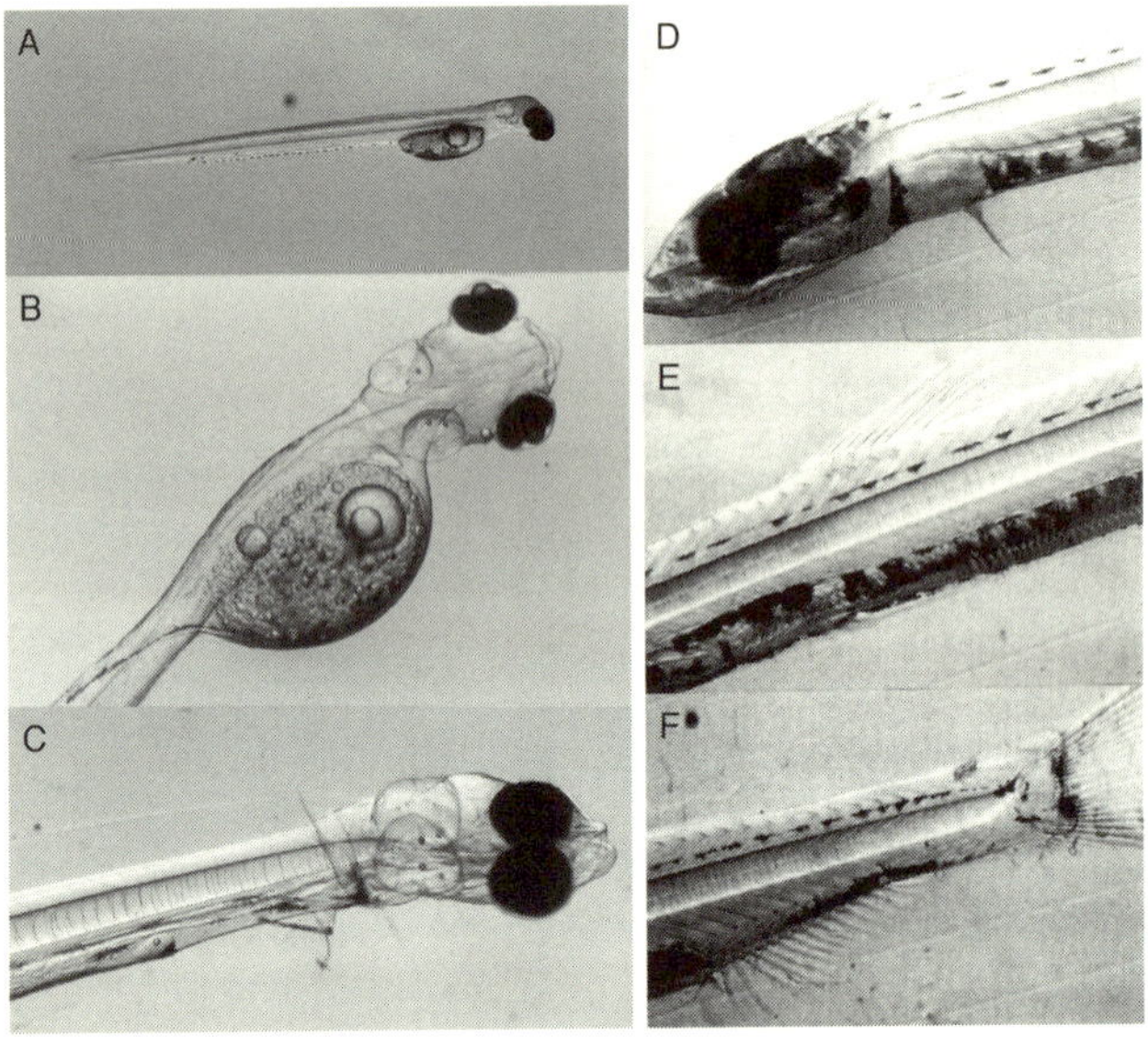

図1-6　孵化直後の仔魚（A）、同拡大図（B）、仔魚後期（C）、仔魚後期に発達する黒色素（D：頭部、E：腹部、F：尾部）

受精卵の発生過程を観察すると（図1－5）、水温一九度の場合、卵期はおよそ一〇日間で、卵期の水温がそれより高くなれば短縮され、低くなれば長期化する。受精後一〇日目の夕方に孵化が始まる。海洋生活期の稚魚の日齢判定の結果、一二月や一月生まれのものが見出されることがあるが、これは産卵期が遅れた親から生まれ、低水温下で卵期がよほど長くなったものと考えられる。

孵化後三日間は仔魚前期と呼ばれる。この時期は体内の組織は未分化の状態にあり、卵黄からの栄養に依存しながら器官形成が行なわれる時期とみなすことができる（図1－6）。

孵化後四日目から仔魚後期と呼ばれる。この日から、内部栄養から外部栄養へ切り替わり、ワムシなどの動物プランクトンを食べはじめる。この時期になると内臓諸器官の形成が活発に進行する。仔魚後期の成長はきわめて遅く、この時期は二〜三カ月間続く（**図1−6**）。

体長が四センチに達すると、外部形態と器官形成が完了し、稚魚期となる。体表の黒色素が増加し、クロコと呼ばれるようになる。体長が六・五センチに達すると若魚期となり、体内諸器官がさらに発達し、環境変化に対する抵抗力がしだいに強くなる。体長一〇センチ、体重五グラムに達すると未成魚期となり、口縁の櫛状歯はよく発達し、プランクトン食性から植物食性への変化が可能となる。河川への遡上を始めた若魚は、その後、中・上流へ分布を広げながら、急速に成長して成魚期になる。初秋には成熟期に達し、生殖腺がしだいに肥大し、やがて産卵し、一生を終わることになる（谷口他、一九八九）。

生活史と生態

両側回遊型アユ、つまり海から遡上してくる天然アユは、秋になると親魚の群れが最下流の瀬に集結して、成熟したものから順次産卵する。産卵場の細かい砂利に付着した受精卵は、水温によって異なるのだが、一七・五度の場合一二〜一四日目の夕刻に孵化することが観察によって確認されている。孵化した仔魚はそのまま流下し、流程の短い川では孵化後間もなく海へ進入する。

通常、孵化は予定日の薄暮に始まるが、予定日に孵化できなかった卵は翌日の夕刻まで待って孵化することが確認されている。これは、孵化仔魚が産卵場から海まで移動する間に、外敵による捕食を免れるための適応的性質と思われる。孵化後およそ三〜四カ月間の海洋生活期は、沿岸の汀線付近で動物プランクトンを捕食して成長することが最近の研究により解明されている（浜田・木下、一九八八）。

早春、海水の温度が上昇し河口域との水温差が小さくなるころ、稚魚は河口域へ進入し、淡水への馴《じゅん》化《か》をとげる。同時期、遊泳層は表層から低層へ移行し、食性はプランクトン食から付着藻類を中心とする植物食性へと変化する。河川生活への変態をとげた稚魚は群れをつくり、さらに上流へと遡上を続ける。黒い帯となって遡上するその姿は早春の風物誌であり、また、その年の資源量を予測するための標《しるし》となるため、河川漁業関係者の熱い眼差しをもって迎えられる。

遡上を始めた若アユの食性はもっぱら付着藻類食に変化するが、朝夕は水生昆虫の孵化幼生なども活発に捕食するようになる。解禁直後に、下流域で毛針釣りをする釣り人が多くみられるのは、このような事情からだと思われる。

水温が低い時期は一気に上流へ向かうのではなく、下流域でややぐずぐずしているようにみえることがある。アユの生活適水温といわれる一二度を超えると、水温の上昇にともない中・上流域へと分布域を拡大する。

表面が滑らかで大型の石が多い瀬は、餌場として、また外敵から身をまもる住環境として、アユにとって良好な生活の場となることは想像に難くない。中流域には、瀬と瀬の間に、やや水深があり流れの緩やかなトロ場といわれるところがある。トロ場には川底に大石がたくさん転がっていることが多く、このような場所もアユにとっては良好な餌場で、かつ鳥類などの攻撃を受けない安息の場所ともなる。

アユが遡上し、中・上流域へ到達すると、河岸の石にハミアト（餌を削り取った跡）がみられるようになる。それまで藻類とともに細砂や泥がついて汚れていた川底の石は、アユによって表面がきれいに磨きあげられ、そこには新しい付着藻類が繁殖し、上質の餌を採ることができる絶好の餌場となる。アユは、河川環境に自ら働きかけ、餌場をつくりながら成長していくという生活様式を獲得したがゆえに、川魚のなかの主人公におどりでたというところであろうか。

成魚期になると、餌場をめぐり激しいなわばり行動（排他的闘争行動）がみられるようになる。普通、アユ一尾が確保しているなわばり内には天然餌量が十分存在し、春から夏にかけて驚異的な成長を示す。たとえば、四月に五〜一〇グラム程度の稚アユを放流すると、六月の解禁日には六〇〜一〇〇グラムの立派なアユに成長する。

また、アユの体形は生息する場所の環境条件によって想像以上に変化する。たとえば、盛夏の河川では生息場の摂餌条件がすぐれ、まるまる太っているのに対し、台風期には海まで押し流されるような河川もあり、その後、自河川または近隣の河川へ再遡上してきたアユは餌不足のため、しばらくの間、痩せてしまって頭部の大きさが目立つスマートな体形になっていることがある。

産卵期は、初秋から晩秋にかけて比較的長期におよぶ。成熟が促進され生殖腺が肥大し、水温が二〇度以下になると産卵が始まる。両側回遊型の産卵期は一〇〜一一月で、温暖な地方ほど遅くなる傾向がある。琵琶湖系のアユの産卵期は放流河川にかかわりなく早く始まり、中心は九月中頃である。

産卵場は最下流域のいくつかの瀬に集中するが、産卵場が形成されるのは川底が直径一センチ以下の

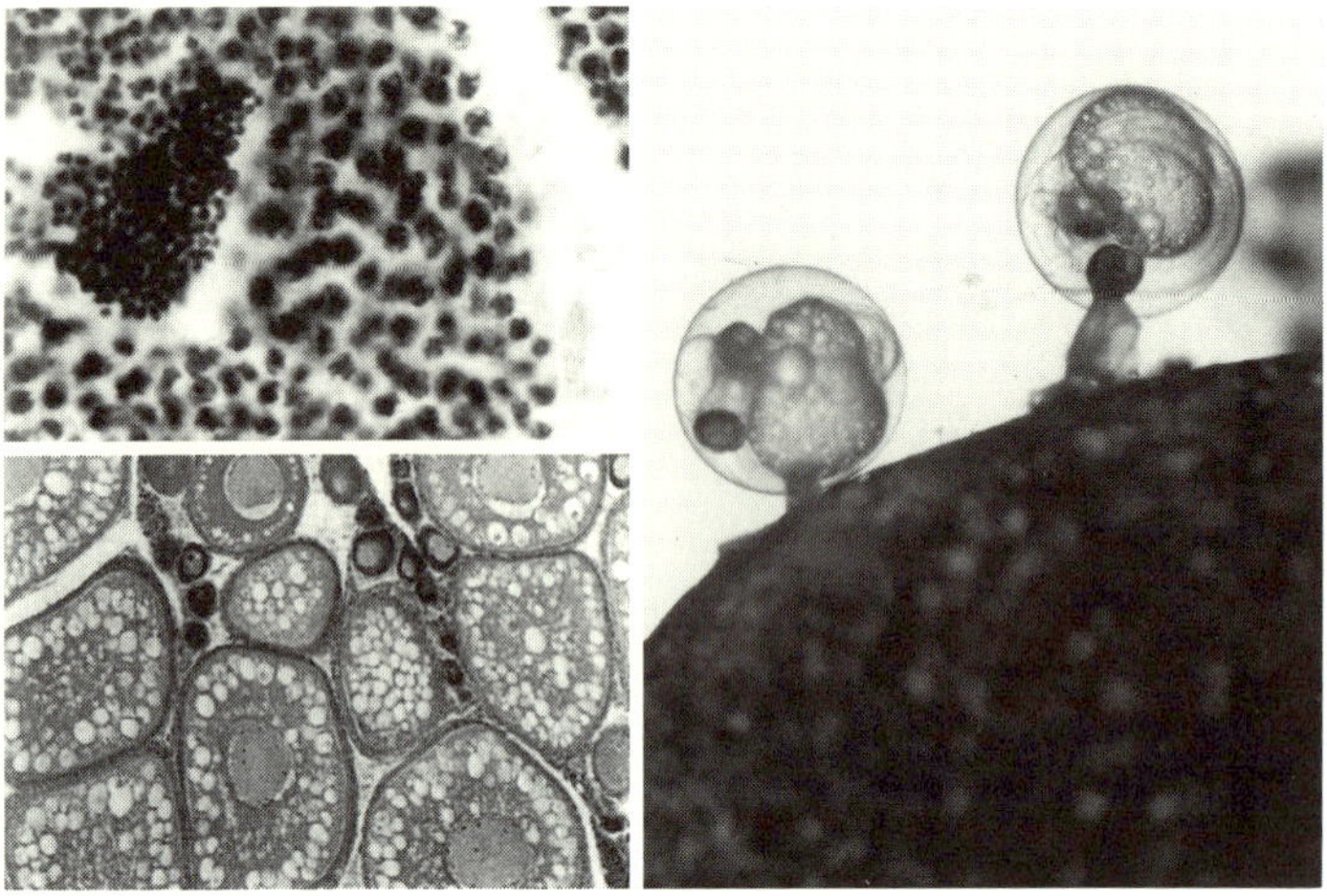

図1‒7　アユの精子（左上）、排卵に近い成熟卵（左下）、産卵場の石に付着した発眼卵（右）

砂利のあるところである。しかもそれらの砂利は浮き石状（足を踏み入れるとザクザクと砂利が動くような状態）になっていることが重要な要件であり、もしそうでないとアユは実際に卵を産むことができない。

産卵場では一尾の雌に対し多数の雄が追尾して放卵を促し、産卵直後に放精が行なわれる。ちなみに、五〇～一〇〇尾程度の産卵中の群れを観察すると、そのなかにいる雌親は数尾のみである。雌親は卵巣のなかで排卵という生理現象が起きてはじめて産卵が可能となる。このような成熟個体は産卵場となる瀬の直上のトロ場でのみ発見される。トロ場でしばらく待機した雌親は、排卵した個体から順次産卵場へ進入し、雄の追尾を受けて放卵してゆく。

このような産卵行動は、雌親が産卵場へ一挙に集中することなく、狭い産卵場内で受精卵を一定の密度で産着させ（**図1‒7**）、受精卵の環境を維持し、外敵からの食害を逃れるためでもあると考えられる。
雌親の成熟と排卵を促進する要因は、秋の到来を告げる日照時間の短縮と水温の降下と考えられる。実際に、排卵を起こし、産卵行動を促進する条件は、秋の出水と水温の急激な下降で、放卵を促進する要因は雄の追尾行動だと考えられる。

排卵した雌親が、適切な産卵場がみつからないとか雄親の追尾行動が得られないなど、なんらかの理由により放卵できないときには、卵巣内の卵が老化しスムーズに放卵することができなくなる。このように産卵できなくなって、腹部が異様にふくれあがった雌アユのことを漁師たちはダルマアユなどと呼ぶことがある。

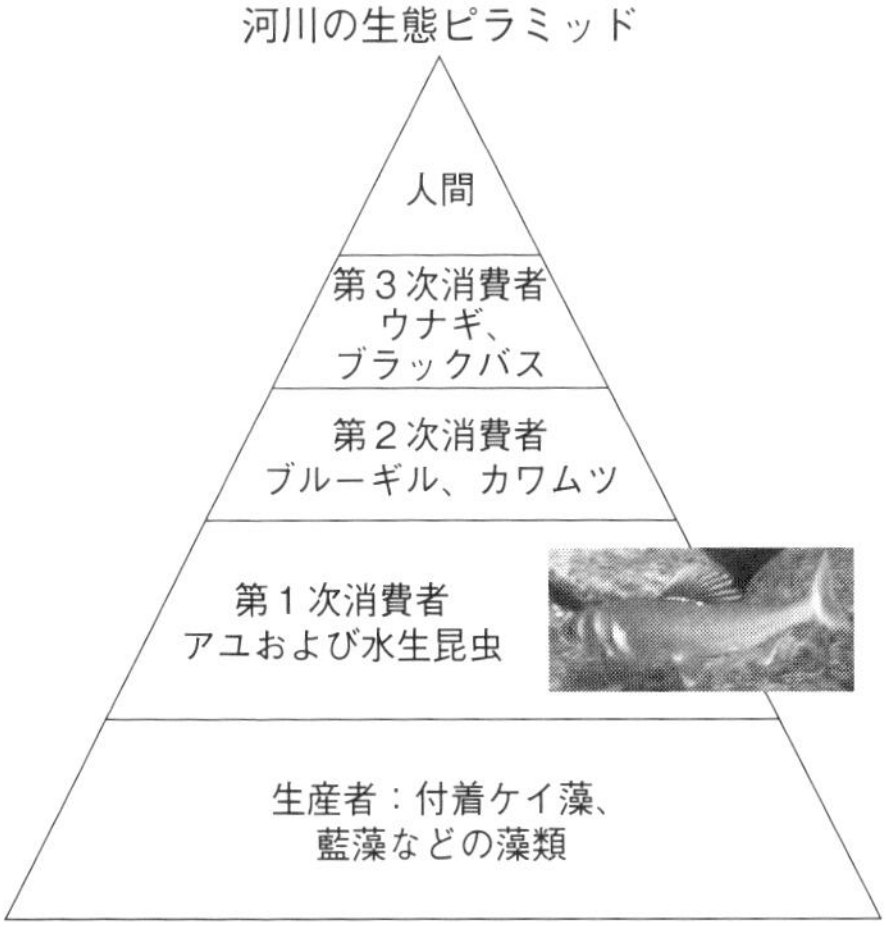

図 1–8　河川におけるアユの生態的地位

成長と生産力

アユは河川生態系のなかにあって第一次消費者の地位を占め、それを背景にして河川生物のなかでも圧倒的に高い生産力を誇っている（**図1–8**）。アユが漁獲量において、ほかの魚種に比べ高い生産量を誇っているのは、河川生態系の栄養段階のなかで、水生植物を餌とする生態的地位を占めているからだと考えられる。その生活環が順調に回っているかぎり、アユは毎年とぎれることなく確実に豊富な果実をもたらしてくれるという意味で、特別に貴重な再生産資源といっても過言ではない。

しかし、再生産資源としての本来の力量を十分発揮させるためには、次の二つの条件が整っていることが前提となる。第一に、生活基盤となる環境が健全な姿を維持し、健全な自浄機能を維持していること、第二に、生態系のなかで、アユがほかの生物との間でバランスのとれた相互関係を維持できることである。

第一の条件については、河川と沿岸域の環境についてアユに感想を聞いてみてはどうだろうか。河川にしても沿岸にしても、アユの生息域は人間の生活域に隣接しているためにさまざまな悪影響が生じる。河川の水質汚濁、ダム発電のための減水区の発生、山林崩壊による濁水の長期化、産卵床の砂利の汚れ、遡上期の河口閉塞、最近では夏期の冷水病菌の慢性的発生など悪い条件がそろっている。近年のアユ資源の急速な減少は、天然アユをとりまく環境が病んでいることと無関係ではない。

第二の条件については、アユ自体が生態系の食物連鎖のなかで、生物間の厳しい生存競争に曝されている。ほかの水生生物との種間の量的バランスのうえに生息しており、さらに有用性ゆえに濫獲・産卵魚の採捕といった人的ストレスが加えられるアユにとっては、その資源を維持することは容易なことではない。また。競合関係にある生態的同位種といわれるほかの生物種との関係を維持することも容易なことではない。

そのような影響は、仔魚期や稚魚期に特に顕著に表われると思われる。ほかの有用水産生物にも共通することだが、その魚種が有用であればあるほど、人間はそれらに漁獲を通じて強いインパクトを与え、資源のレベル低下をもたらし、ひいては種の絶滅につながるような影響をもたらす。このような人為的ストレスの代償として、種苗放流事業が実施されるわけだが、現在は、この事業なくしては、もはやアユ資源の保全は考えられないというところまできている。このような現実をみるにつけ、アユ資源の自律的な資源維持は不可能に近いのではないか、といった懸念が多くの関係者の間に広がっている。

人間が遺伝資源を利用するかぎり、その代償として漁獲によるストレス（ダメージ）を補うための手当てを常に配慮しなくてはならない。与えたストレスに対する手当ての一つとして実施されるのが種苗放流だが、適切な系統の種苗の放流でないと何の意味もなくなる。

補償はこれだけでは不十分で、漁業における漁獲量、漁期、漁場をめぐる規制、産卵場や稚魚生息域の造成など、持続的生産につながる長期的な手当てを実施してはじめて、遺伝資源の保全が可能となるのではないだろうか。

第2章 海産アユと湖産アユ――両側回遊型と陸封型

天然の品種

一般に、生物界はさまざまな特徴をそなえた多数の生物種によって構成されている。生物種はそれぞれに固有の特徴をそなえた個体の集合体であり、それらは互いに生殖的に交わることはなく独自性を維持している。このような生物種の集団はメンデル集団と呼ばれ、遺伝子給源（gene pool）を共有し、他家受精の任意交配を行なうことにより生物種の独自性を維持している。もっとも、身近なものでもギンブナのように集団は雌ばかりで構成されるという例外もある。*

*ギンブナの卵巣では減数分裂を省略して卵が形成されるので、体細胞分裂と同様に母親と同じ遺伝子構成の成熟卵がつくられる。卵が発生を開始するためには、放卵直後にキンブナやゲンゴロウブナの精子の助けを必要とするが、

発生を開始すると精子は卵子と融合せず卵外へ排除される。このため、雌親一尾ごとに母親の遺伝子が次世代へ継承され、一尾の母親の子ども＝一腹子《いちふくし》は母親と遺伝的に全く同じ遺伝子組成をそなえるクローン個体の集合となる。このような生殖様式は雌性発生と称されるが、魚類ではめずらしいケースである。

前章でも触れたが、アユは魚種として際立った形態的・生理生態的特徴をそなえ、他種とは容易に区別される一つの魚種とみなすことができる。しかし、一つの独立性のある生物種とはいっても、その生息域は広く、分布範囲中に、なんらかの隔離要因によって遺伝子の流動が妨げられ、相対的に独立した分集団が存在するというのもまた一般的事象なのである。これら分集団は時とともに独立性が顕著になり、いずれは、もとの種とは生殖的に独立し、固有の特性をそなえた新たな地理的集団、亜種、種などへと進化をとげてゆく。このような種分化という集団における遺伝的多様性の変化そのものが、生物種固有の特性でもある。

このように、一つの生物種の個体の集合が、繁殖を通じて遺伝子を共有し、遺伝的特徴を維持し、時系列的に変化していく姿を解明するのが集団遺伝学である。この学問は、生物進化に関する基礎的な知見を提供するだけでなく、生物の生産活動に直結する個体群の動態の解明や遺伝的多様性の保全など、応用性が高いと評価されている。たとえば、本書でもしばしば出てくる分集団という用語は、魚類の種分化、資源量変動および遺伝的多様性の伸縮などのダイナミズムに関与する、再生産における基本単位である。その分集団のあり方（構造）の解明こそが、水産生物の諸事象を解き明かすさいに、まず取り組むべき中心課題と考えられるのである。

湖産アユと海産アユという呼び方

このような集団遺伝学的な理論を背景にして、湖産アユと海産アユの遺伝的独立性とそれらの特性について研究をすすめてくるなかで、当初は、海産アユ、湖産アユと称していたが、新しい知見が次々と明らかになり、それまでの単に採集場所を特徴づける呼び方では不十分となった。これらが遺伝的に独立した種内の地理的品種であることが判明した後は、二つの種内集団に対し、海産アユⅣ海産系アユⅣ海系アユ、湖産アユⅣ湖産系アユⅣ琵琶湖系アユといった、種内の系統を意味する呼称への変換が必要となった。このような系統を意味する呼称は、放流用種苗が生産されるようになり、ダム湖において陸封アユが発生している現状では、ますます現実的な呼称となりつつある。

本書では、野生集団を対象とした調査研究において、現地で採集された供試魚を指している場合は「海産アユ」または「琵琶湖産アユ」と称することにした。また、人工種苗集団を対象とした調査研究においては、それらのルーツを想定して「海産系」または「湖産系」と称することにした。ダム湖集団に対しては「湖産アユ」、そのルーツが明らかな場合は「琵琶湖系」とした。また、いずれの調査研究においても、結果の考察にあたっては、対象集団の歴史性に鑑み、「海系」または「湖産系」と称した。

両側回遊型と陸封型

これらの呼称は、海産アユと湖産アユの学術的な呼称である。全国の河川に広く自然分布する天然アユは、秋に川で生まれ、孵化後すぐに海に向かって川を下り、仔稚魚期は海で過ごす。春になると河川へ遡上し、成長期には中・上流に向かって摂餌回遊を行なう。このように遡下回遊と遡上回遊を行なう生活様式に照らして、生物学的には両側回遊型と呼ばれている。また、春に海から川へ遡上してくるので、海で発生するアユとされ、一般には海産アユと呼ばれている。このアユは、その前年の産卵期の気象条件や稚魚期の海況の影響を強く受けるので、毎年の資源量は大きく変動し、不安定な資源とみなされている（石田、一九八五）。

他方、一生を淡水域で過ごすアユがいる。このアユは、仔稚魚期を琵琶湖のような湖で過ごし、翌春に湖の周辺河川に遡上して湖内または河川で成長するので、海へ下ることのないアユというわけで、生物学的には陸封型、一般的には湖産アユと呼ばれている。陸封型は、湖沼やダム湖で再生産されるアユのことだが、放流事業で生産量が圧倒的シェアを誇る琵琶湖産アユを指していることが多い。

しかし、陸封アユは、琵琶湖のほかに九州の池田湖のような自然湖や西日本のダム湖にも発生しており、近年ダム湖産アユが、放流種苗として利用されるケースもみられる。

琵琶湖産アユはなわばり習性が相対的に強く、また河川生産力を十分引き出してくれる種苗として、友釣り愛好者はもとより、内水面漁業関係者の間でも根強い人気を誇ってきた。琵琶湖産アユは、湖内にいるかぎりせいぜい五～一〇グラム程度までしか成長できない。しかし、水量の豊富な大きな河川へ放流されると海産アユと同じようにすくすくと育ち、アユ漁が解禁となる夏には見事なアユに成長する。

海産アユや湖産アユが、同じものではないことは誰もが認めるのだが、いったいどこがどのように違うのであろうか。最近の試験研究において、両者間には生理・生態的な違いがあるだけでなく、それらの違いの裏には遺伝的背景があることがわかってきた。漁業者はいうにおよばず、友釣りや毛針釣りを楽しむ遊魚者たちは、経験的にも感性的にも、アユの体形、習性、生態、成長成熟などについて、湖産アユと海産アユの特性の違いを遺伝特性と帰する傾向があるようだ。私たちは、このような海産アユと湖産アユの遺伝的な違いの中身について、長年研究を続けてきた。ここでは、その違いについていろいろと検討し、考察を加え、さらに、今問題となっている種々の種苗の特性を解明し、それらの種苗の上手な使い分けについても考えていきたい。

環境の影響を受ける特徴

体長・体高・体幅など——量的形質

湖産アユと海産アユの違いを問う場合、個体または群れのなんらかの特徴、たとえば、体形、色彩、成長の早さ、なわばりの強さなどが問題になる。このとき、問題とする特徴のことを専門的には形質といっている。形質は質的形質と量的形質に分けられる。一般的に質的形質は遺伝的要因のみで決まり、量的形質は遺伝的要因と環境要因の双方の影響を受ける。これらの形質は、個体差のあり方によって、前者は個体差が明瞭なので不連続形質、後者は個体差が小さく連続形質と呼ばれる。

質的形質の代表的事例は人の血液型で、もっぱら遺伝子によって決まる。両親の保有する遺伝子、A、

B、Oの組み合わせによって子どもの血液型が確率的に決定され、AA型、BB型、AB型、AO型、BO型、OO型の六型が存在する。一度決まった子どもの遺伝子型は生後の履歴がどうであろうとも変化することはない。また、遺伝子型と遺伝子型の間を埋める変異はなく、不連続である。ちなみに、血液型は人の専売特許ではなく魚類にもれっきとした血液型があり、一九六〇年以前は魚類の系統群研究の遺伝マーカーとして応用されていたが、近年は使用されなくなった。

一方、量的形質については、紡錘型《ぼうすいけい》とか側扁型《そくへんけい》など、体長、体高、体幅などによって特徴づけられる魚の形状がその代表事例であり、餌の豊度や成熟状態などによって大きく変化する。また、量的形質は多くの遺伝子の支配を受けるため遺伝子型がきわめて多様となり、測定値が連続的に変異することになる。湖産アユは体高が高いとか、友釣りで掛かりやすいとか、遡上性が強いなどといわれるが、そのような特徴はいずれも量的形質である。

これらの量的形質は遺伝的要因と環境要因の双方の影響を受けるため、外見や個体の特徴の測定値をみただけでは遺伝的要因がどの程度影響しているのか評価することが困難である。別の見方をすれば、量的形質はそれぞれの個体の生活履歴を強く反映するため、履歴形質といわれることもある。下流のアユの体形は細長く、上流（渓流）のアユは体高が高く、台風のあとで海から戻ってきたアユは痩せてスマートになっている、などがそれにあたる。

したがって、両系統の遺伝的な違いを明らかにしたいと考えるならば、生まれたときから同じ環境条件を与えて飼育した複数の系統の形質の平均値を、系統間で比較するなど工夫が必要となる。

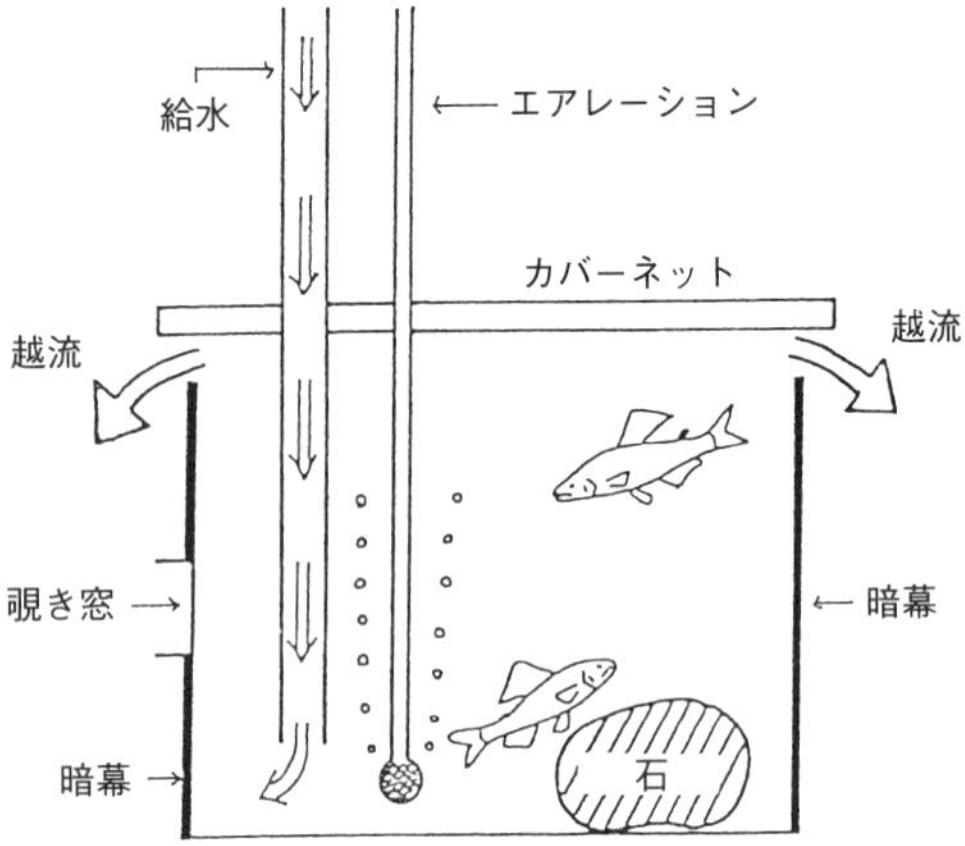

図2−1　アユのなわばり形成の強さの測定。なわばりを形成する強い個体が低層で遊泳し、弱い個体が上層に追いやられる（関他、1984）

なわばり形成能力の違い

湖産アユは海産アユに比べ、友釣りでよく釣れるといわれる。そこで、両系統のなわばり形成能力に違いがあるかどうか評価するための実験を行なった。両系統の飼育履歴を同じようにそろえないと比較の意味がないので、比較試験の前に、湖産アユおよび海産アユの稚魚を採取し、同じ大きさの水槽を使用して同じ条件を与え、四カ月間の馴致《じゅんち》飼育を行なった。その後、水槽中に同じサイズの二個体を収容して、二四時間後に遊泳状態を観察し、どちらがなわばりを形成しているか判定することにした（**図2−1**）。ここで、重要なのは比較する海産アユと湖産アユの直接的対戦により判定するのではなく、実験材料とする二個体は同じ系統内の同じ大きさの個体を選ぶという方法を採用したことだ。

二個体を選んで戦わせると、なわばりを形成する強いほうの個体が低層で遊泳し、弱いほうの個体は上層に追いやられてしまうので、なわばりを形成したか否かは容易に判定できる。二四時間経過してもなわばりが形成されない場合も発生する。このようにしてなわばりが形成されたか否かを判定し、勝負の決着がついたケースの割合を系統ごとに算出した。なわばり形成率を両系統間で比較したところ、低水温期には湖産アユの形成率が高く、高水温期には海産アユが高くなる傾向が認められた（図2-2）。

このような実験結果から、両系統の好適水温に違いがあるのではないか、もしくは水温に対する反応性に違いがあるのではないかと考えられた。ただし、ここで使用した両系統は野生起源であるので、湖産アユの日齢が海産アユの日齢に比べておよそ二カ月早いことを考慮すると（次項参照）、なわばり形

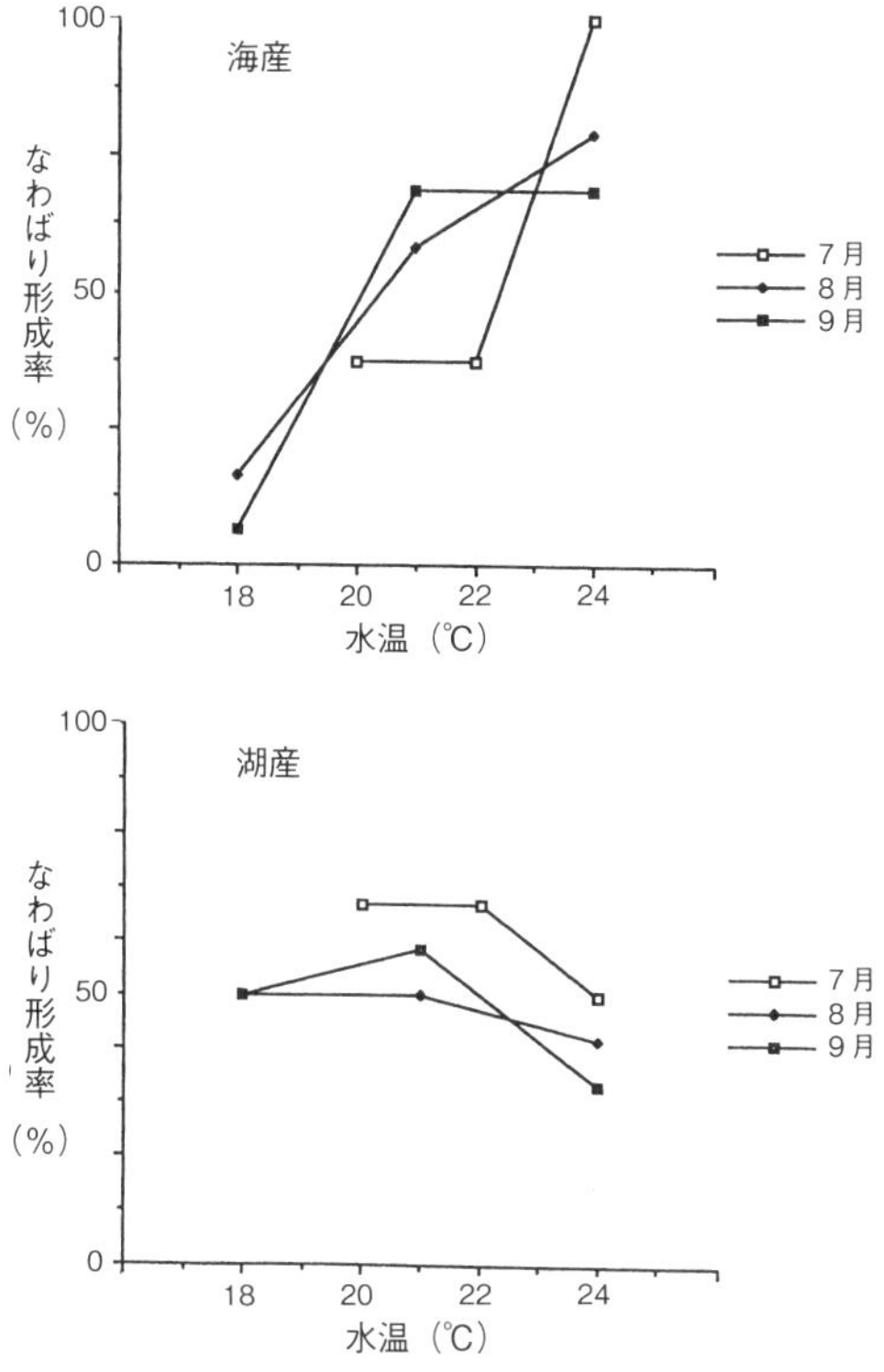

図2-2　琵琶湖産アユは低水温でなわばり形成率が高く、海産アユは高水温で高い値を示す（澁谷他、1995）

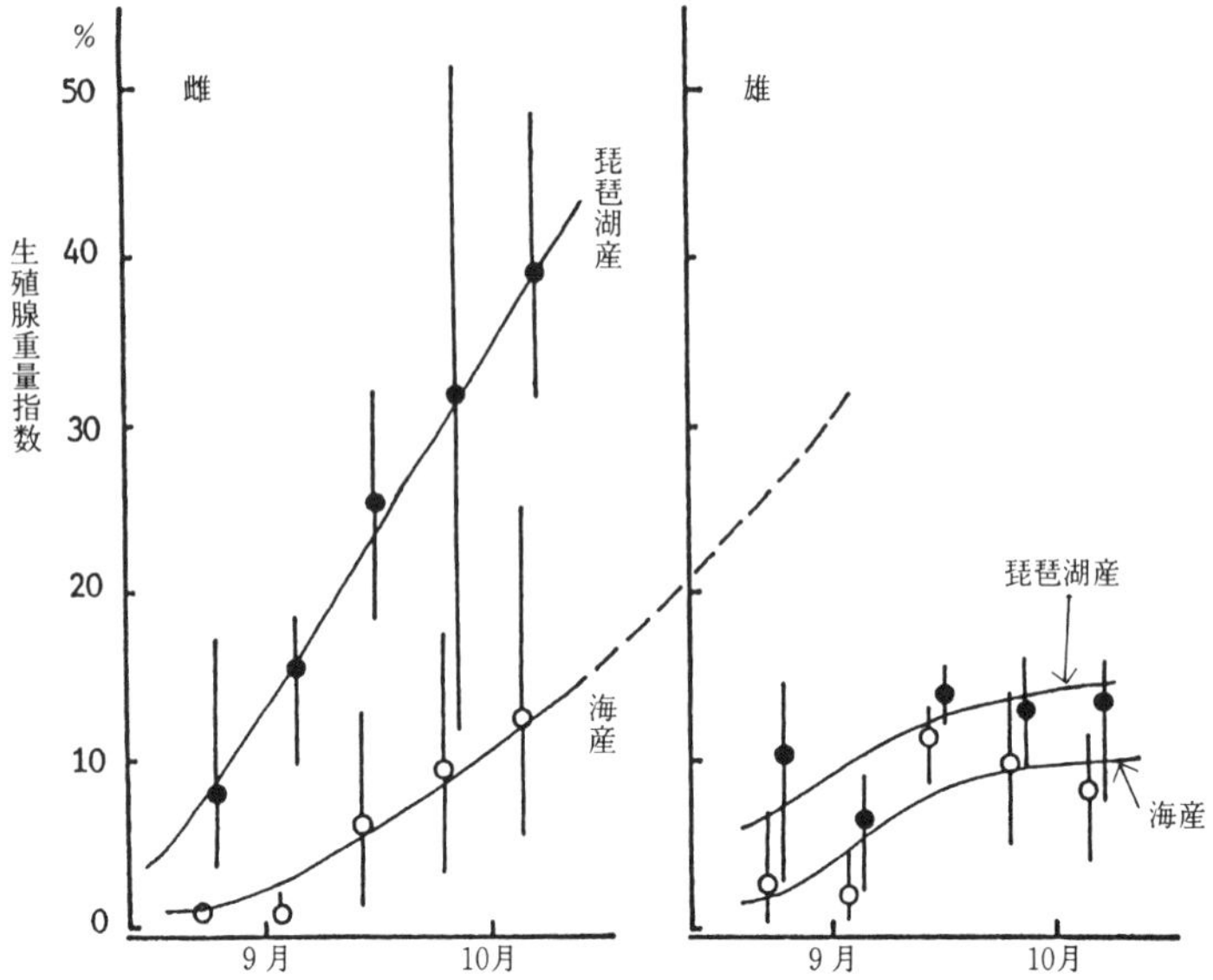

図2-3　海産アユと琵琶湖産アユの成熟過程の比較。琵琶湖産アユは1～2カ月早く産卵する。生殖腺指数（体重比）の20%を超えると産卵活動が始まる（関他、1984）

成率に日齢が関係していないとは断言できない。

成長および成熟に関する特徴

次に成長と産卵期についても、両系統を同じ大きさの水槽を用いて同じ飼育密度で飼育し、比較検討した。開始期に両系統の平均体長を測定し、同じ大きさにそろえて飼育実験を開始し、毎月両者の平均体長を測定した。その結果、両系統は遜色なく成長し、成長パターンには差のないことが判明した。

他方、生殖腺重量を測定したところ、両系統には成熟の早さに違いがあることが判明した（**図2-3**）。湖産系は八月下旬にははっきりと生殖腺が確認でき、九月には生殖腺重量指数が20～30と肥大し、排卵可能な状態（すぐにでも産卵できる状態）に達していた。これに対し、海産系は約一カ月遅れて同様の成熟パターンを示した。このような両系統の成熟時期の違いは、自然条件下で確認される両系統の産卵期の違いを裏づけていた。

この結果から、湖産系の産卵期が早く（地域差は多少あるが八月下旬に始まり、ほぼ九月下旬には終わる）、海産系の産卵期は遅い（分布範囲が広いので期間は長くなるのだが、一〇月に始まり一一月下旬には終わる）というのは、それぞれの系統がそなえる特異な性質であると考えるようになった。ただし、産卵期は飼育水温や日照時間の調節により早めたり遅らせたりすることが可能で、両系統の特徴といっているのは自然環境のなかで生息している場合のことであって、相対的に早いとか遅いといったほうが正しい言い方だと考えている。言い換えると、湖産系の産卵期を人為的に遅らせると、翌年の産卵期が遅れるので、海産系との間で人為的に交配が可能となる。また、この種苗が河川放流された場合には、湖産系と海産系の交配が大規模に起こることになる。実際、このような系統間交配を示唆する事例が、人工種苗の系統やダム湖集団で確認されている。

孵化日の特徴

受精卵のなかで発生が進行して、およそ一〇日で孵化する。孵化までに要する日数は水温によって大きく変化する。産卵期のはじめはまだ河川水温が二〇度程度と高いので、およそ一週間で孵化する。産卵の盛期になって水温が一七度程度まで下降すると一二～一四日経過してから孵化が始まる。さらに水

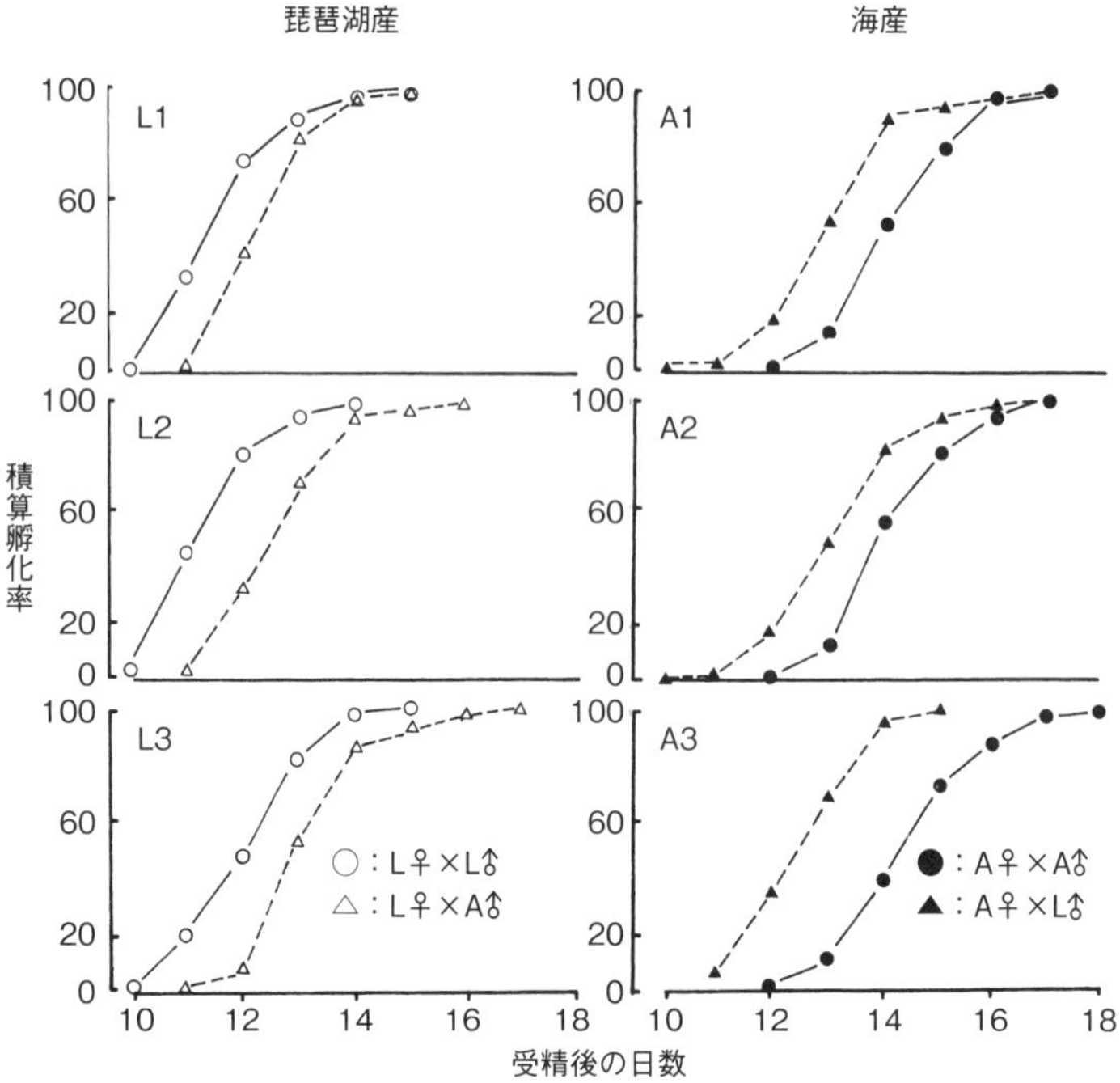

図 2-4 湖産アユ（L1〜3）と海産アユ（A1〜3）の孵化日数の違い（辻村他、1995）。破線はハイブリッド、孵卵水温は 17.5 度。湖産アユは約 12 日、海産アユは約 14 日で、2 日の違いがある

温が下がる一二月の産卵の場合は、孵化までおよそ一カ月かかり、高知の河川では、年明けに孵化したものがいたことが、稚魚の耳石《じせき》（頭骨の内耳にあって平衡感覚を担う）による日齢の調査からわかっている。

孵化は、実験条件下では、不思議と夕方暗くなってから始まる。その日の夕方孵化できなかった卵は、翌日夕方まで待ってから孵化する。孵化時刻は、自然河川の産卵場でもほぼ同じである。したがって、流下仔魚数調査を実施するさいには、一九～二〇時頃に仔稚魚ネットを設置して仔魚を採集することになっている。

孵化に要する日数は海産系と湖産系で明らかに異なることが知られている。水温を一七・五度に設定して孵化日数（受精卵の半数が孵化するのに要する日数）を測定すると、湖産アユはおよそ一二日、海産アユは一四日で、二日間のずれが確認された（**図2-4**）。湖産アユの卵を海産アユの精子で受精させ交雑した場合には、父親の影響を受けておよそ一日遅れて孵化し、海産アユの卵に湖産アユの精子をかけた場合にも、その父親の性質を受けておよそ一日早く孵化することが判明した。

この実験から、孵化日数はそれぞれの系統に特異な性質であって、親の性質が明らかに子どもに遺伝することが証明された。湖産アユと海産アユの孵化時点での仔魚の発育状態が同じと仮定すると、湖産アユのほうが細胞分裂の速度、または胚の形成速度がやや速いということを意味している。

また、湖産アユの受精卵を収容している水槽の水温を少し下げてやれば、孵化日が遅れ、海産アユと同じ日に孵化する。このことは、湖産アユの最適水温は海産アユに比べ、やや低水温に偏っていることを示唆しており、湖産アユのなわばり形成率がやや低水温で高くなるという事実や、産卵期がやや早いという性質に驚くほど符号しているのである。言い換えると、琵琶湖系と海系の水温変化への反応のあり方の違いが、産卵期、孵化日、なわばり形成などの生理生態的形質における両系統の差となって表われているとみなされる。

生活履歴の違い

コイとフナは別種であって、現在では交配の可能性はほとんどないと考えてよい。このように二つの集団が遠縁関係にあるとき、両者は口髭の有無など形態的形質（特徴）によって簡単に区別できる。しかし、海産アユと湖産アユといった種内系統の場合、両者を形態形質で区別することは容易ではない。

魚体の構成部分、たとえば鱗にみられる年輪には生後の生活の跡（生活履歴）が刻まれている。琵琶湖産アユと海産アユの鱗には生活履歴を反映した違いが認められる。鱗には、年輪のような同心円状の線（隆起線）が多数観察される。その中心部の隆起線の数が琵琶湖産アユでは密度が高く、その数が多くなっている。これに対して海産アユは密度が低く、隆起線の数が少ない（図2-5）。このような両者の鱗紋にみられる特徴は成魚になっても残るので、放流河川で、採集個体の由来が琵琶湖産種苗であるか否かを厳密に決める必要がある場合は、鱗の顕微鏡観察を行なって鑑定することになる。

鱗紋にどうしてこのような違いがみられるのかというと、琵琶湖産アユが海産アユより平均的に一～二カ月早く生まれたことと、仔魚期に低水温環境に長く曝され成長が抑制されていたことがその原因と考えられる。

また、海産アユの鱗の中心部には、稚魚期に蓄積された海水中に含まれる微量のストロンチューム（Sr、放射性物質）の痕跡が確認される。琵琶湖産アユにはストロンチュームの蓄積がないのでこれにより容易に区別することができる（海野他、二〇〇七）。

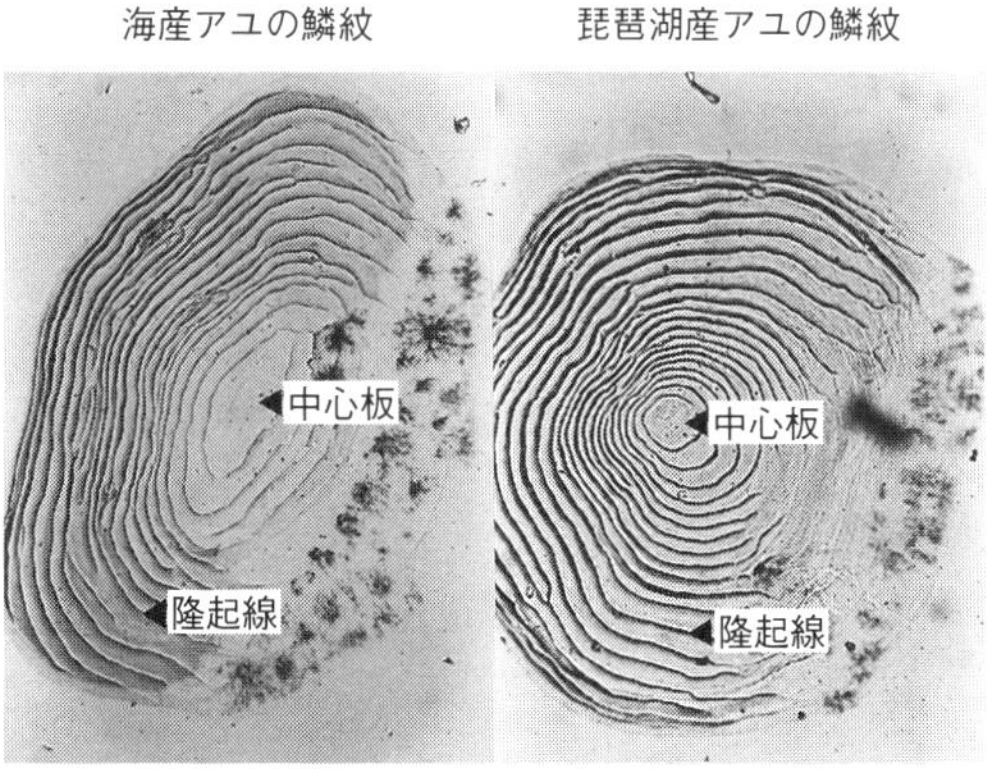

図 2–5　海産アユと琵琶湖産アユの鱗紋。琵琶湖産アユは鱗の中心部の鱗紋の密度が高い（関他、1997）

このような鱗紋の違いは、琵琶湖産アユと海産アユを区別する生活履歴形質としてきわめて有力である。しかし、海産アユをもとの分布域以外の淡水系へ移植した場合には、当然のことではあるが、鱗の特徴による海産系と湖産系の判別は不可能となる。また、孵化場で種苗生産された場合には、これらの形質は、仔稚魚期に淡水で飼育されるので、ストロンチュームによる両系統の識別はできなくなる。

たとえば、放流された琵琶湖産アユが河川から海へ下り、翌年海産アユに交じって遡上するといったケースや、ダム湖へ移植した海産アユが陸封状態で繁殖するという場合には、系統を判別するのは不可能なので、こういう場合には遺伝標識を使用することが必要となる。

遺伝的要因で決まる特徴

海産アユと琵琶湖産アユの遺伝的な違い

水産生物の研究分野では、遺伝的形質というと五〇年ほど前までは、まず血液型を調べるというのが主流であった。しかし、一九七〇年頃からは、生物の体成分である蛋白、なかでも酵素の電気泳動分析により判定される分子型が採用されるようになった。体内の酵素はきわめて種類が多いのだが、それぞれの酵素の分子構造は酵素の種類に対応した遺伝子によって決定されている。酵素の分子型を判定するための電気泳動法の技術は年々進歩し、多くの酵素分子型を短時間で可視化できるようになった。これを使用すれば、種内の系統（集団）を特徴づけるたくさんの遺伝情報を比較的容易に得ることができる。

図2-6は、海産アユと琵琶湖産アユのグルコースリン酸イソメラーゼという酵素（GPI）をデンプンゲル電気泳動法により分離し、両系統間で比較したものである。泳動像の下の番号は遺伝子型を指しており、**図2-7**の電気泳動像の模式図と対応している。図中の各個体のバンドは個体によって異なり、GPIではバンドを一本もつ個体と三本もつ個体が、マンノースリン酸イソメラーゼ（MPI）ではバンドを一本もつ個体と二本もつ個体がみられる。バンドを一本もつ個体を同型接合型（ホモ型）、二本または三本もつ個体を異型接合型（ヘテロ型）と呼ぶことになっている。

ここで、MPIで検出された六種類の遺伝子型変異に対し、A、B、Cの三種の対立遺伝子を想定す

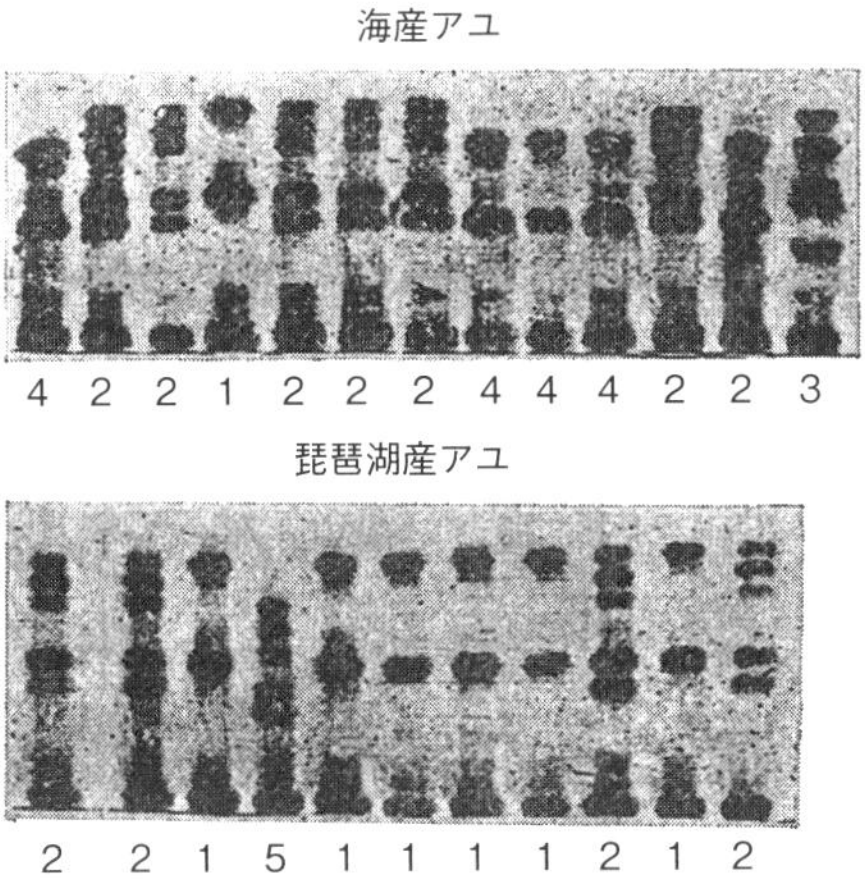

図 2-6　アユの GPI アイソザイムのゲル電気泳動像
1：AA 型、2：AB 型、3：AC 型、4：BB 型、
5：BC 型

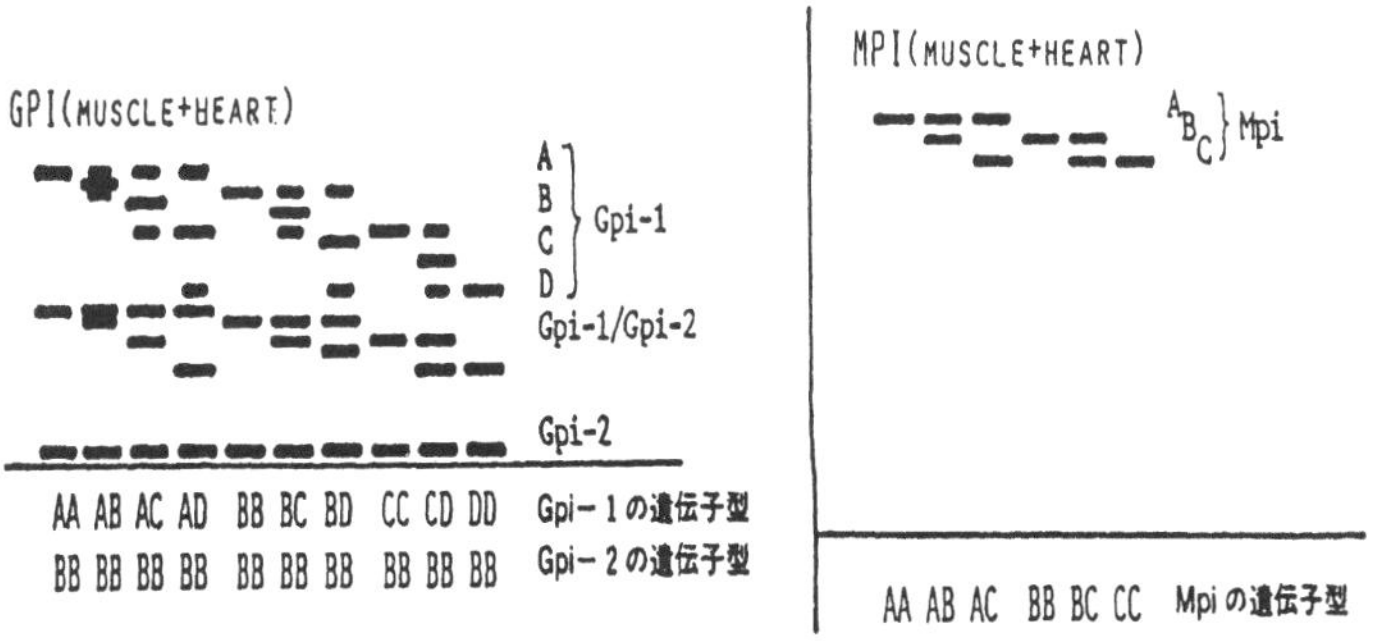

図 2-7　アユのアイソザイムの電気泳動像
横線の上にサンプル（筋肉と心筋から抽出）を置いて、直流を流すと酸素分子が上方（+）へ移動する。これを酸素反応液に入れるとバンドが図のように発現する。横線の下は遺伝子型
GPI：グルコースリン酸イソメラーゼ、MPI：マンノースリン酸イソメラーゼ

表2-1　アユの集団分析の事例。ここではGPIアイソザイム遺伝子座の対立遺伝子をA、Bで表示してある

系統名（河川）		遺伝子型			供試魚数	対立遺伝子頻度	
		AA	AB	BB	N	p	q
海産（余市川）	観察値	18	27	5	50	0.630	0.370
	期待値	19.8	23.3	6.8			
海産（物部川）	観察値	43	42	7	103	0.626	0.374
	期待値	40.4	48.2	5.8			
琵琶湖産（犬上川）	観察値	3	28	19	50	0.340	0.660
	期待値	5.8	22.4	21.8			
琵琶湖産（沖取り）	観察値	8	24	18	50	0.340	0.660
	期待値	5.8	24	18.8			

ると、各個体の遺伝子型は、AA、AB、AC、BB、BC、CCで表わされる。このような遺伝モデルでは、AA型とBB型の親魚を掛け合わせれば子どもはすべてAB型となりメンデル型の遺伝に従うことを意味している。もちろん、このことは交配実験によりすでに証明ずみではある。

ここで酵素と遺伝子の表記上のことに触れておきたい。酵素名を単に略記するときは、グルコースリン酸イソメラーゼをGPIとし、マンノースリン酸イソメラーゼをMPIとする。それぞれの酵素の分子構造を決定する遺伝子を指すときは、小文字の斜体を使用し、*Gpi*座、*Mpi*座のように略記することが約束事になっている。

また、基本的機能は同じだが、発現組織と分子構造に違いのある酵素分子群があり、それらはアイソザイムと呼ばれる。*Gpi-1*遺伝子と*Gpi-2*遺伝子により検出される酵素群はアイソザイムの一例である（**図2-6**）。突然変異による分子多型を含む酵素はアロザイムと呼ばれることがある。

表2-1は、アユ集団のGPIアイソザイム遺伝子座における

遺伝子型分布、対立遺伝子の頻度などの観察事例である。遺伝子型の表記と観察値は計算しやすいように数値を多少単純化してある。海産アユ（北海道余市川産と高知県物部川産）および琵琶湖産アユ（犬上川産と沖取り標本）において観察値が期待値によく対応しており、カイ二乗値は有意水準（3.841）（自由度＝1）に達しなかったので、この場合、標本を採集した集団は均質なメンデル集団と推定された。

問題は、GPIおよびMPIの遺伝子型を使って琵琶湖産アユと海産アユをどのようにして判別するかということである。これらの酵素の遺伝子型は両系統により共有されているため、個体ごとの判別はできない。したがって、海産アユと湖産アユのサンプルそれぞれの群れレベルで *Gpi* 座や *Mpi* 座の遺伝子型から対立遺伝子頻度を求め、それらの数値を比較して違いの有無を判定することになる。

表2–1は海産アユと湖産アユのGPIの遺伝子型の分布を比較した実例であるが、この表をみると両集団間で遺伝子型の分布が異なることがよくわかる。この違いは集団中に含まれる対立遺伝子頻度に置き換えると、さらに両集団間の違いが明らかとなる（**表2–1**の右端）。

検査した個体数が三〇以上であれば、ここで算出した数値は、採集した場所の野生集団の対立遺伝子頻度を正確に測定したとみなすことができるので、次は両集団間で対立遺伝子頻度の差が単なる誤差ではなく意味のある差か否かを統計学的に確かめることになる。実際に対立遺伝子頻度A、B、Xは海産アユと湖産アユの間で明らかに異なり、統計学的な検定の結果はその差が有意であることを示した。

ここで、*Gpi–A* と *Mpi–B* の対立遺伝子頻度を組み合わせて同時にみると、集団のレベルではあるが

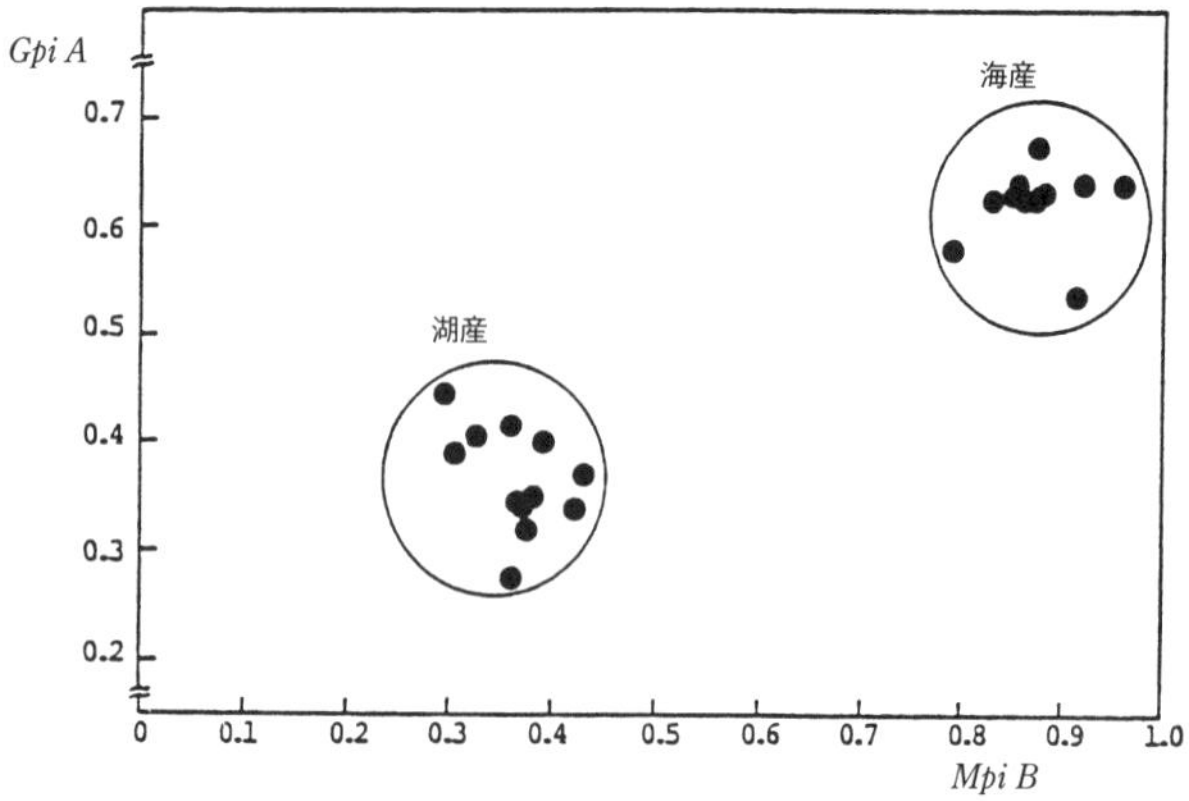

図2-8　湖産アユと海産アユのアイソザイム遺伝子頻度による２元展開図
Gpi–A：グルコースホスフェートイソメラーゼ遺伝子
Mpi–B：マンノースホスフェートイソメラーゼ遺伝子
●：各点およそ50個体の遺伝子型から求めた遺伝子頻度を示す

両系統が明らかに違った集団であることがよくわかる（図2-8）。

次に、調べたすべての集団についてアイソザイム対立遺伝子頻度データを用いて、集団間の遺伝的距離を推定した。この数値は集団間の遺伝的類似性を示している。そこで、遺伝的距離の小さい（類似性の高い）ペアー集団から順に結合するＵＰＧＭという方法により、枝分かれ図の作成を試みた（図2-9）。

ここで作成された系統図から、まず、海産アユ、湖産アユ、韓国の海産アユおよびリュウキュウアユがそれぞれ独自のグループを形成していることが読み取れた。また、日本と韓国の海産アユが互いによく類似していることがわかった。次に、海産アユと湖産アユが相互に近い関係にあることがわかった。さらに、リュウキュウアユは本州や韓国のアユと最も遠い関係にあることが判明した。中国のアユについては、この調査を実施した時点で供試魚を得ることができず、その結

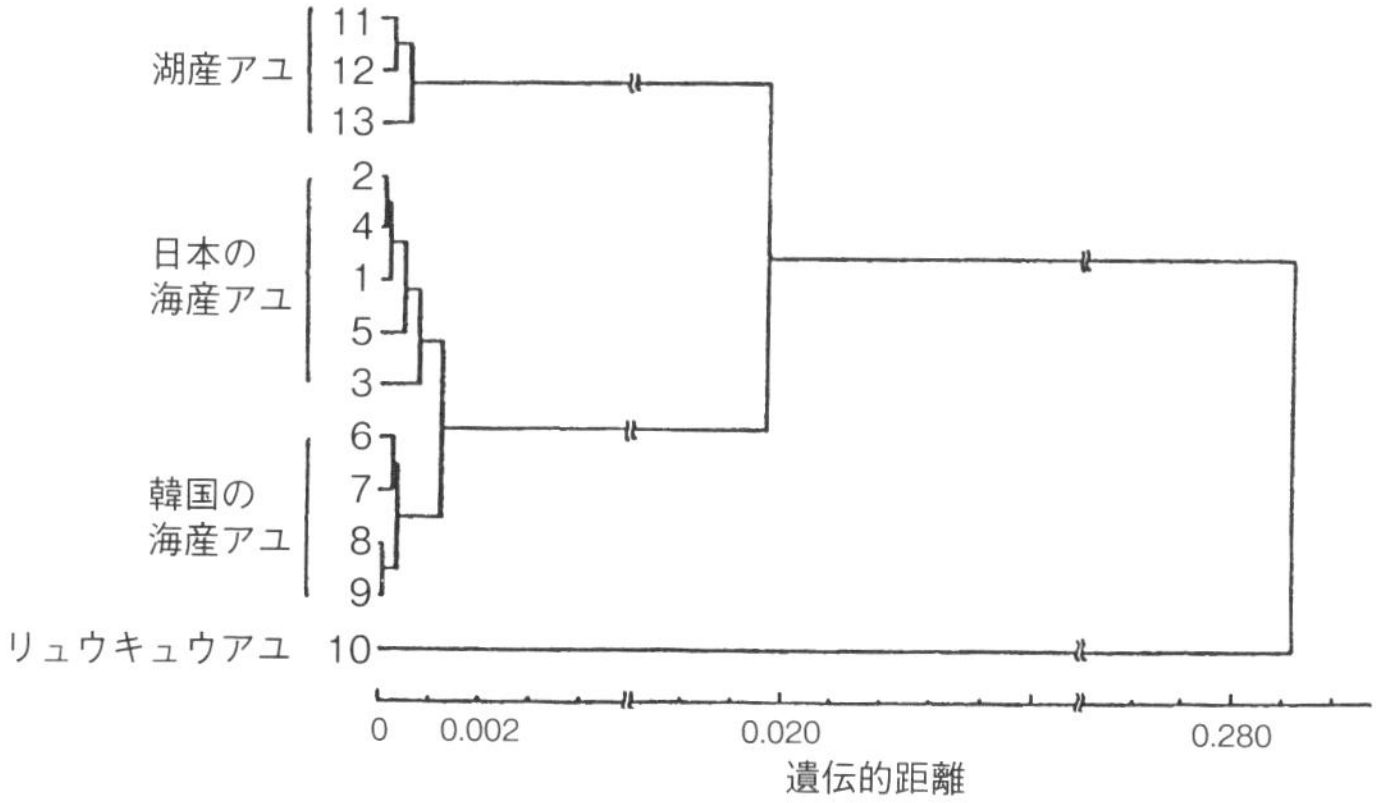

図 2-9　アユの地理的集団間の遺伝的距離
1 北海道、2 岐阜、3 和歌山、4〜5 高知、6〜9 韓国、10 奄美大島、11〜13 琵琶湖（関他、1988）

論はDNAマーカーによる調査を実施したずっと後の時点で解明されることになる。

放流された琵琶湖産アユには再生産の能力があるか？

発生した時代

ＧＰＩという酵素の構造を決める遺伝子にはＡ、Ｂ、Ｃの三種類あって、その保有の仕方（対立遺伝子頻度）が湖産アユと海産アユで違っている。この違いをどのように考えればよいのであろうか。

まず、両型間の対立遺伝子頻度の差は、集団が独立してからの歴史的時間に比例して拡大したものと考えられる。この歴史的時間のことを遺伝学の分野では進化時間といっている。湖産アユと海産アユとの間の進化時間は集団間の遺伝的距離に比例すると考えられ、これを根井（一九七七）という学者が考案した計算式

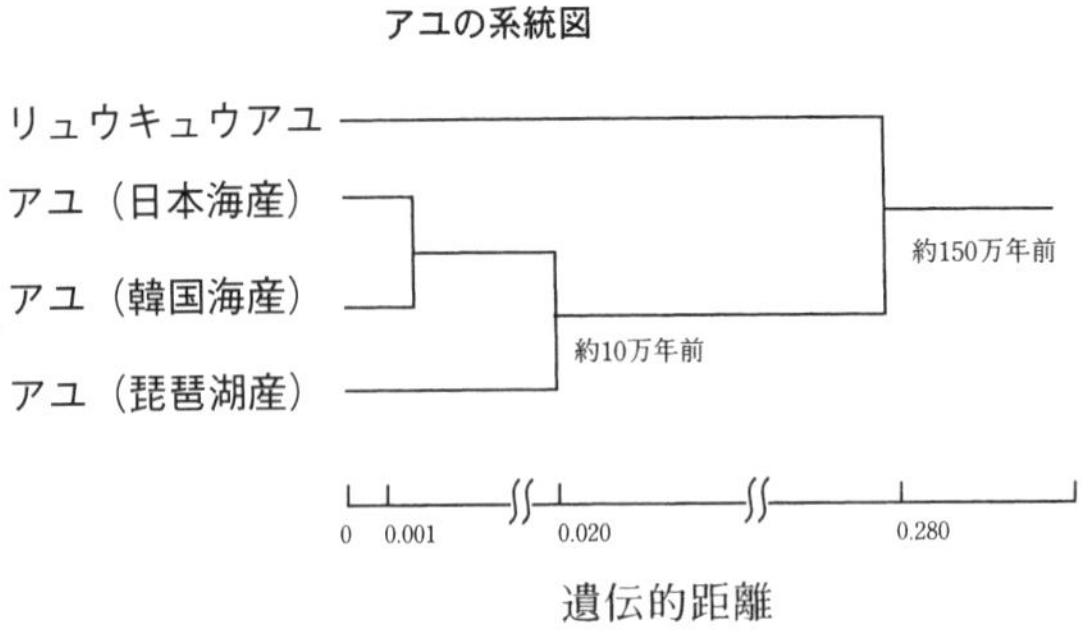

図 2-10 アイソザイム遺伝子によるアユの系統図および進化年代

で推定することにした。その結果、推定された両集団間の遺伝的距離（0.0197）から、湖産アユの系統が海産アユの系統から分化するのに要した進化時間はおよそ九・八万年と推定された。およそ一〇万年というこの数値は、地史的時間としては琵琶湖のおよそ二〇〇万年の歴史のなかでみるとごく新しい時代ということになる（図2-10）。

この時代、日本はちょうど最後の氷河期（ウルム氷期）にさしかかっており、気候はきわめて寒冷であったため、海産アユ系統の主な分布域は現在よりもっと南にあったと考えられる。一方、琵琶湖産アユの系統は琵琶湖に取り残され、短い夏を唯一の成長と繁栄の時期として細々と生きながらえていたに違いない。

このようにして湖産アユの系統が海産アユの系統から隔離され、一〇万年の歳月が経過した結果、対立遺伝子頻度に差がみられるようになったことが推察された。このような進化時間のなかで、琵琶湖産アユは、低水温の湖に適応するため新しい性質を獲得したものと考えられる。

そのような視点からみると、琵琶湖産アユは自然が一〇万年の歳月をかけて改良し創出した貴重な遺伝資源ということができる。自然が創造したせっかくの品種ではあるが、かつて海産アユを琵琶湖へ放流したという事例があるように、誤った資源管理を行なうなど粗雑な扱いをすれば、両系統の間で交雑が起こり、琵琶湖産アユの進化は中断し、両系統それぞれの特性は簡単に消失すると考えられる。一度失うと遺伝資源をもとに戻すことは困難だ。遺伝資源の管理は慎重にすすめたい。

放流河川で繁殖に寄与しない

放流された湖産アユは繁殖に寄与するのであろうか？　私がそのような疑問を抱いたのは、高知大学へ赴任して間もない一九七〇年の初めであった。

八月下旬に物部川の長瀬ダム湖への流入点に近い瀬で投網漁をしたときのことであった。採捕したアユのほとんどが黒い婚姻色を帯びていた。落ち鮎といわれる産卵集団を漁獲したのであろう。その年、物部川の最下流に近い瀬でも、八月下旬から九月上旬に同じような落ち鮎集団がいるのを確認した。最初は気がつかなかったのだが、それらが琵琶湖から持ってきて放流したアユであることを確信した。というのは、九月といえば高知はまだ残暑が続き、若アユといってもいいようなきれいなアユが釣れる時期である。在来のアユが産卵場に集結するのは一〇月中旬以降で、落ち鮎漁の解禁は一一月の中旬以降であった。このような放流アユの成熟現象をふまえて、琵琶湖産アユの再生産の可能性および海産アユとの交雑の可能性などについて調査を行なうことになった。

魚類学者の石川千代松が、大きくならない琵琶湖産のアユを東京都多摩川に放流したのは一九一三年のことであった。この事業の成功により、琵琶湖産アユ種苗の全国の河川への放流が始まり、以後、現在まで営々と続けられてきたことは広く知られた事実である。放流された湖産アユの仔魚が海へ流下し、稚魚にまで成長し、これが近隣河川へ遡上し、このような再生産が継代的に繰り返されてきたとすれば、海産アユ集団とも交雑が起こり、海産アユになんらかの遺伝的影響をおよぼしたのではないかという懸念があった。

ところがこのような心配とは裏腹に、日本海側では島根県から北海道まで、太平洋岸では九州一体から中部地方までの広い範囲の河川から採集して調べた天然遡上の海産アユには、採集場所による遺伝的な違いが全く認められなかった。つまり、湖産アユを長期にわたって放流しているところも放流していないところも、それにかかわりなく、遺伝的には明らかに海産アユの特徴を示したのだ。両者は明らかな独立性を保っている。

もし、交雑を起こしたり、翌年遡上した湖産系のアユが混合したりするならば、湖産アユの放流量の多いところと少ないところで、その混合度に応じて対立遺伝子頻度が変化するはずである。それどころか、大量に放流された湖産アユが繁殖して、毎代一〇％程度でも遺伝子の混合を起こすとすれば、両型間でみられたＧＰＩやＭＰＩ遺伝子座における対立遺伝子頻度の差は二〇〜三〇世代以内に解消してしまうはずである。

このように海産アユの各集団において対立遺伝子頻度が安定的に保たれるのは、天然遡上の海産アユには琵琶湖産アユ由来の稚魚が交じっていないからではないかと考えられた。つまり、湖産アユの仔魚は海へ流下した後、ほとんど河川へ戻ってこないのではないかという疑いが浮かびあがった。理由は三つ考えられる。

まず、第一に、湖産アユは八月下旬～九月下旬と産卵期が早いことである。この時期が琵琶湖では孵化仔魚にとって最適水温であるのだが、湖産アユが放流された地域では沿岸域の海水温が年間でも最高水温の時期である。この時期に海へ流下した湖産アユの孵化仔魚は、沿岸水温がまだ二七度以上という海水のなかでは生き残ることができない。ちなみに一九八〇年当時、アユの人工種苗づくりでの、仔魚期の飼育水温は一八～二〇度程度で、仔稚魚が要求する適水温がそのあたりにあることは、海産系の産卵時期の沿岸水温からもおおよその推定はついている。これに比べるとはるかに高い二七度の海水温は仔稚魚にとっていかにも厳しい環境条件であり、これに曝された仔稚魚は死滅を免れない。実際、高水温で仔魚が死滅するということは、兵庫県水産試験場の実験によってすでに証明されている（田畑・東、一九八六）。

第二に、湖産アユの仔魚は海水（高塩分）に対する耐性が欠けている可能性が考えられる。長い淡水生活になじんで、塩分耐性が消失してしまっているかもしれない。事実、鰓《えら》にある塩類排泄細胞が少なくなっているという報告もある。反対に海産アユの孵化仔魚は淡水（低塩分）への適応力がすぐれており、水温さえ適正であれば死亡することはありえない。

第三に、放流された湖産アユは成長が早く、なわばりを形成する性質が強いことはすでに述べた。このことも手伝ってか強い漁獲強度に曝される。友釣り、玉シャクリ（上流部で、水中眼鏡をかけて水中のアユをみながら、掛け針のついた長さ一メートルほどの竿を使って掛ける漁法のことで、高知ではポン掛けといわれる）などによって、中小河川では、産卵期を待つことなくその大部分が漁獲されてしまう可能性が高いのだ。また、放流場所が天然遡上のない水系、ダム上流の地点であることが多く、そこでは仔魚が流下して海へ下ることは期待できないという可能性も考えられる。

琵琶湖産アユはなぜよく掛かるのか

琵琶湖産アユは種苗の健康状態さえよければ、放流効果は高く評価されており、一般の釣り人にもよく釣れるアユとしてたいへん人気がある。放流種苗としての琵琶湖産アユの特徴は、友釣りでよく掛かるということにつきる。これは先にも述べたように、この品種が発生した歴史的背景に大いに関係があるだろう。琵琶湖産アユは産卵期が早いため、五～六月のアユ漁の解禁時にはすでに八～九カ月齢で、餌場をめぐるなわばり形成の習性が強くなる成魚期に達している。この時期、海産系はまだ六～七カ月齢で約二カ月若く、友釣りの盛期が遅れるということは理にかなっている。

もう一つの理由は、琵琶湖産アユが低水温でも生理活性を維持できる適応形質をそなえていることである。これは琵琶湖がもっと寒冷な時代に陸封化されたときに形成された性質と考えられるが、低水温に強いことは前述したようにいくつかの飼育実験で確認されている。

天然アユは貴重な遺伝資源

湖産アユの長所は、水温の低い上流域において発揮されるように思われる。このような琵琶湖産アユの特徴は、もっともっと重視しなければならない。昔、琵琶湖でアユの資源量が低下した時代に、琵琶湖へ海産アユが放流されたことがあったそうだ。この場合、海産アユのダム湖への定着の事例から予測できるのだが、それらが子どもを残し、琵琶湖産アユとの交配を通じて、湖産アユ本来の性質を消失させてしまう可能性が考えられる。

海産系と琵琶湖産アユの交雑集団を、海産アユの生息する河川へ放流するのも、在来の品種の喪失につながる。在来のアユ品種は、自然が我々に与えてくれた永続可能な遺伝資源という名の贈り物である。人間の都合や軽率な行動によって、それらが喪失されることはなんとしても避けたいものである。

第3章　希少種リュウキュウアユ

瀕死の現状

絶滅危惧種

保全生物学者のプリマックは、著書のなかで以下のように述べている。

「保全生物学とは、あらゆる既知の科学情報を駆使して絶滅危惧種の保全策を速やかに策定し、それを可能なかぎり早く実行に移さなければならないといった時間的猶予の無い応用科学研究分野である。また、保全策が実行に移された場合、その正否を判断し、修正するのには、さほどの時間を要しない。その保全策実行後、絶滅危惧種の個体群動向を注意深くモニターすれば、すぐに結論が得られるからである」（R. B. Primack, 1993）

そのような意味においては、保全生物学は、ある種の緊迫感のなかで、生態系と個体群の変化に対する機敏な対応が求められる実践的研究分野ということができるのである。たとえば、最新の遺伝的マーカーを使った集団遺伝学の研究をすすめる場合、研究対象とする生物種の進化や種分化にかかわる比較的遠い過去に起こった事柄を調査研究することが多いのだが、保全生物学では一歩前へすすめて、近い過去に起こった遺伝的変化を推定し、近い将来に起こる遺伝的リスク（現象）を予測し、さらには可能性のあるリスクを管理・モニターするところまで求められるのである。

二〇〇一年に鹿児島市で魚類学会シンポジウム「アユの生物学と保全」が開催され、リュウキュウアユの保全に関して、生態学、生理学、遺伝学などの観点から、リュウキュウアユの分布状態、資源水準、遺伝的変異レベル、それにかかわる河川環境など多くの情報が紹介された。そのなかで、リュウキュウアユが絶滅危惧状態にあるとする認識に対して全く異論は出なかった。そして、リュウキュウアユの保全策に関する意見が交わされたのだが、有効な対策については結論が得られないままこの会議は終了した。

本章では、リュウキュウアユの絶滅リスクについて集団遺伝学の観点から再考し、総合的視点から本亜種の蘇生について考えてみたい。

リュウキュウアユは、一九八三年にアユの亜種として西田睦・現東京大学教授により初めて記載された。この亜種の分布範囲は、黒潮の南側の南西諸島だ。しかし、沖縄ではすでに消滅し、実質的には奄美大島の数河川に残存するのみとなり（**図3-1**）、環境庁のレッドデータブック（一九九一）では絶滅

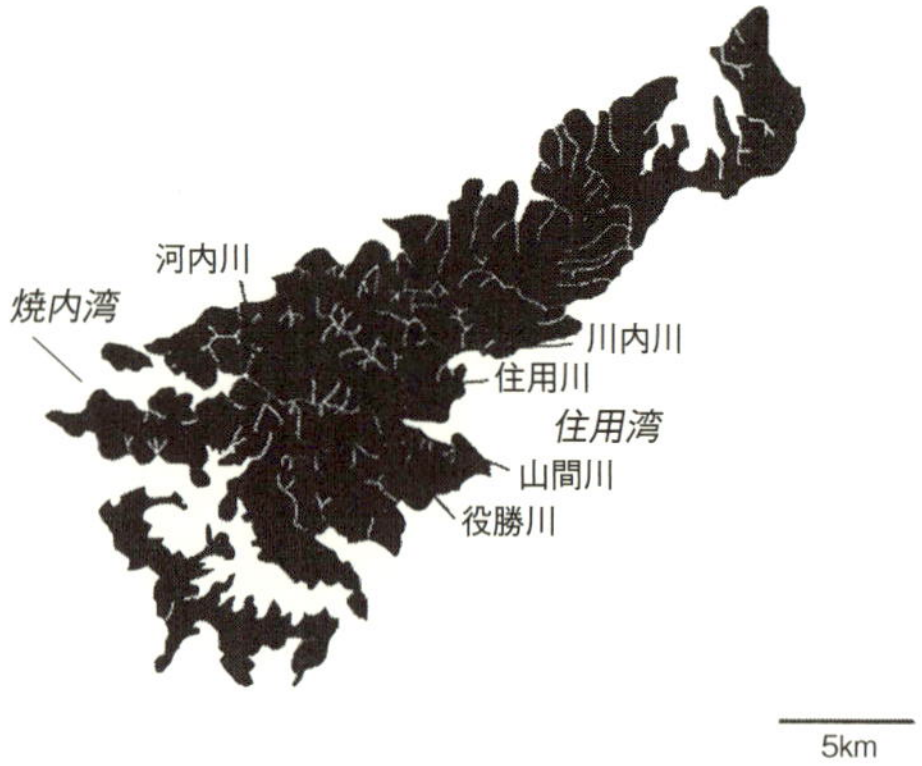

図3-1　奄美大島におけるリュウキュウアユの採集地（2000年6〜7月）

危惧種に、水産庁（一九九四）では希少種に指定されている。

　教科書的な話になるが、集団中の一つの対立遺伝子（一つの遺伝子座に含まれる変異遺伝子、たとえば血液型のA、B、Oはその一例）の消長について考えてみると、世代が代わるたびにその頻度が増えたり減ったりしている。対立遺伝子が適応的に中立である（差がない）とき、対立遺伝子頻度の変動幅は次世代の生産に関与した親魚の数に支配され、親の数によって対立遺伝子頻度が変動する現象は遺伝子の機会的浮動と呼ばれている。

　このような変動模様をコンピューターによりシミュレーションした事例をみると、ある対立遺伝子の頻度の初期値が0.5として、集団のサイズが10の場合、集団によっては一〇世代以内にその対立遺伝子が集団から消失するか、または、対立遺伝子が一方に固定されること（そればかりになること）はめずらしくない。このような小さな集団において、短期間に発生する対立遺伝子の消失や固定の現象は遺伝子の機会的浮動が極端に働いた場合である。

　一方、再生産にかかわる親魚の数が比較的多い場合（たとえば五〇〇尾程度の場合）には、長期間にわたって継代的再生産が行なわれても、対立遺伝子頻度の変動幅は比較的安定し、ある範囲内に収まる

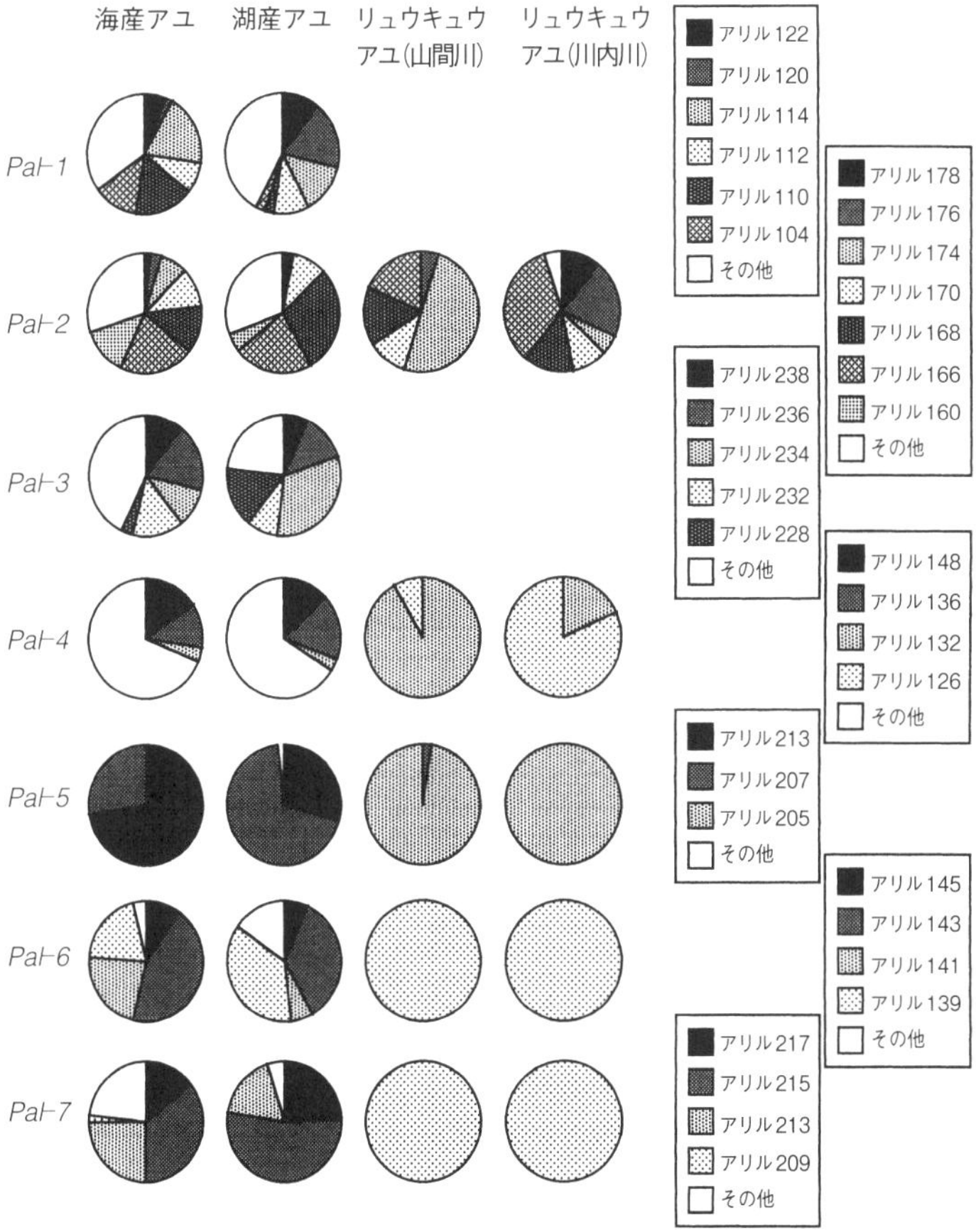

図3-2 DNA多型マーカーによるリュウキュウアユの遺伝的変異性の単純化（Takagi *et al.*, 1999）

ことが知られている。繁殖（再生産）にかかわる親魚の数が少ないということは、絶滅危惧種そのものの状態なのだ。

それではリュウキュウアユではどうだろうか。図3－2は、変異性の高いマイクロサテライトDNAの遺伝的多様性調査の結果であるが、本州の海産アユや琵琶湖産アユに比べ、調べたどのマーカー座でみても遺伝的多様性が著しく低いことがわかる。このことは、リュウキュウアユの繁殖集団の大きさが近年顕著に低下したか、小集団化してからの歴史が比較的長いかのどちらかである可能性を示唆している。リュウキュウアユほどの遺伝的多様性の低さというのは、屋久島や対馬などの九州や本州に近い島嶼の集団においては全くみられないことである。したがって、リュウキュウアユにおけるこのような低レベルの遺伝的多様性は、島嶼にみられる生活圏の狭隘さに原因を見出すのは困難である。

現在のところリュウキュウアユは、その原因が自然の地理的要因によるのか、主要産業とまでいわれる河川および道路などの土木事業による河川荒廃などの人為的要因によるのかはさておいても、現状は遺伝的多様性が著しく低く、自然集団といえども近親交配が起こっていても不思議ではない状態にある。

繁殖にかかわる親の数

絶滅危惧集団では、通常どの程度の個体が生き残っているかということに関心が向けられる。しかしながら、我々が川で観察している個体数というのはあくまでも見かけの数にすぎない。ここで、重要なのは見かけの数（N_a）ではなく、集団の有効な大きさ（N_e）なのである。

集団の有効な大きさとは、いろいろな繁殖構造をもつ集団の大きさを、任意交配を行なう不連続世代構造の理想集団の個体数に換算したものと定義されている。簡単にいうと、次世代を残すためのランダム交配において実際に貢献した親の数ということができる。

それだけではちょっと不十分で、次のような換算が必要になる。定義のなかにある「理想集団の個体数に換算する」という一項がかかわるのだが、次世代集団における対立遺伝子頻度の変動の公式、

$$V_x = q(1-q)/2N$$

から推定されるNということになる。したがって、この公式から有効な集団サイズ（N_e）を現実の集団において推定するためには、世代間で対立遺伝子頻度qを毎代推定し、世代間の変動幅であるVxを実測する必要がある。

この式からN_eを求めて、まず気がつくのは、推定値N_eは実際に観察される集団の見かけの大きさ（N_a）に比べてはるかに小さいということである。言い換えれば、見かけの個体数N_aの大小は、繁殖を通じて集団を維持するという視点からすれば、きわめて把握が困難な数値であることも明らかである。

今、仮に、親魚が一〇〇〇尾程度、産卵期にいたるまで生き残ったとする。そのうち産卵場に出現し、実際に再生産に貢献できるのは、産卵行動に関する我々の知識、観察、採卵の経験などを総合すると、さらに少なく五〇〇尾以下になることが容易に推察される。この場合、実際に産卵に加わった数は貢献した親の数としてN_c（貢献した親の数）で示されるのだが、その集団がもし近親交配集団であったり、性比に偏りがあるならこの数値はさらに補正が必要となり、N_eは500よりさらに小さく推定されることに

なる。

ここで、集団の有効な大きさN_eが重要だといわれる理由について説明したい。N_eが重視されるのは、それが小さくなると近交係数（近親交配の指標で、ゲノムの同祖性の確率で表わされる）が上昇するという次の式に関係があるからだ。一世代あたりの近交係数の上昇率をΔFとすると、

$$\Delta F = 1/(2N_e)$$

と表わされる。たとえば奄美大島の住用川の産卵期の現存量が五〇尾であったとする。この値をそのままN_eとして代入すると$\Delta F = 0.01$となる。また、厳しく見積もって実際N_eが5程度だとすると$\Delta F = 0.1$となり、これは野性集団の近交係数としては著しく高い数値と評価されることになるであろう。近親交配が発生すると、遺伝的多様性の一つの指標である異型（ヘテロ）接合体率は低下することが次の式により推定できる。

$$H_t = H_o \times (1 - F)$$ （図3−3）

ここで、H_tはt世代後の異型接合体率、H_oはもとの集団のヘテロ接合体率、Fは近交係数である。

このような近交集団では、なんらかの近交弱勢現象が現われるとしても不思議ではない。このように

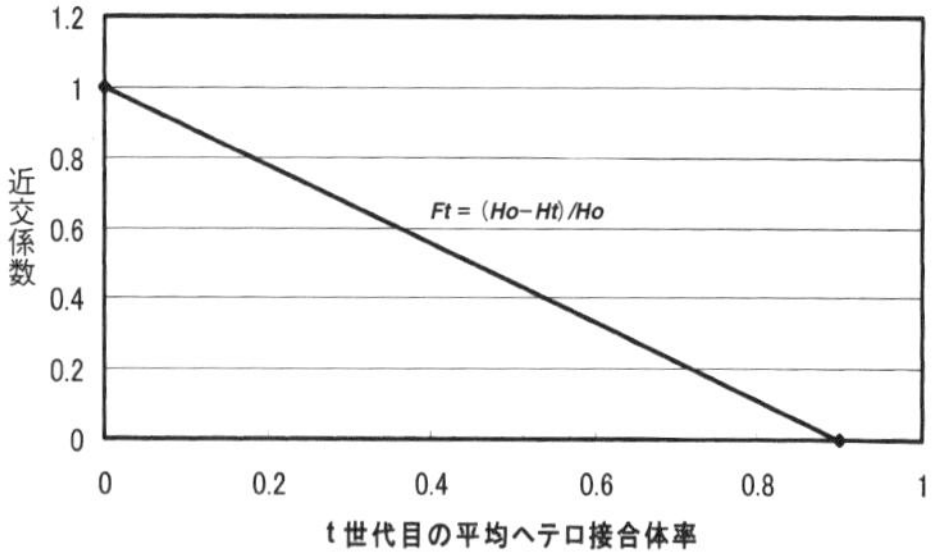

図3−3　近交係数の上昇と異型（ヘテロ）接合体率の低下。人工種苗集団では近交係数が上昇し、t世代後の平均ヘテロ率（H_t）が導入した野生集団のヘテロ率（$H_o = 0.9$）に比べ、しだいに低下する

遺伝的多様性のレベル（H_t）や近交係数（F）に影響をおよぼす有効な集団の大きさ（N_e）が、我々が実際に日常的に観察する個体数（N_a）よりはるかに小さな値であることを強調したい。

ところで、集団の有効な大きさ、N_eの重要性については以上に述べた通りだが、野生集団のN_eを推定するとなると実際には容易なことではない。そこで、我々は、近交係数（F）、ヘテロ接合体率（H_e）、有効な集団の大きさ（N_e）など、集団の現状の遺伝学的評価に必要な指標を推定するため、アイソザイム多型やDNA多型などをツールとして使用することにしている。ただし、ここで使用するアイソザイム多型やDNA多型の対立遺伝子またはマーカーアリルは、適応的には中立でなければならない。もし、これらのマーカーが適応的に中立でなければ、それらは、機会的遺伝子浮動によるのではなく、自然淘汰圧により集団から短期間に除外・消失する運命にあるからである。

遺伝的多様性

アイソザイム多型やDNA多型を検出するためのツールとして現在使っている遺伝マーカーの一つが、マイクロサテライトDNA領域であり、これは高率の個体変異を含んでおり、高感度マーカーとして定評がある。マイクロサテライトDNAマーカーは、電気泳動法により可視化され検出されるのだが、集団レベルで観測すると一つのマーカー座（数塩基の繰り返し配列を含むゲノムDNA上の領域）には多くのマーカーアリル（対立遺伝子に相当する）が存在している。その数は野生集団では著しく多く、人工種苗集団ではかなり少なくなることが知られている（**図3–4**）。

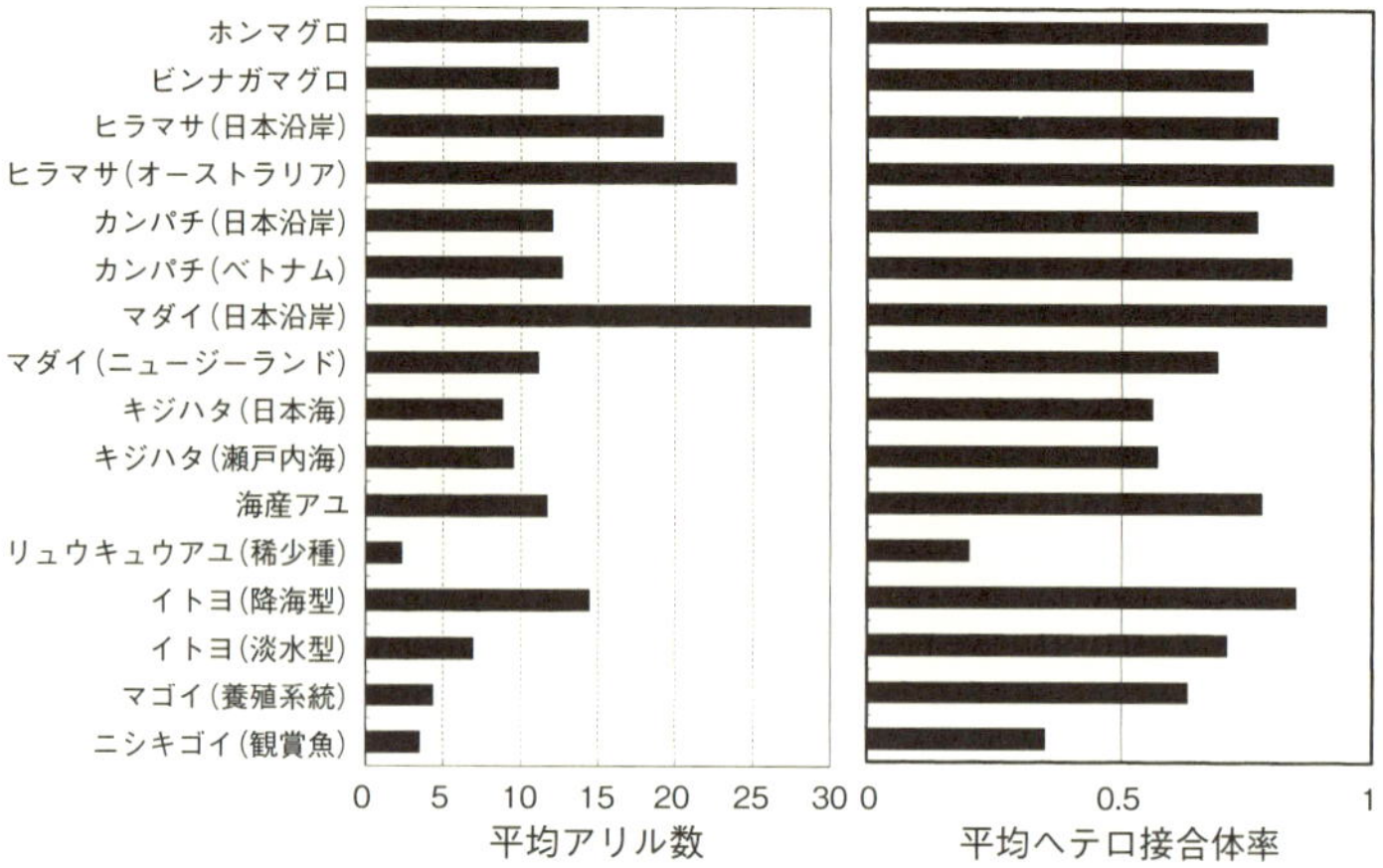

図 3–4　平均アリル数および平均ヘテロ接合体率による魚類野生集団の遺伝的多様性評価

集団の遺伝的変異性のもう一つの指標、マイクロサテライトDNAマーカー座の平均ヘテロ接合体率については、マグロ、ヒラマサ、カンパチ、マダイ、キジハタ、アユ、イトヨ、ニシキゴイのデータをみると、だいたいどの種も高い値（0.7～0.8）を示している（**図3–4**）。この数値をリュウキュウアユの数値と比較すると、リュウキュウアユの遺伝的変異性がいかに低下しているかということが一目瞭然である。

長年の育種によって作出され近親交配の影響が問題となっているニシキゴイですら、平均ヘテロ接合体率は0.4のレベルであったのだが、リュウキュウアユでは0.2程度にまで低下してしまっている。この事実が判明したとき、この結果を深刻に受け止めざるを得なかった。

遺伝的多様性指標である平均ヘテロ接合体率にもとづき、次の式、

$$N_e = [H_e/(1 - H_e)]/4\mu$$

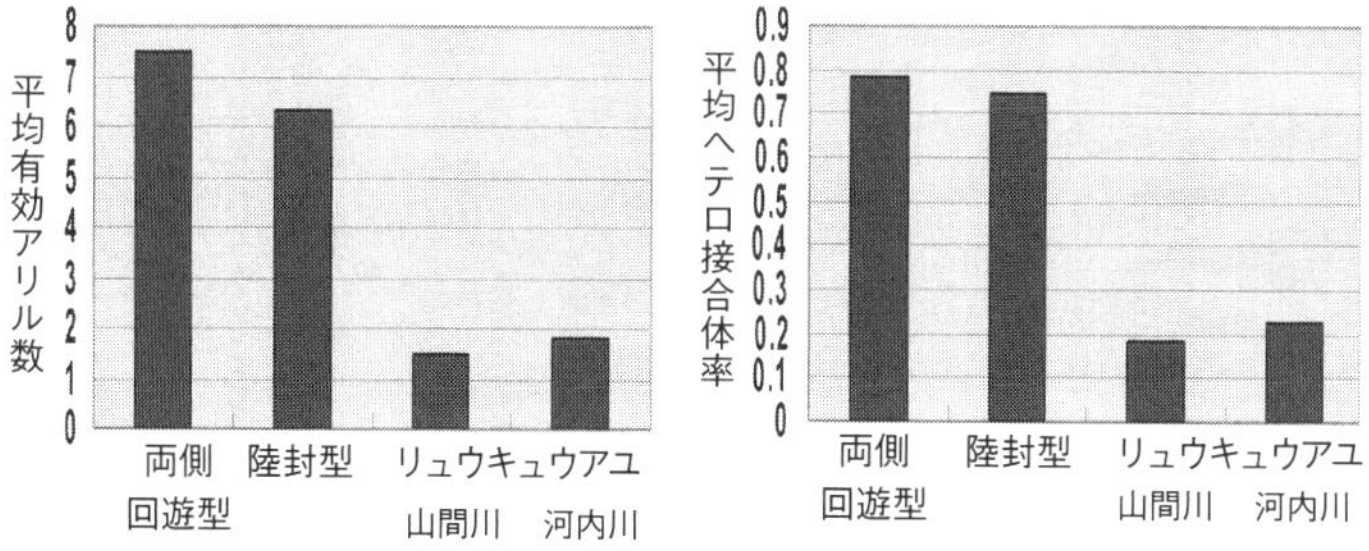

図3-5 マイクロサテライトDNAマーカーによるリュウキュウアユの遺伝的多様性の低下

から有効な集団の大きさを導くことができる。ここでμはマイクロサテライト特有の突然変異率であり、このマーカーに関するかぎりμ＝0.001程度といわれ、これを採用することにした。

この式を用いて各魚種の有効な集団の大きさを推定したところ、マグロなどの回遊魚で1万、キジハタで３０００、アユで1万、イトヨで５０００〜1万といった値が得られた。このような数値は、少なくとも短期的には集団の絶滅は回避されるという経験的事実から得た生存可能最少個体数（50）に比べればはるかに大きく、漁業対象となるような魚種の野生集団ではそれよりはるかに大きい集団サイズが安定して維持されているところに注目する必要がある。奄美大島のリュウキュウアユについては、一〇年前のデータから、N_eはおよそ１０００程度と推定された。

奄美大島の東西集団の遺伝的な違い

東西集団の遺伝的分化

それでは、リュウキュウアユの遺伝的多様性のレベルはどうなっ

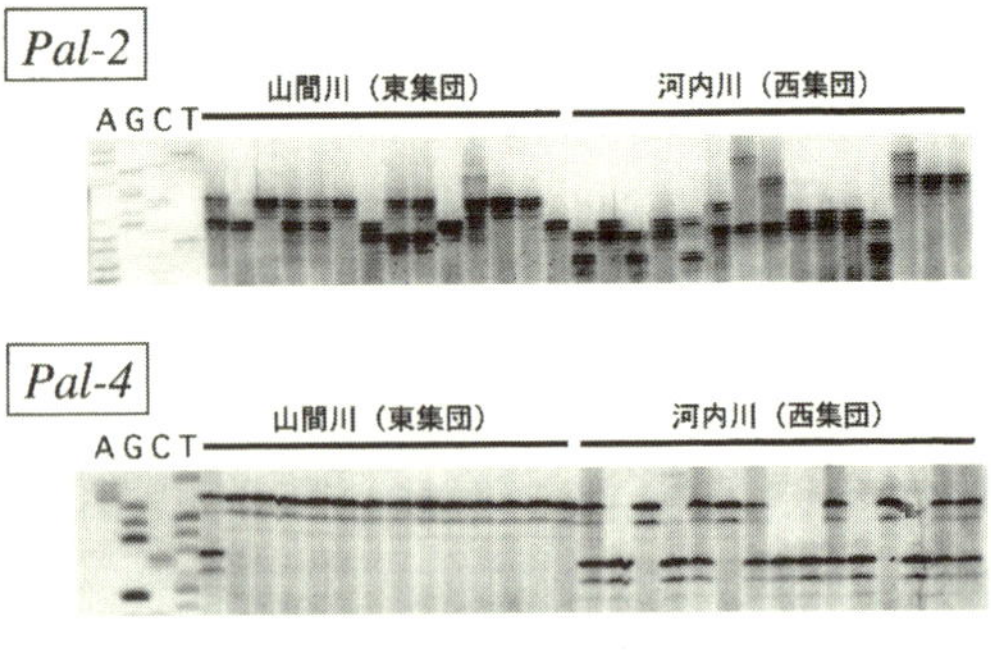

図3-6　リュウキュウアユのマイクロサテライトDNA多型。DNAバンドの単純化と河川間差を読み取ることができる

ているのであろうか。一九九三年の夏、奄美大島のリュウキュウアユの調査を実施した。太平洋側と東シナ海側の東・西両集団からサンプルを採捕し、遺伝的多様性を評価するため、鰭の小片を採取し、DNAの抽出を行なった。多様性の評価にはマイクロサテライトDNAマーカー座を用いた（DNAマーカーの詳細は付章2を参照されたい）。遺伝的変異性指標を本州産の両側回遊型アユ（海産）、陸封型アユ（琵琶湖産）の数値と比較したところ（**図3-5**）、リュウキュウアユでは、多くのマーカー座においてアリル（対立遺伝子）の数が減少し、それらの多くは一つのアリルに固定されていた。平均アリル数（対立遺伝子数）についてみると、リュウキュウアユでは東・西両集団ともに非常に低い値を示した。また、平均ヘテロ接合体率も非常に低くなっていた。

一九九三年のリュウキュウアユの遺伝的多様性の調査に続き、その後の様子が気がかりだったので、二〇〇〇年に奄美大島を再度訪れた。今回は、住用湾側の川内川《かわうちがわ》、役勝川《やっかちがわ》、住用川《すみようがわ》、山間川《やんまがわ》と焼内湾側の河内川《かわうちがわ》の計五河川で採集を行なった（**図3-1**）。河内川では川のなかの岩の上にとぐろを巻いているマムシに遭遇し、そこで、ハブがいることを想像しぞっとする一幕もあった。

ここは、地元の自治体や地区関係の方々がリュウキュウアユの保全のためにいろいろと努力を重ねられていることを知っていたので、採集に先立ち、今回の調査の意義と内容について説明し、DNAを抽出するために採集する標本の数も極力少なく抑えるように努めた。DNA抽出のため、採捕後麻酔し、鰭の小片を切除した後、すべての個体を川へ返した。

そのときの調査結果では、マイクロサテライトDNAの*Pal-4*というマーカー座をみると、西集団では二種類のアリルが認められたが、東集団ではそのうちの一種類のアリルは出現せず、ほかの一つに固定され、単型的状態になっていた（図3-6）。また、全体としても西集団のほうが、遺伝的多様性がやや高いことがわかった。

ミトコンドリアDNAハプロタイプ分析

ミトコンドリアDNA（mtDNA）は母系遺伝をする組み換えのない半数体である。そのため、ビン首効果などの集団の遺伝的組成を変化させる要因に対して影響が表われやすく、集団の遺伝的構造の検討を行なううえですぐれたマーカーとみなされている。特に、ミトコンドリアDNAの調節領域は非コード領域（遺伝子の機能のない領域）であるため、多くの変異がいちいち淘汰されることなく集団中に蓄積されている。このため、ミトコンドリアDNAの調節領域の分析は集団構造の詳細な検討に有効と考えられている。

そこで、リュウキュウアユについてもミトコンドリアDNAのハプロタイプ分析を実施した。抽出したミトコンドリアDNAを制限酵素で切断したパターンを組み合わせることにより、調査した個体には四つのハプロタイプが検出された。この数は海産アユで発見されたおよそ三六〇タイプに比べはるかに少なく、それらのハプロタイプとの比較によって11（I）型、12（II）型、14（III）型、16（IV）型であることが判明した（**図3-7**）。しかも、11型、16型は西の集団に、12型、14型は東集団に認められ、東西に共通性が認められなかった（**図3-8**）。

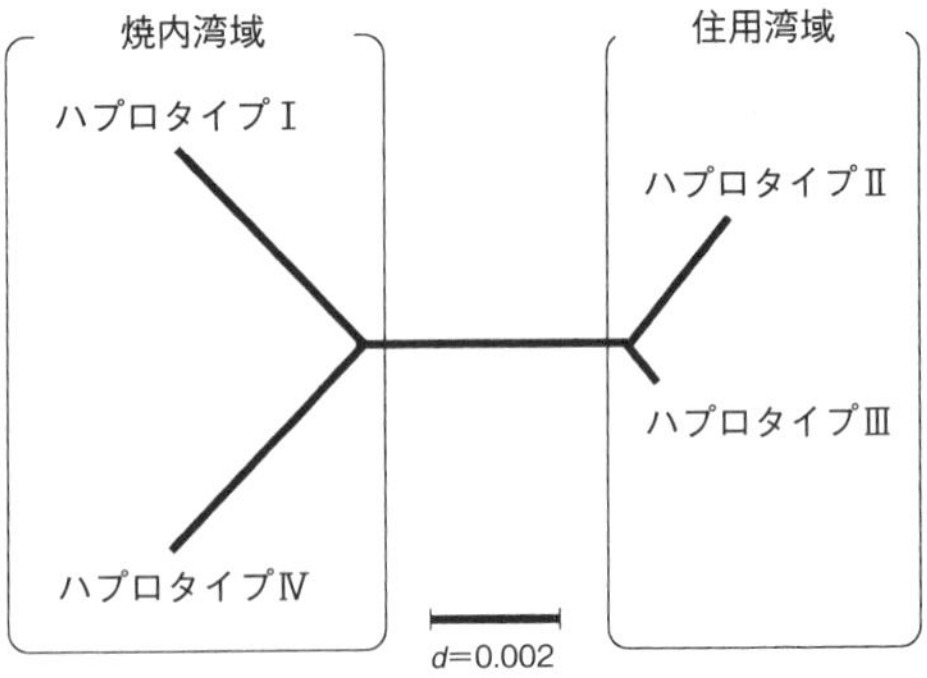

図3-7　リュウキュウアユのミトコンドリアDNAハプロタイプ（I〜IV）の無根近隣結合法による系統図

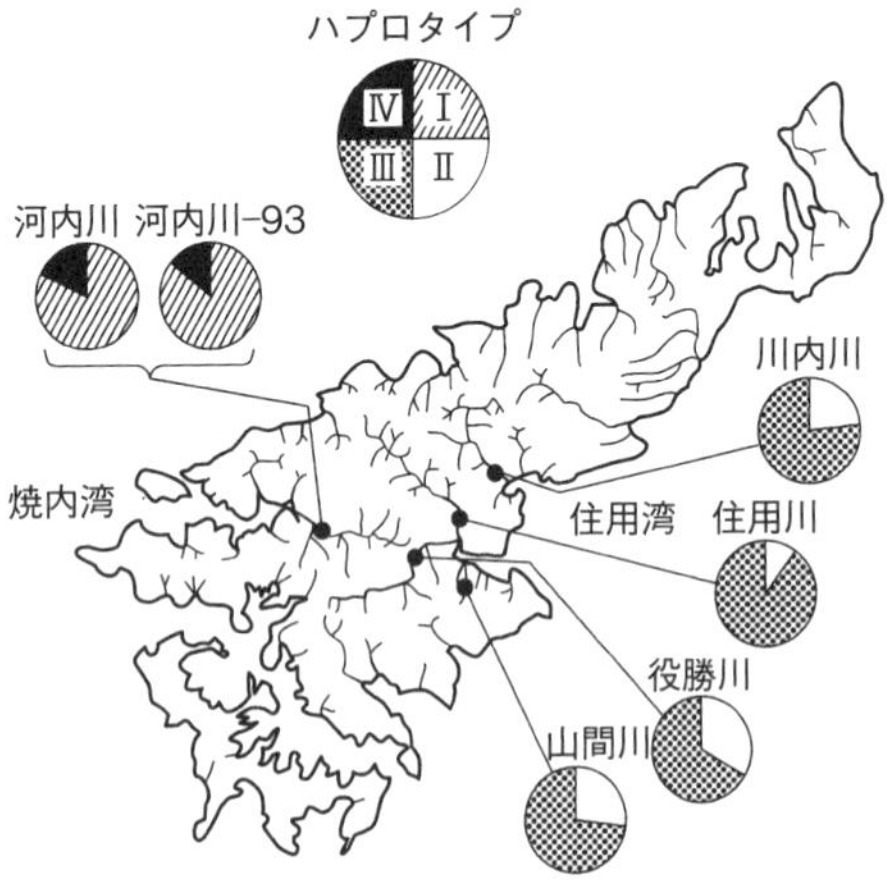

図3-8　奄美大島におけるリュウキュウアユのミトコンドリアDNAハプロタイプ（I〜IV）の分布

八年前にアロザイムおよびマイクロサテライト、ミトコンドリアDNAの3マーカーで調べた結果と二〇〇〇年の調査結果とを比較すると、遺伝的多様性レベルについては依然として低い状態が保たれ、その内容についてもほとんど変化が認められなかった。これについては、遺伝的多様性レベルが安定しているという見方もできるが、もうこれ以下に変化し得ないほど低くなり、あとは絶滅を待つという状態にいたっているとみるべきであろう。

危急性の総合評価

調べた五河川の間で、遺伝子流動がどのようになっているのか考えてみた。五つの河川間の遺伝的違いの程度を表わす指標として遺伝的分化係数（G_{st}）を計算すると、一世代あたりの移住個体数（Nm）は公式 $G_{st} = 1/4Nm + 1$ により推定することができる。東・西すべての標本群でみると Nm 値は1.0で、遺伝子流動は相対的に低く評価された。しかし、東側の集団のみでみると、Nm 値は50程度と比較的大きくなった。この遺伝子流動のレベルは、和歌山県沿岸における河川間の遺伝子流動の調査での推定値一世代あたりの移住個体数 $Nm = 45$ とほぼ同じレベルである。問題は奄美大島全体でみたときの移住個体数が1と非常に小さな数値になったことで、これについては東西集団間の地理的隔離要因（大島海峡域）が遺伝子流動を制限する要因として強く働いている可能性が示唆された。

リュウキュウアユの保全策

集団構造と保全単位

リュウキュウアユはもともと島嶼集団であり、集団の有効サイズが小さく、メタ集団構造におけるコア集団の特定が困難であることが予測された。とはいうものの、リュウキュウアユ集団の現状は、沖縄本島集団がすでに消失し、奄美大島にN_eの小さい、いくつかのローカル集団が残存しているという状況にあることは厳然たる事実である。この状況を保全生物学の視点からみると、本種はメタ集団構造におけるコア集団がすでに消失し、周辺域（サテライトエリア）に遺伝的に分化した小さなローカル集団のみが残存しているという、まさに遺伝的集団構造が崩壊過程にある絶滅危惧集団と考えられるのである。実際、遺伝学的視点からは、集団の有効サイズが低下し、遺伝子の機会的浮動によるローカル集団間の遺伝的分化が進行し、平均アリル（対立遺伝子）数やヘテロ接合体率などで示される遺伝的多様性は最低レベルに達してしまっている（**図3-6**）。

このような絶滅危惧集団において予測される遺伝的多様性の低下現象は、ミトコンドリアDNAの制限酵素断片長多型（RFLP）、マイクロサテライトDNAなどのマーカーによって再確認された。つまり、リュウキュウアユは実質的には危機的状態にいたっているといっても過言ではないと思われる。

ここで、集団の有効サイズの縮小と遺伝子流動の制限要因について考えてみよう。

奄美大島の西海岸と東海岸との間の遺伝的分化は著しく大きく、これら2ローカル集団間の遺伝子流動（相互交流）は著しく小さいと考えられる。アユの流下仔魚の拡散範囲は、孵化日の河川流量によって左右され、流量の多い年には河口から数十キロメートルを超えることが経験的にわかっている。つまり、東西集団間の遺伝子流動の顕著な制限要因を、リュウキュウアユの島嶼性のみに帰することは難しい。リュウキュウアユの遺伝的多様性レベルが著しく低くなっていることについて、日本列島周辺のアユの島嶼集団の遺伝的多様性レベル（第5章の島嶼集団を参照）と比較すると、島嶼性のみによって説明することに無理があるのは明白だ。

奄美大島の河川は、昔は筏《いかだ》を流していたといわれるように、水量も多く、水深も深かったし、リュウキュウアユの体のサイズも現在よりはるかに大きかったという証言がある。これらの証言は、リュウキュウアユの資源水準の低下と集団の有効なサイズの縮小が、人間の活動、特に近年の土木事業などの活動によってもたらされたことを想起させる。近年の河川流量の大きな変化、特に産卵期に見舞われる渇水は、繁殖阻害およびローカル集団間の遺伝子流動の制限要因として大きな影響をもたらしてきたと思われる。

集団の有効な大きさとヘテロ接合体率の継代的推移に関するシミュレーションをしたものがプリマックにより紹介されている。集団のサイズの初期値が40の場合、もともと1.0であったヘテロ接合体率が一〇〇世代後には0.2くらいに低下してしまった。奄美大島の集団において、これまでに大きな人間活動が原因となって、N_eが100以下になったケースはみられなかったと考えられる。もし現時点で、産卵集団が一万尾だったとしても、近い過去に一〇〇尾以下になったことがあれば、N_eは数年間の調和平均をとるため、最低時の影響を強く受けて、100を少し上回る程度まで低下した可能性が考えられる。

現在、リュウキュウアユのヘテロ接合体率が著しく低いという現状をみれば、過去一〇〇年間くらいにN_eが非常に減少した年があったとしても不思議ではない。経験的には、N_eが50を切ると絶滅してしまう可能性が高くなることが知られている。リュウキュウアユはまさにそのような状態に近いのではないかと懸念される。

リュウキュウアユの生息環境の確保

最後に、保全策について提案したいと思う。

特に河床と産卵床の整備、不要な土木工事を避け、工事を実施する場合にはアユが生息するシーズンを避けるなど、資源量の回復を図ることが最優先の課題となるだろう。

次に、生物としての遺伝的多様性を確保することである。当面、東西それぞれの集団の有効サイズを確保するとともに、近親交配の影響を実験的に定量することである。これは、東西二集団の遺伝的混合による遺伝的多様性の向上と、F１（系統間交雑の一代目）における雑種強勢現象の有無について確認実験を実施することにより達成される。ちなみに、東西二集団の遺伝的混合はコア集団の形成を念頭においた考え方でもある。

この考え方には賛否があると思われる。しかし、リュウキュウアユの資源を維持するうえで重要な河川生活期である夏場に、川床を掘り返すような土木工事を止められない地元事情があるとすれば（調査時点で実際に工事を視認もし、地元住民の意見も聞いたのだが）、「東西両集団の遺伝的混合による遺伝的多様性の保全」といった構想も、リスク管理の最後の一手として採用せざるを得なくなると思われる。最後の手段と思われる「精子の凍結保存」を実施することも無駄ではないだろう。

最後に、リュウキュウアユ遺伝資源保全委員会を設置し、生息環境と遺伝的多様性の評価・検討を早急に開始すべきである。そこで、具体的保全策を提案し、地元との協力体制のうえにそれらの実施を急ぐ必要があると思われる。さらに、保全策実施後も、資源管理の実効性と遺伝的多様性の維持に関するモニター体制をとる必要がある。佐渡島のトキの二の舞になることのないよう切に願いたい。

第4章　ダム湖で発生した新しい集団

アユが陸封化されたわけ

琵琶湖のアユは、長い歴史のなかで海系のアユが陸封化されることにより形成された自然繁殖集団である。陸封型アユといえば、琵琶湖のアユの代名詞といっても過言ではなかった。近年、琵琶湖または海産アユを起源とする陸封集団が、西日本各地のダム湖において発生しているのが確認されるようになってきた。

アユが陸封化される条件として、ダムの湛水容量が大きいこと、ダム湖の水深が深いこと、冬季の水温が四度以上であること、湖水に適度の栄養塩が含まれ、適度のプランクトンが発生することなどがあげられる（**表4―1**）。このような環境条件に加え、アユの品種特性がダム湖の環境に合致することもダ

表4-1　アユの陸封化に必要なダムの環境条件および定着したアユ系統の判別

項目	必要環境条件	鶴田ダム湖 川内川	池原ダム湖 熊野川	早明浦ダム湖 吉野川	野村ダム湖 肱川
ダム湖面積	1.0km²以上	●	●	●	▲
水深	20m 以上	●	●	●	●
最低水温	4 度以上	●	▲	▲	●
栄養型	中栄養型	富栄養	中栄養	中栄養	富栄養
プランクトン量		＋＋＋	＋	＋	＋＋
定着したアユの系統		海産系	湖産系	湖産系	海産系
年間アユ発生実績		多 （2000 万）	少 （35 万）	少	25 万

ム湖における自然繁殖成功のカギとなる場合があるようだ。

これらは、海へ流下することなく天然湖や人工湖で新しく創出された自然繁殖集団である。これも稚魚期に採捕されると、れっきとした陸封化した遺伝資源の一つとなり、放流用あるいは養殖用種苗の安定供給に貢献しているのである。それら陸封集団から漁獲された放流用種苗は、そのルーツが海系なのか、琵琶湖系なのかによって、種苗としての生理・生態的性質が異なることは想像に難くない。しかし、現実的にはそれらの由来についてはほとんどわかっていなかった。

天然種苗が生息する河川に、それとは遺伝的に異なる種苗を放流する場合には、放流種苗の定着あるいは放流による資源の増加が期待できるか否か、在来の遺伝資源の安定性を乱すことがないか、その影響を予測することが必要と思われる。これらの創成集団を放流事業で利用する前に、当該河川で使用する放流用種苗の素性を把握しておくことは、種苗の放流効果を決定づける重要な要因となる。

本章では、各地の陸封集団を入手し、アロザイムやDNA

多型を遺伝標識として利用することにより、それぞれの陸封アユ集団の由来および遺伝的特性に関する情報を収集したので、そこで得られた知見を紹介したい。

陸封アユの系統の鑑定

この調査を行なったのは、西日本のダム湖でアユの陸封集団が注目されはじめたおよそ二〇年前のことである。実際にサンプルを採集し、遺伝子鑑定を行なったのは、鹿児島県の池田湖、川内川《せんだいがわ》の鶴田ダム湖、宮崎県の御池《みいけ》、大淀川《おおよどかわ》の岩瀬ダム湖、および愛媛県の肱川《ひじかわ》水系の野村ダム湖の五つの天然湖およびダム湖の集団である。調査では、海系のアユであるのか、琵琶湖系のアユであるか、その由来の判定指標となる、*Gpi-1*、*Mpi-2* の二遺伝子座の検出を行なった。

対立遺伝子頻度による多様性の判定

海系アユと琵琶湖系アユの *Gpi-1*、*Mpi-2* の遺伝子座の対立遺伝子頻度には明らかな違いがみられる。そこで、この二つの遺伝子座の対立遺伝子頻度を二次元展開すると、両集団は容易に識別できることがわかった。

アロザイムの *Gpi-1* と *Mpi-2* 遺伝子座の主対立遺伝子の頻度について、海系アユは○印で、琵琶湖系アユを●印でサンプルごとにプロットし、それらの位置関係をみた（**図4-1**）。海系アユと琵琶湖系

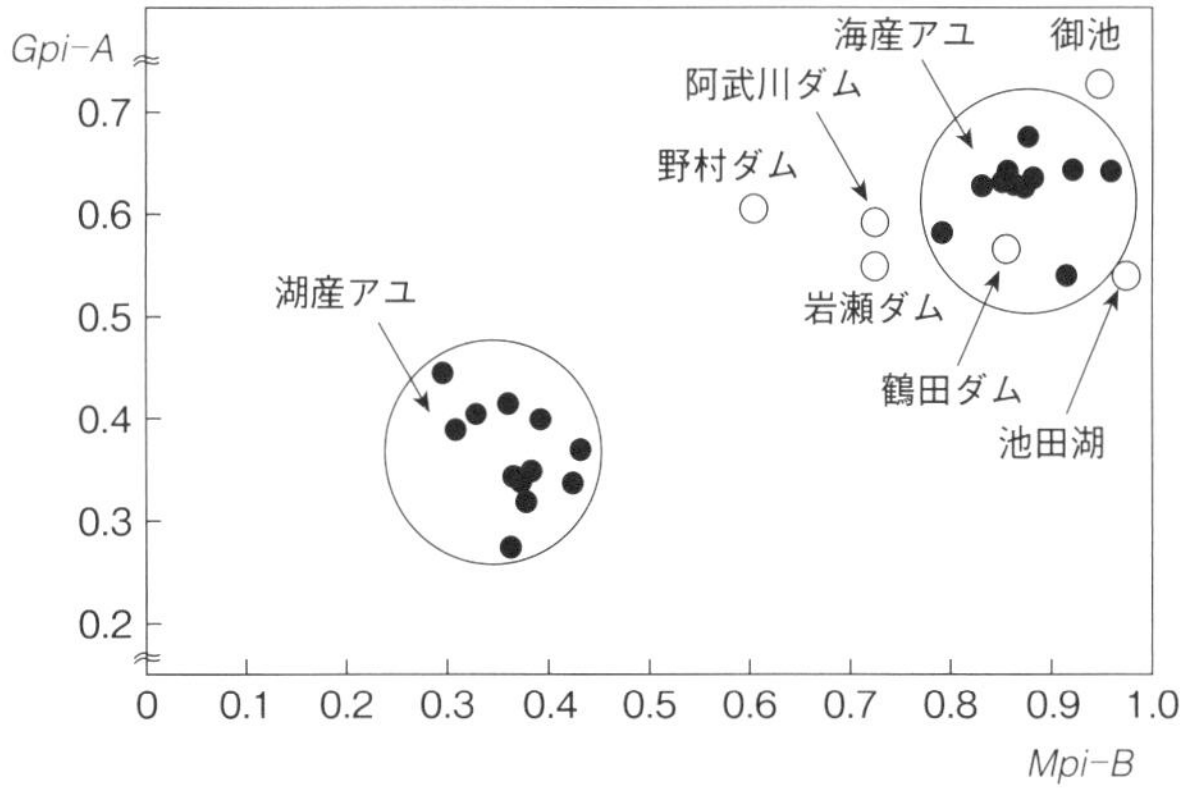

図 4-1 ダム湖および天然湖の創生集団のルーツを探る
（関・谷口、1988；関他、1995；高木他、2001）

アユはそれぞれ右斜上方と左斜下方に明瞭に分かれた。この図には、数値をプロットした陸封集団の五標本群のほかに、高木他（二〇〇一）の山口県阿武川ダム湖の集団も追加した。

その結果、陸封アユ集団の多くは海系アユの近くに位置することがわかった。後に調査された阿武川ダムの集団もまた、海系アユの近くに位置することがわかった。他方、琵琶湖系アユに近い関係を示す陸封アユは認められなかった。

遺伝的変異性指標として、平均対立遺伝子数、多型的遺伝子座率、平均ヘテロ接合体率を求めたところ、陸封集団の平均ヘテロ接合体率（0.029~0.051）は、海系アユ（0.039~0.061）、琵琶湖系アユ（0.045~0.061）とほぼ同じレベルであった。平均対立遺伝子数では、陸封アユ集団は、海系アユに比べるとやや低く、琵琶湖系アユとほぼ同じレベルであった。平均ヘテロ接合体率の実測値（H_o）と期待値（H_e）の比（H_o／H_e）は、御池以外の多くの陸封集団の場合には1以下となり、ホモ型過剰（ホモ型の出現率が理論的な推定値より高いことで近親交配や異集団の混合が疑われる）の傾向が示唆された。以上のことから陸封アユ集団は、天然アユ集団と遺伝的多様性についてはほぼ同じ程度のレベルであること、有効集団サイズが比較的大きい安定性のある繁殖集団であることがわかった。しかし、ホモ型過剰傾向から軽度の近親交配が疑われた。

陸封集団の由来を判定する

今回調べた陸封集団は、*Gpi-1*、*Mpi-2* の二つの遺伝子座の対立遺伝子頻度組成により、いずれも海系アユに由来する可能性が高いと判定された。御池には宮崎県耳川《みみかわ》と五ヶ瀬川の海産種苗を移植したという記録があり、今回の海系アユ由来という判定結果はこれを裏づけている。池田湖のアユの場合、海系アユが自然繁殖したものという説と、琵琶湖系アユの放流によるものという説があったが、*Gpi-1*、*Mpi-2* の対立遺伝子頻度は、池田湖のアユが海系であることを示唆している。これは、形態学的な判定により海系アユであるとした立原（一九九一）の結果を裏づけている。

また移植陸封集団において、マーカー座によっては遺伝的変化が認められた。特に池田湖の集団でみられた *Aat-1*、*Mpi*、*6-Pgd* の各遺伝子座の対立遺伝子頻度が、ほかの移植陸封集団や海系アユ集団とかなり異なっており、河川から進入あるいは移植放流されたさいに資源量が著しく縮小したか、もしくは、創始集団における遺伝子構成の偏りの影響などが考えられた。一方、いくつかの遺伝子座で低頻度遺伝子（出現数率の低い対立遺伝子で、集団から消失する可能性が高い）が残存しており、池田湖集団が形成された後も、移殖や海からの加入があったことが示唆された。

岩瀬ダム湖、鶴田ダム湖の集団の遺伝的変化は、池田湖集団ほど顕著ではないが、全体として海系アユ集団によく似ている。これは、両ダム湖の陸封化の調査時点では移植後一〇年前後と歴史的に新しいことのほか、導入した親魚の個体数が多く、しかも繰り返し導入されたことで、創始者効果や遺伝子の機会的浮動の影響を受けなかったためと考えられた。

本調査のなかには、対立遺伝子頻度の小さな変化が認められる集団があった。この原因は、主として、小数の親魚から採卵したときに起きる遺伝子の機会的浮動の結果と考えられる。これは、近交係数の上昇やそれにともなう集団および個体レベルの適応度の低下がもたらされる可能性を否定できないことを意味している。陸封集団は、導入尾数（創始集団）に留意すれば遺伝的変化は生じにくいのだが、湖沼は閉鎖環境下であるので、低頻度遺伝子が失われればもはやその遺伝子の回復は望めない。集団の遺伝的多様性を失うことのないように、創始集団と同じ系統の天然種苗を追加放流することは対策の一案となるだろう。

今後、陸封集団を遺伝資源として維持管理を考えていく場合には、その過程で発生する意識的・無意識的変化*をモニターしていく必要があり、アイソザイムやDNAマーカーなどの遺伝的標識による遺伝的多様性調査を継続すべきである。

＊意識的とは選択育種など目的にそった遺伝的変化、無意識的とは再生産過程で知らないうちに無目的の遺伝的変化が起こった場合を指す。

野村ダム湖のアユの由来は？

陸封化の経緯

野村ダムではダム建設の数年後から、その上流域河川で稚アユの種苗放流が実施された。一九八二年から鹿児島県の川内川の鶴田ダム湖産の稚魚を採用し、これを野村ダムの上流域へ放流している。その秋には産卵行動が確認され、翌年の春にはダム湖から稚魚が自然発生するようになった。肱川上流漁業組合の野村ダム湖へのアユの導入と陸封化の試験は成功し、湖内で発生した稚アユの量は二五万尾と推定された。実際、湖内で放流種苗として採捕される量は毎年二万〜五万尾程度で安定している。

このような野村ダム湖における陸封化成功の要因の一つに、移植した系統または品種が適切であったことがあげられる。しかし、野村ダム湖で定着したアユがどの系統であるかは明らかではなく、これを解明することは、今後の陸封化試験において有用な知見を提供するものと考えられ、生化学的手法により遺伝形質の分化と変異レベルの定量を実施した。

アイソザイム多型による鑑定

アユのアイソザイムには多くの遺伝変異が認められる。遺伝変異のみられる8遺伝子座について、それらの遺伝子型から対立遺伝子頻度を推定した。ＧＰＩ（グルコースリン酸イソメラーゼ）およびＭＰ

Ｉ（マンノースリン酸イソメラーゼ）の対立遺伝子頻度は、海系アユと琵琶湖系アユの間で明らかな違いがみられ、アユの地理的品種の判別マーカーとして利用できることはすでに紹介した（**図４－１**）。これらの数値をグラフにプロットすると、両地理的品種の中間からやや海系よりに位置することがわかった。また、野村ダム湖産と鶴田ダム湖産（一九八二年に鹿児島県の川内川の鶴田ダムから種苗が導入されている）の集団を比較したところ、海系と考えられてきた鶴田ダム湖の集団ときわめて類似度が高いことが判明した。

DNAマーカーによる再鑑定

野村ダム湖の集団は海系に近いとはいうものの、ほかの集団との間で対立遺伝子頻度の差は有意と判定されており、琵琶湖系アユとの間の交雑の可能性は否定できない。そこで、野村ダムのアユ集団について、アイソザイムに比べて遺伝マーカーとしてははるかに感度が高いＤＮＡマーカによる精査を行ない、その遺伝的変異性および起源について、ほかの野生集団（海系と琵琶湖系）と比較しながら検討を行なうことにした。

この研究では、共同研究者である住鉱テクノ（株）の方々が採集された貴重な標本を使用させていただいた。野村ダム湖の標本として、二〇〇四年四月から五月にダム湖に注ぐ稲生川《いなぶかわ》と肱川で採集されたそれぞれ二六個体と四三個体（計六九個体）を用いた。ＤＮＡの抽出は各個体の尾鰭を試料としてフェノール・クロロホルム法によった。マイクロサテライトＤＮＡは７マーカー座（*Pal-1*〜*Pal-7*）を対象

表4-2　野村ダムのアユ集団と海産および湖産アユ集団の遺伝的変異性

	標本集団	個体数	平均有効アリル数（n_e）	平均ヘテロ接合体率（H_e）
野村ダム	稲生川	26	6.0	0.760
	肱川	43	6.0	0.761
	全体（稲生川＋肱川）	69	6.4	0.761
海産	吉野川	50	8.5	0.769
	土佐湾	50	8.4	0.781
湖産	琵琶湖	50	6.5	0.758

とした。稲生川および肱川の遺伝的変異性のレベルおよび遺伝的類縁関係の比較のための規準標本として、海系（両側回遊型）二標本集団（吉野川と土佐湾で採集された各五〇個体）と琵琶湖系（陸封型）一標本集団（五〇個体）を用いた。DNAマーカーの検出法は、これまで東北大学の研究室で実施してきた方法と同じで、それまでに得られたデータも参考のため使用することにした。

遺伝的変異性

ダム湖に注ぐ稲生川と肱川の標本群それぞれの個体のマイクロサテライトDNAのアリル型（マーカーとしては遺伝子型と同義）を決定し、それらの変異性データについてまとめた。両標本集団の平均有効アリル数（n_e＝6.0）および平均ヘテロ接合体率（H_e＝0.761）は、ほかの海系アユおよび琵琶湖系アユとほぼ同じレベルの値を示した（**表4-2**）。このことから、野村ダム湖のアユ集団は比較的高い変異性を維持しており、遺伝的多様性が特に低下していることはなく、遺伝学的にみた場合に、集団の有効な大きさが小さくなったことが示唆される状態にはないことがわかった。また、稲生川および肱川のそれ

表4−3　野村ダムにおけるアユ集団と海産および湖産アユ集団間の F_{ST} 値

	標本集団	稲生川	肱川	吉野川	土佐湾	琵琶湖
野村ダム	稲生川	−				
	肱川	0.0035	−			
海産	吉野川	0.0362 ＊	0.0355 ＊	−		
	土佐湾	0.0464 ＊	0.0418 ＊	0.0030	−	
湖産	琵琶湖	0.0685 ＊	0.0637 ＊	0.0986 ＊	0.0933 ＊	−

＊ $P < 0.05$ で F_{ST} の値が0よりも有意に大きいことを示す

ぞれの標本集団内におけるアリル型の観察分布と、ハーディー・ワインベルグ平衡を想定して推定したときのアリル型の分布（期待値）を比較したところ、稲生川の *Pal-1* および肱川の *Pal-1* と *Pal-7* ローカスで有意差が検出され、いずれの場合もホモ接合体過剰によるものであった。

遺伝的分化と類縁関係

稲生川および肱川の野村ダム湖集団が、ほかのアユ集団からどの程度異なっているかを定量化するため、F_{ST} 分析により検討を行なった。その結果、稲生川と肱川の間には0より統計的に大きいと判断される F_{ST} 値は得られなかった。しかし、野村ダム湖の集団と海系集団や琵琶湖系集団との間では、F_{ST} 値は約三・五〜六・九％となり、明らかに有意な遺伝的差異が存在していることが示された（**表4−3**）。

各標本集団のアリル頻度から集団間の遺伝的距離を算出し、近隣接合（NJ）法により類縁図を作成したところ、野村ダム湖に注ぐ二つの集団は、どちらも海系にやや近いが琵琶湖系の影響を強く受けていることが判明した（**図4−2**）。アリル組成を詳細に比較したところ、稲生川と肱川のアリル頻度はどちらも海系集団に類似していたのだが、両系統間の差異が最も顕著に表われる*Pal*–5マーカーでは、琵琶湖系に特徴的に検出されるアリルを多く保有していることが判明した（**図4–3**）。これらの結果から、野村ダム湖のアユには琵琶湖系との交雑個体が含まれている可能性が示唆された。

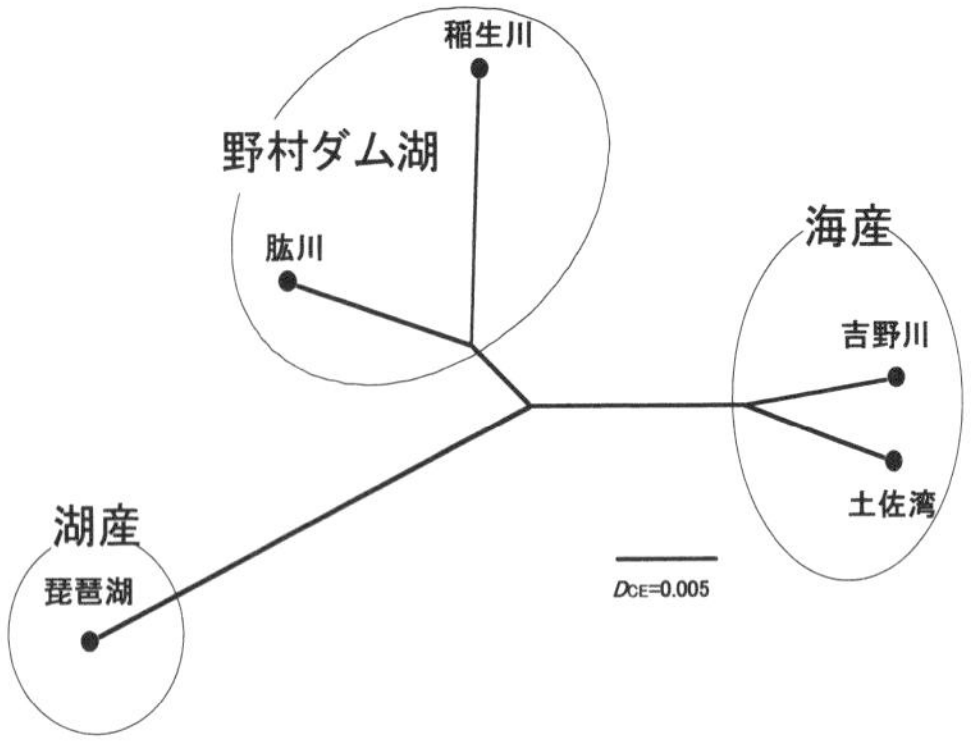

図4–2　DNAマーカーによる野村ダム湖のアユ集団と野生集団との遺伝的類縁関係

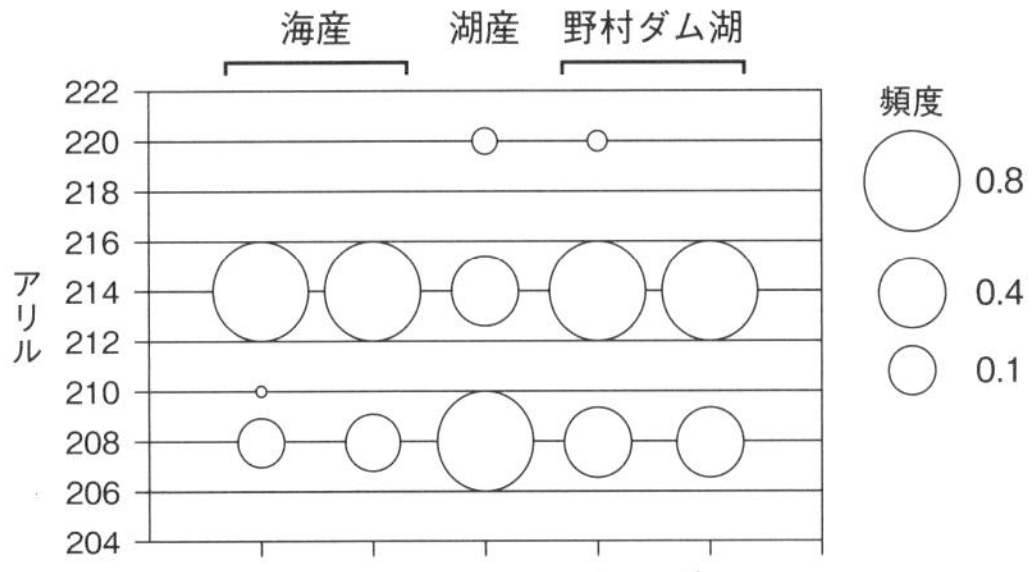

図4–3　*Pal*–5マーカー座におけるアリル頻度の比較

単純混合か交雑による混合か

すでに述べたように野村ダム湖のアユは集団全体としては海系に近いのだが、琵琶湖系の影響を強く受けているると判定された。しかし、個体レベルでは、海系と琵琶湖系が単純に混合している場合と、二つの系統が交雑を通じて遺伝的に混合している場合が想定される。

単純混合か交雑かは、今までの集団レベルの判定法では決着がつかない。個体レベルでの判定を行なうためにアサインメントテストという分析法を採用した。標本集団中の各個体が保有する遺伝子型にもとづいて、海系に近いのか琵琶湖系に近いのか、両系統の中間（継代一代目）なのか、それらのどれとも異なる浸透交雑個体なのかを尤度《ゆうど》（それらしさ）で表わす方法である。この方法によれば、交雑個体があれば、それらがどの程度含まれているのかを容易に定量化することが可能となる。

野村ダム湖の場合は、マイクロサテライトDNAの6マーカー座の遺伝子型情報を用い、個体ごとの海系らしさと琵琶湖系らしさを数値（尤度）で表わした。これにより野村ダム湖で採集したすべての個体の尤度を判定し二次元展開したところ、海系と琵琶湖系の位置に出現する個体は少なく、両系統の中間域にプロットされ、多くの個体が交雑個体であることが確認された（**図4-4**）。この現象は、両系統が産卵場においてランダムに交配していることを示唆している。しかも、マーカー座間で遺伝子型の連鎖状態を調べたところ、連鎖不平衡状態は認められなかった。したがって、それらが親となり継代的遺伝的混合が進行している可能性も十分考えられた。そこで、我々はそれらが海系と琵琶湖系の浸透交雑集団であると判定したのである。

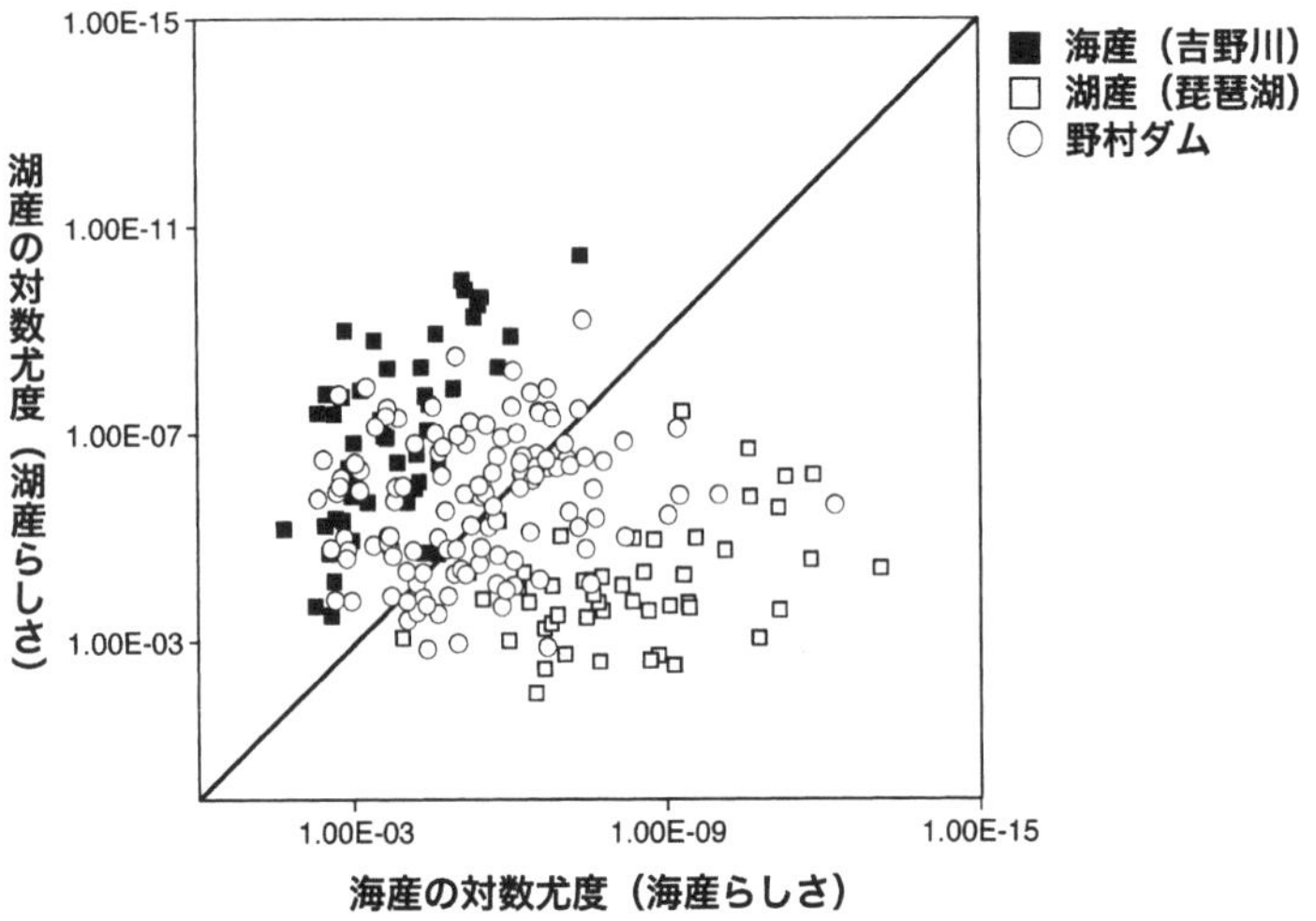

図4−4　各個体の海産尤度と湖産尤度の２次元展開図（池田、2008）。野村ダム湖の個体は琵琶湖系に近いものから、海系に近いものまで、広く分散していることから交配系であることがわかる

このような事実から、我々がおよそ二〇年前に調べた野村ダム湖のアユが、やや海系よりとはいいながら両系統の中間側にずれてプロットされていたことが、単なる測定誤差ではなく、単純混合でもないこと、さらには、陸封現象が確認されたかなり古い時代に交雑が起こり、その後何世代も経て遺伝子浸透が行なわれてきたという結論にいたったのである。

このようにして、アイソザイム分析の時代には海系に近い集団と考えられてきた野村ダム湖のアユ集団は、新しいDNAマーカーの出現により両系統の浸透交雑集団という認識に変わった。これまで、多くの陸封集団を調べてきたが、このようなケースは初めてであった。今後は、ほかの陸封集団でも同じような現象が起こっているのか、それとも野村ダム湖だけの現象なのかを精査する必要がある。

もともと海系アユと琵琶湖系アユは産卵期が一〜二カ月ずれているので、両系統間の交雑が起こるとは考えにくかったのだが、どのようにして浸透交雑が進行したのかという点についても原因の解明が必要と思われる。

八田原ダム湖の陸封アユの謎

二〇〇七年、仙台市にある東北大学を定年となり、その後、広島県にある私立の福山大学の教壇に立つことになった。こちらへ来てから西日本のダム湖でアユが自然繁殖しているという話をよく聞いた。早速、生態調査をすすめておられた広島大学の海野徹也氏から予備的情報をいただいて、備後地方を流れる芦田川上流の八田原ダム湖（広島県世羅郡世羅町）のDNA鑑定調査を実施することになった。ダム湖へ向かい、芦田川上流組合の協力を得て、上流の遡上アユおよび産卵期のアユを投網により採集した。ダム湖上流域には広島県栽培漁業センターの海産系人工種苗が放流されているが、どの系統が生き残ったのかわかっていないケースが多いので、供試サンプルのルーツを判定する目的で、海産アユ（和歌山県で採集された両側回遊型）と琵琶湖産アユ（陸封型）を基準標本として用い、それらとの比較研究を実施した。

ダム湖の創成集団のルーツの判定には、やはりDNA鑑定法を採用した。DNAマーカーとしては現在では最も精度の高いといわれるマイクロサテライトDNAを用いた。それぞれの標本群の個々のサンプルから鰭の小片を切り取り、それを材料としてDNAを抽出し、個体ごとに複数のマイクロサテライトDNAの七つのマーカー座を検出した。DNAマーカーのアリル型は、最新の便利な検査法である、DNAシーケンサーのマルチローギングシステムによりマーカー型の判定を行なった。

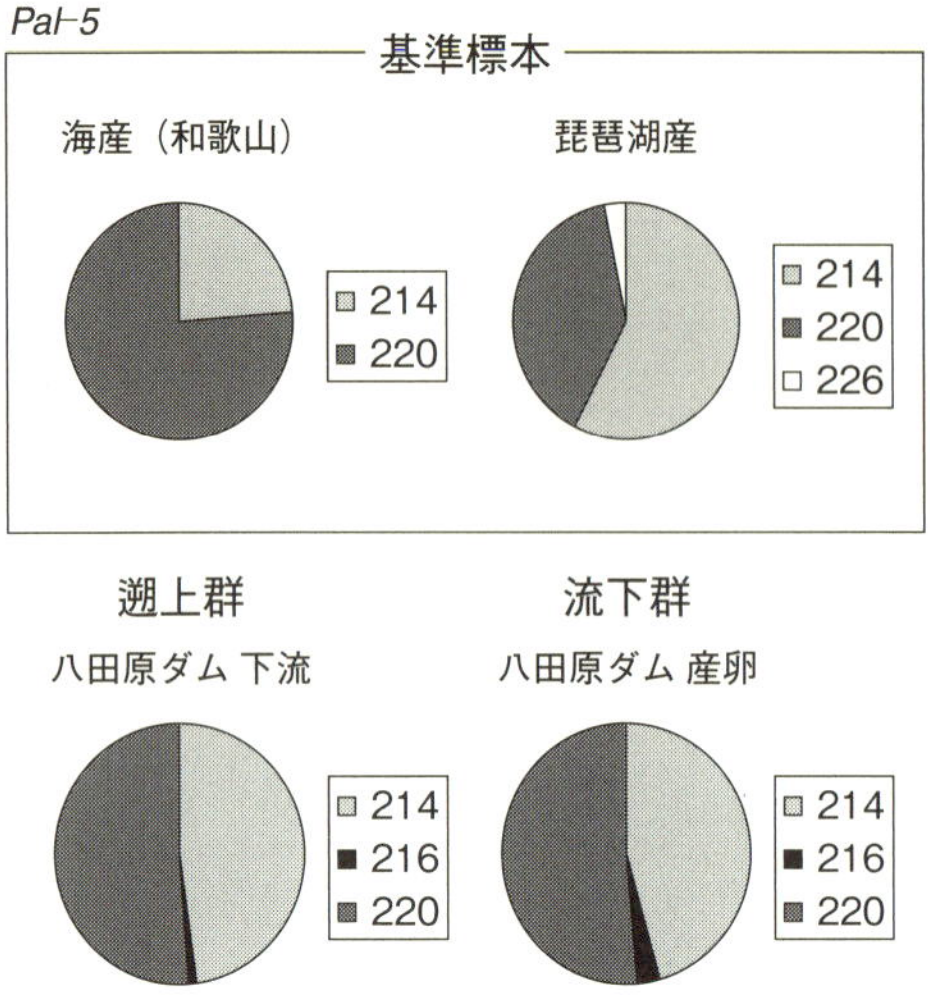

図4−5 *Pal−5*マーカーアリル頻度構成の比較。八田原ダム湖のアユのマーカー頻度は基本集団の海産アユと湖産アユのほぼ中間を示す

ルーツ鑑定

図4−5は八田原ダム湖の遡上期と産卵期のアユの*Pal−5*のアリル頻度構成を一例として示したものである。アリル214の頻度は基準標本の海産アユでは低く、琵琶湖産アユで高く、アリル220の頻度は海産アユで高く、琵琶湖産アユで低くなっている。問題の八田原ダム湖の遡上アユと産卵期のアユのアリル214とアリル220はいずれも海産アユと琵琶湖産アユの中間的頻度を示した。

この結果から、八田原のアユは両基準標本の中間的な特徴のあることが明らかとなったが、海産アユと琵琶湖産アユの単純な混合なのか、

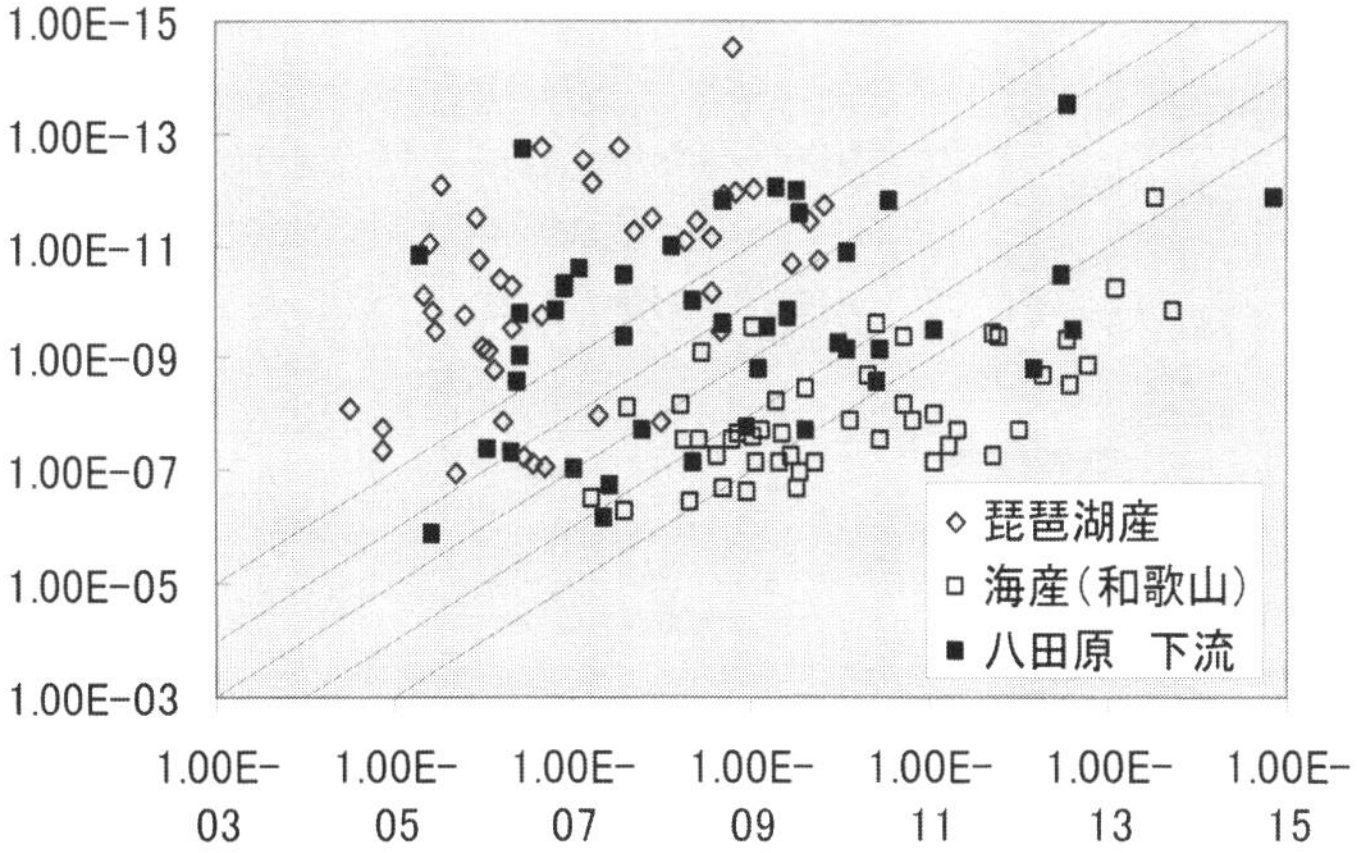

図4-6　各個体の海産アユと湖産アユの尤度比の2次元展開。八田原ダム湖の個体（黒印）は琵琶湖系に近いものから、海系に近いものまで、広く分散していることから浸透交雑群と判定された

両系統の交雑による遺伝的混合なのかは判別できない。そこで、マイクロサテライトDNAマーカーの九つのマーカー座のアリル頻度データを用いて尤度分析を行なった。その結果が海産らしさと湖産らしさを表わす散布図である（図4−6）。八田原の個々の標本のプロットはこの散布図では■印で示したが、自然集団からの標本の場合と異なり、海産アユか琵琶湖産アユかのどちらかに偏ることなく、対角線を中心に幅広く分布していることがわかった。

ここで実施した尤度分析の結果、八田原ダム湖のアユ集団は海産アユと琵琶湖産アユの交配集団であることが判明した。この集団は、ハーディー・ワインベルグ平衡からの逸脱はなく、両系統が交雑を繰り返し、しかもランダム交配による世代交代が行なわれた浸透交雑集団であることが判明した。

以上のように、八田原ダム湖の集団は、平均マーカーアリル数や平均ヘテロ接合体率は自然集団の遺伝的

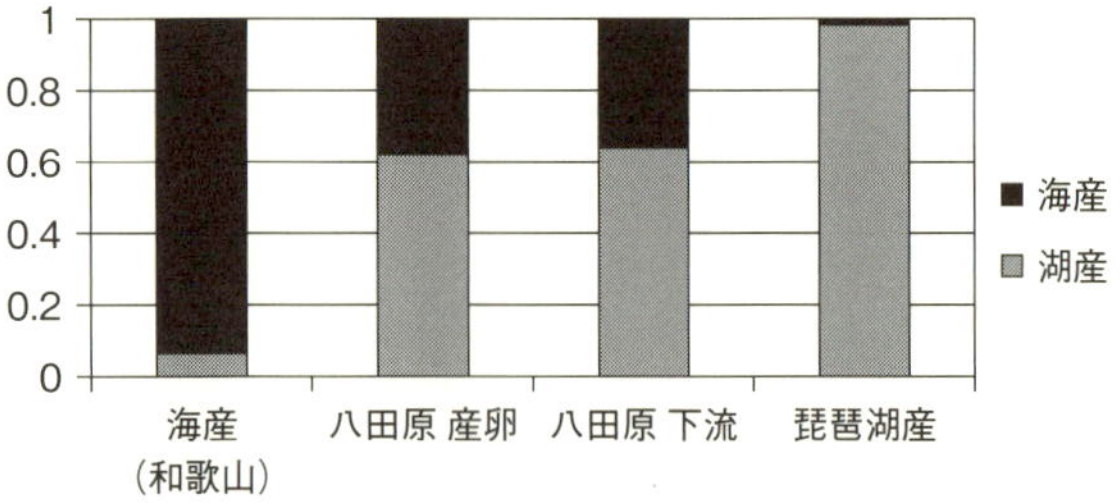

図4-7　尤度分析による個体別系統判別の結果。八田原には琵琶湖系に近い個体から海系に近い個体まで、多様であることがわかる（谷口他、2009）

多様性を維持しているが、アリル頻度からみると、これまでの自然集団にはみられない特徴、つまり海産アユと琵琶湖産アユの浸透交雑集団である可能性が認められた（**図4―6**）。

創成陸封集団の遺伝的評価

芦田川上流組合の関係者への聞き取りによると、八田原ダムには近年、主に広島県立種苗センター産の海系人工種苗が放流されてきたということである。したがって、それらが創始集団となり継代的な繁殖をとげたとすれば、このダム湖の陸封集団は海系と判定されると予測していた。しかし、鑑定結果から純粋な海系ではなく、琵琶湖系アユの遺伝的特徴も含まれていると判定されたのだ。そこで、芦田川上流組合に再度出向き、過去に使用した放流種苗に琵琶湖産アユを使用したことがないか質問した。記録によれば、昭和四〇年頃までは琵琶湖産を放流種苗として利用してきたが、最近はしていないとのことであった。

八田原ダムの湛水が始まったのが一九九四年であるから、琵琶湖産アユとの交雑がこのダムで起こったと考えるのは難しい。琵琶湖系の遺伝子が八田原ダム湖へ導入された有力な可能性として考えられるのは、広島県立種苗センター産の海系人工種苗のほかに、ほかの河川のダム湖産種苗が持ちこまれたのではないかということである。

先にも述べたように、野村ダム湖産の種苗は、海系アユと琵琶湖系アユの浸透交雑集団であることが判明している。これとは別に、放流用として入手した鶴田ダム湖産と称する種苗のDNA鑑定を行なったところ、この種苗も海系アユと琵琶湖系アユの浸透交雑集団と判定された。これは、河川放流の関係者が不審に思って鑑定を依頼してきたものなのだが、これまで我々が過去に何度か調べた鶴田ダム湖産のDNA鑑定結果では海系と判定されていた。

このことは、鑑定依頼を受けたサンプルが鶴田ダム湖産ではなかった可能性があり、アユの種苗の流通過程には、系統名の詐称があり得ることを示唆している。八田原ダムの上流域には、一九九四年以降に、なんらかの理由によりこのような琵琶湖系の遺伝特性をそなえる種苗が持ちこまれた可能性があるのではないかと推測される。

増える西日本のダム湖での陸封現象

アユの陸封化は日本各地で認められているが、その多くは九州に集中していた。また、陸封アユの系統判定を行なったところ、多くは海系と判定され、琵琶湖系と判定されるケースは少なかった。近年、中国地方や近畿地方のダム湖で陸封化が確認されるケースが多くなっている。他方、中部以北のダム湖や標高の高いダム湖での陸封化の事例は少ない。それらのダム湖では、冬季の低水温により仔稚魚が生き残れないことが原因と考えられる。地球温暖化により西日本のダム湖の冬季の水温が上昇しているとすれば、陸封化が増加していることの原因であり得ないことではない。

最近、調査した四つの陸封集団（野村ダム、八田原ダム、苫田ダム、鏡ダム）のうち、三つのダム湖集団が、海系アユと琵琶湖系アユの浸透交雑集団であった。八田原ダム湖の集団の産卵期は、琵琶湖系ほど早くなく、海系ほど遅くなく、九月下旬に集中していた。ダム湖の陸封アユ集団の系統鑑定の調査は今後しばらく続ける必要があるようだ。

種苗の利用をめぐって

八田原ダム湖で発生する陸封集団を利用する場合、以下のような問題が考えられる。八田原ダム湖の種苗は、ダム上流域へ遡上するため、河川の生産力の有効利用に結びつくことが期待できる。ほかの水系への放流種苗としての利用も考えられるが、海系アユと琵琶湖産アユの浸透交雑集団であるため、放流種苗としての利用特性は不明である。この種苗が、ダム湖内で繁殖する間は特段のリスクは考えられないが、海系アユや琵琶湖系アユの野生集団と接触し、混合および交配が起こる可能性のあるところでは、もとの集団の遺伝的特性を変化させるという遺伝的攪乱のリスクを想定する必要がある。つまり遺伝的または生態的観点からリスク査定と評価に関する調査を実施し、リスク管理法を案出する必要がある。

沖縄のダム湖で再生したリュウキュウアユ

福地ダム湖における集団の創成

リュウキュウアユ（*Plecoglossus altivelis ryukyuensis*）は琉球列島に分布する固有亜種とされているが、沖縄島ではすでに絶滅したと考えられている。一九九〇年代には大学研究者グループおよび地元住民が中心となってリュウキュウアユを沖縄県に再導入する試みが行なわれた。創始集団は奄美大島南東部の集団に由来する人工種苗で、沖縄島北部の河川やダム湖に放流され、沖縄島中部の福地ダム湖で陸封集団の定着が確認された。これは間違いなく新集団の創成にあたるので、その経緯を詳しく紹介することにしたい。

福地ダムへ導入された人工種苗の生産は、一九八九年の夏に私と福岡県内水面水産試験場（以下、福岡内水試）の研究員であった稲田善和研究員が奄美大島の住用川および役勝川を訪れ、親魚を採取するところから始まった。この年、早速、福岡内水試で親魚養成が行なわれた。その年の晩秋には役勝川産の親魚からの採卵と種苗生産が行なわれ、翌年には、同水試と高知大学はそれぞれこの継代一代目（F1）集団を用いて、本種の飼育特性および遺伝特性を調べる試験を実施した。F1の一部は、親魚まで養成され採卵に成功し、一九九一年の春には高知大学でF2が大量生産され、一部は、かねてから約束してあった琉球大学の諸喜田茂充教授のもとへ移送された。地元ではすでに絶滅したアユが復活すると

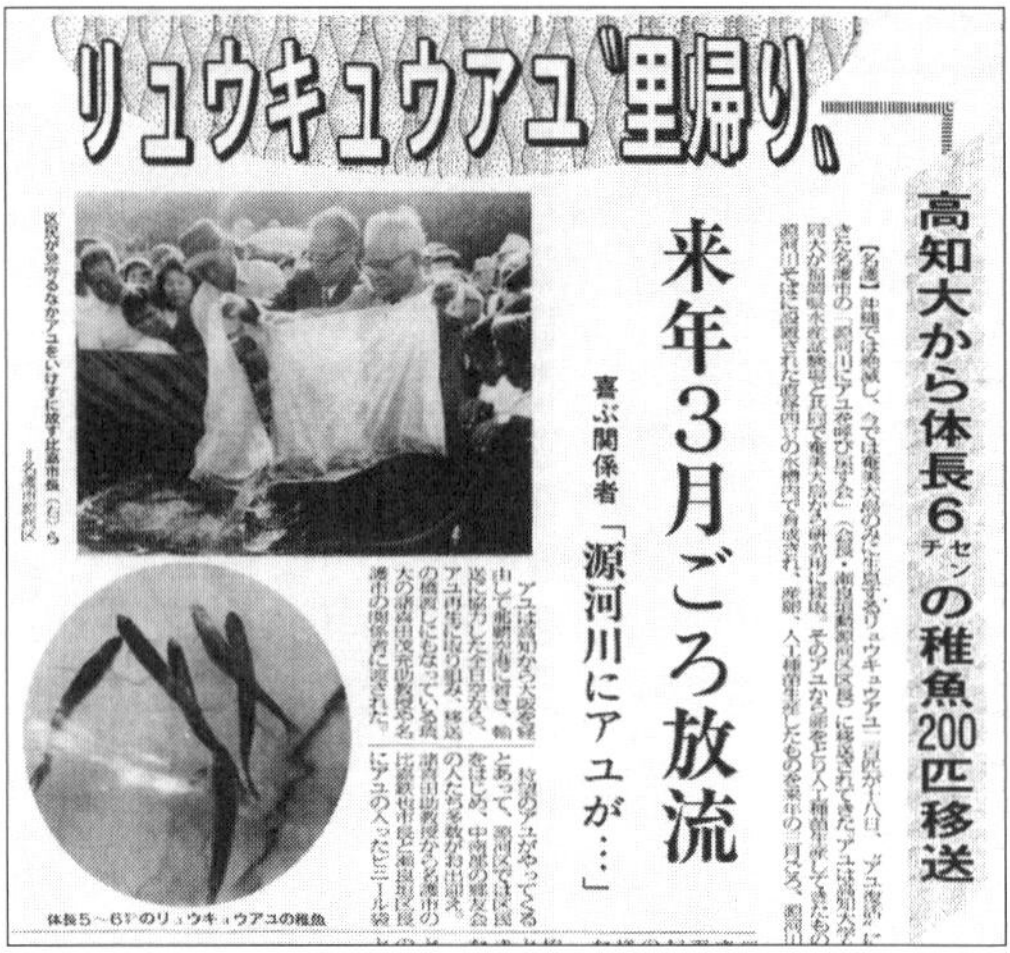
リュウキュウアユ"里帰り"
高知大から体長6センチの稚魚200匹移送
来年3月ごろ放流
喜ぶ関係者「源河川にアユが…」
体長5～6センチのリュウキュウアユの稚魚

図4−8　絶滅した沖縄のリュウキュウアユ集団の復活の試み（琉球タイムス記事より、1991年）

いうことで大歓迎された（図4−8）。

このアユはそのまま放流されることなく、再生産をめざして沖縄本島中部の源河川《げんかがわ》の河畔につくられた飼育施設で親魚候補として養成され親魚まで育ったが、残念ながら採卵に成功しなかった。

幸いなことに、一九九一年産F2種苗は、高知大学から共同研究者の故辻村昭夫氏（和歌山県内水面水産試験場研究員）のもとへ研究材料として送付され飼育されていた。

この親魚から一九九二年には、辻村氏が継代に成功し、F3が生産された。これが安全策となり、和歌山県内水試からF3種苗が再度沖縄県へ移送され、その一部が福地ダム湖へ放流された。その後、鹿児島県内水試が奄美大島のリュウキュウアユを用いて独自に種苗生産したものが、福地ダム湖へ放流されたと聞いている。

F3種苗が放流された福地ダム湖は、名護市の北部に位置する米軍キャンプ内を流れる川に建設された利水用ダムで、周辺の自然環境がすぐれ、水質も良質といわれている。ここで、リュウキュウアユが定着したことを知った琉球大学の立原一憲教授らが陸封集団の生態研究を始めた（立原他、一九九九）。調査が始まって間もなく産卵活動をしている現場を発見し、翌年は稚魚の遡上を確認している。この調査研究により、いよいよ自律的自然繁殖集団が創成されたことが確認されたのである。

高い遺伝的同質性

一般的に、人工種苗の生産にさいしては、親魚集団のうちの一部の個体しか再生産に寄与していない場合が多く、沖縄に定着したリュウキュウアユ集団の遺伝的組成も、起源となった自然集団がどのような遺伝的組成をそなえているかは調べてみないとわからない。創成集団の遺伝的特徴についてモニタリングを行なうことは、遺伝資源としてのリュウキュウアユの保全を図るうえで必要不可欠と考えられる。そこで、我々は、立原教授からサンプルの提供を受けて、福地ダム湖の創成集団の遺伝的多様性の評価を試みることにした。

この調査の目的は、福地ダム湖の創始集団が奄美大島の現存自然集団の保全のためのストック集団として利用可能か否か、さらには琉球列島の自然集団再生のための役割を担えるか否かを判断するための重要な情報を得ることにあった。

本調査では、遺伝マーカーとしてマイクロサテライトDNA分析とミトコンドリアDNA Dループのｐｃｒ-ＲＦＬＰ分析*を採用し、福地ダム湖の創成集団の遺伝的組成について詳細な検討を行なうこととなった（池田実他、二〇〇一）。この調査研究では沖縄県の福地ダム湖に導入され定着した創成集団（起源は奄美大島の住用川産）と奄美大島の役勝川産の自然集団を用いている。

＊ＰＣＲ－ＲＦＬＰの検出については九八ページに詳細を解説。

創成集団と自然集団の間には、変異のみられたマイクロサテライトＤＮＡのアリル頻度には、６ローカスのうち１ローカス（*Pal-3*）でのみ有意差が検出された。導入集団のヘテロ接合体率およびアリル数は自然集団とほぼ同一であった（**図４－９**）。また、ミトコンドリアのＤループのＰＣＲ－ＲＦＬＰ分析においても、二種類のハプロタイプの頻度に有意差はみられなかった。このことは、福地ダム湖に導入され定着した創成集団の遺伝的組成が、その起源となった自然集団と遺伝的同質性をそなえていると判断された。

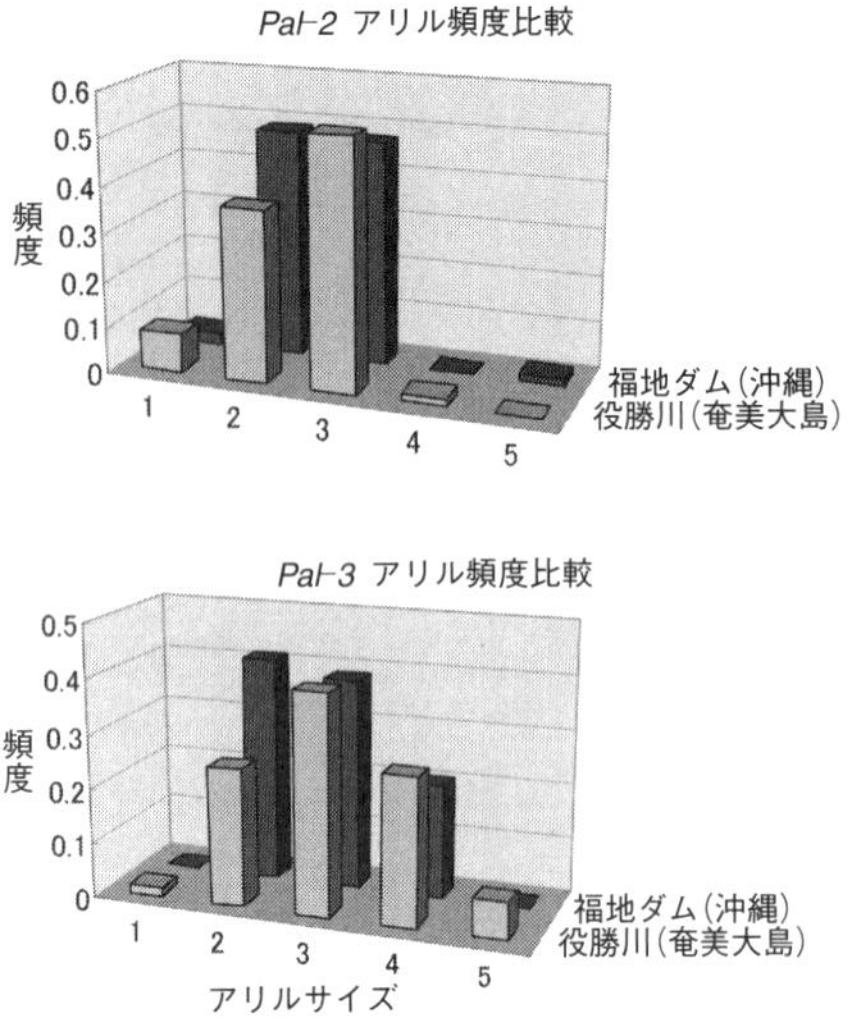

図４−９　リュウキュウアユの奄美大島産の野生集団とその人工種苗の移植先の沖縄福地ダム湖集団とのアリル頻度の比較（上図：*Pal−2* マーカー座、下図：*Pal−3* マーカー座）

また、マイクロサテライトＤＮＡのアリル頻度やミトコンドリアＤＮＡのハプロタイプ頻度に自然集団との大きな差異が認められなかったことは、種苗生産や放流後の陸封化にともなった集団の有効サイズの減少の程度が、さほど大きなものではなかったことを示唆している。また、リュウキュウアユの遺伝的変異性がもともと低いために、有効サイズの低下が調べた遺伝マーカーに必ずしも鋭敏に反映されなかったと考えればわかりやすい。

検出されたハプロタイプ（#12と#14）については、中央水産研究所の井口ら（Iguchi *et al.*, 1999）が役勝川で採集した一〇個体のDループ前半領域のダイレクトシーケンスを調べ、二種類のハプロタイプが存在することを報告している。今回、さらに多くのサンプルを分析したが、やはり検出されたハプロタイプは二種類であった。これらは井口らの発見したハプロタイプに対応している可能性が高いと思われる（**図4－9**）。

以上の結果から、福地ダム湖に定着したリュウキュウアユの創成集団は、起源となった自然集団の遺伝的組成をよく反映しており、奄美大島の南東集団と遺伝的に同質と考えられた。これによって、福地ダム湖創成集団は、リュウキュウアユという亜種を保全するために利用可能なストック集団として位置づけることができる。特に、福地ダム湖の新集団は、現存する奄美大島南東部の集団を補完するためのストックとして利用可能と考えられるのである。

生態調査をした立原教授のお話では、産卵期にせっかく親魚群が出現しても、ダム湖の水位の変動が大きく、産卵床が干上がってしまい、産着卵が孵化までいたることなく死滅する。リュウキュウアユ創成集団の保全は楽な道のりではない、とのことであった。せっかくの創成集団なのだから、この遺伝資源の繁殖助長には大いに配慮したいものである。

PCR-RFLPの検出

PCR-RFLPとはDNAの特定領域を既知のプライマーセットにより増幅し、引き続き増幅したDNAを制限酵素で切断し、この切断片を電気泳導法により検出し、タイプ分けする一連の操作を指している（詳細は付章1参照）。**図4-10**はPCRにより得られた増幅断片（約1.5 kbp）のミニゲル電気泳動により検出された制限酵素断片長多型の一例である。これらの多型を組み合わせて、各個体のハプロタイプを決定し、各集団の多様性分析を実施した。

個体のハプロタイプを決定し、NeiとRoychoudhury（1974）の方法により、標本中の頻度からハプロタイプ多様度（*h*）を算出した。標本間のハプロタイプ頻度の異質性の検討は、Genepop ソフトウェア（Raymond and Rousset, 1995）のなかのExact testにより実施した。また、全体のサンプルの異質性の検討はエクセルのマクロ機能を利用したモンテカルロ法（Roff and Bentzen, 1989）によるχ^2検定を行なった。また、標本集団間におけるハプロタイプ頻度の差異の程度を定量化するためExcoffier（1992）のAMOVA分析を行なった。AMOVA分析には、Arlequin ver. 2.000 ソフトウェア（Schneider *et al.*, 2000）を用いている。

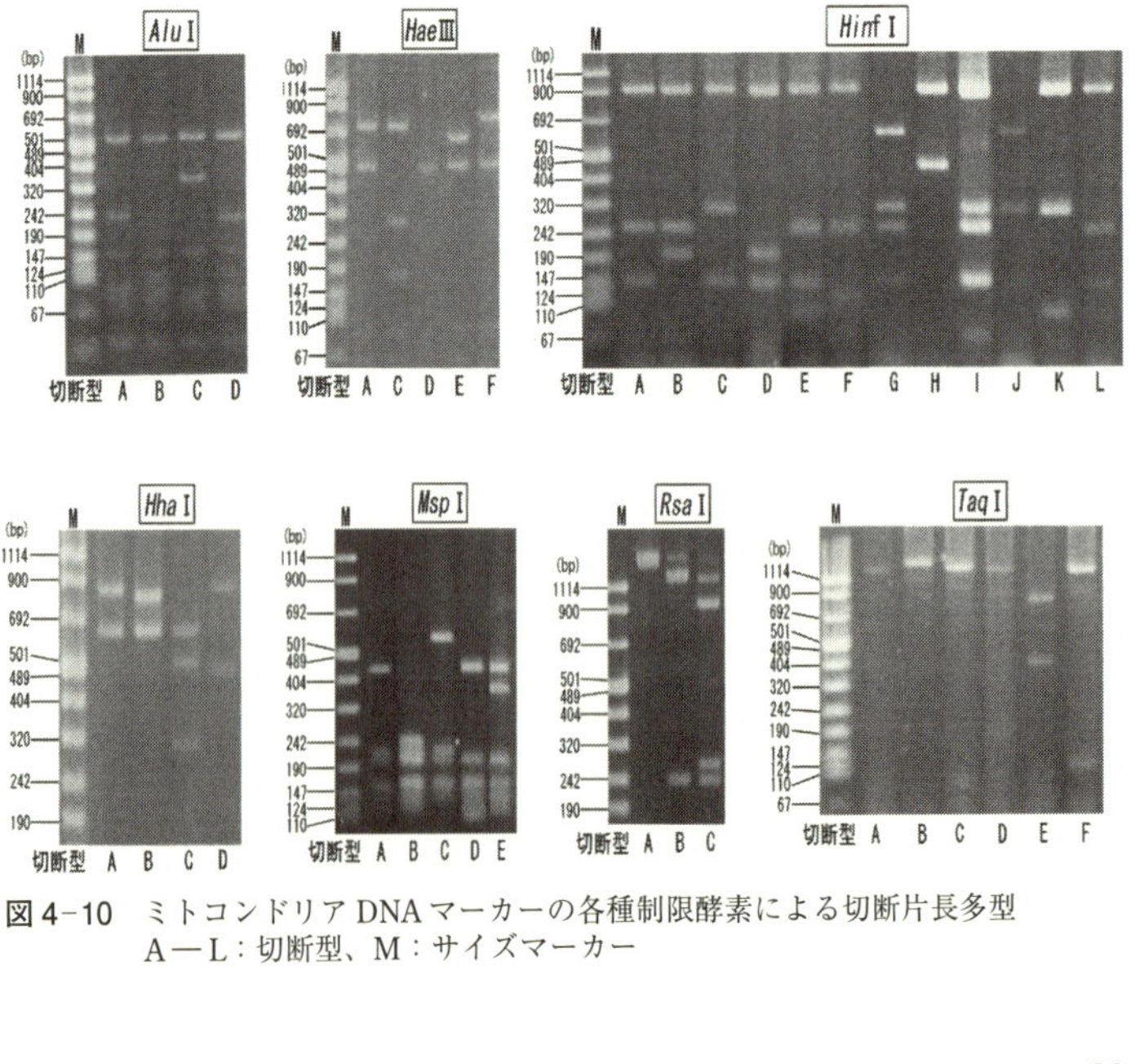

図4-10　ミトコンドリアDNAマーカーの各種制限酵素による切断片長多型
A—L：切断型、M：サイズマーカー

第5章 天然海産アユの地域性

アユの遺伝的分化を解明する新技術

マイクロサテライトマーカーの開発

従来よく使われてきたアロザイム遺伝マーカーによる分析法では、日本列島およびその周辺の海系アユは単一集団とみなされてきた。これは、アロザイム遺伝マーカーでみるかぎり単一としかみえないというのが真相であって、正しくは、海系アユの遺伝的集団構造は未解明であるというべきであった。

近年になって、遺伝的集団構造を調査・解明するためのツールとして感度のすぐれたDNAマーカーが開発され、それまで困難であった同種内の系統分化や遺伝的多様性の評価が容易になることが予感された。このため、我々は一九九五年頃に高感度DNAマーカーの利用方法の検討を始めた。

表5-1 アユのマイクロサテライトDNAローカスとプライマー配列 (Takagi *et al.*, 1999)

ローカス	プライマー配列 (5'-3')	蛍光標識	アニーリング温度 (℃)
Pal-1	F: TGTTTGGGAAGTGGGTGCGGG	6FAM	55
	R: AGAAATCCACATCAACATCC		
Pal-2	F: TCACACTCCCTCACTGGCAC	HEX	53
	R: TTCAGCACACACATTATCTCAC		
Pal-3	F: TCACCGCTTCTCCTGTTCTC	NED	53
	R: AGTATTTATTTCAACCCGTC		
Pal-4	F: GTCCAGGAAGGGCTTGT	6FAM	55
	R: GTCTGGTAAAAGCAAGGCGT		
Pal-5	F: TGGCTGTGCTTTATGTGGTC	HEX	53
	R: GGTGGTAGTATGTGGTGTTC		
Pal-6	F: CCCCACATAGACCCGCAGA	NED	53
	R: GAGGAGTTTAGTGCTGTTT		
Pal-7	F: CACAACACAAAGCCACAGA	6FAM	55
	R: ACACAGAGAGCAGGAGAGGG		

この技術開発の過程で、DNAポリメラーゼ・チエイン・リアクション(PCR)というDNAの増幅技術が使えるようになった。供試魚から採取できたDNAの量がきわめて少ない場合でも、PCR法を使用することによりDNA領域を必要量増やし、多型の検出ができるようになったのである。これまで、苦戦してきた海系アユの地方集団の遺伝的分化に関する研究を大幅に前進させることができるという期待が大きくふくらんだ。

ところが、PCR法により遺伝変異の多いマイクロサテライトDNAやミトコンドリアDNAのDループ領域を増幅するためには、プライマーと称される塩基配列情報を事前に解明しておく必要があった。

我々は、まず、DNA多型を含んでいるマイクロサテライト領域を探索し、その領域を増幅するためのプライマー開発に取り組み、アユの集団解析において使用可能なPCR用プライマー配列の解明に成功した。プライマー開発には遺伝子組み換え技術が必要となるのだが、高知大学に新しく遺伝子実験施設が開設され、実験室と機材が余裕をもって使用できたことはたいへん幸運なことであった。

当時（一九九五年頃）、この技術開発はまだ、研究者の世界でも緒に就いたばかりであった。開発を担当したのは、博士課程の学生であった高木基裕氏（現愛媛大学助教授）で、マイクロサテライトDNA領域のプライマーの開発に成功した。開発した新しいマーカーを使って、次々と魚類の集団分析を行ない、得られた知見を学会で発表した。それらを学位論文にまとめ学位を取得するとともに、水産学会からは奨励賞を授与されている。高木氏が開発したプライマーは、現在、アユの集団構造研究で広く使用されている *Pal-1* から *Pal-7* の七個である（表5－1）。

新しい海産アユの遺伝的多様性研究プロジェクトの発足

遺伝マーカーの大幅な改良を受けて、日本列島を中心としたアユ集団の遺伝的多様性について総合的な調査研究を実施する必要性が認められ、水産庁の支援による研究プロジェクトが発足した。このプロジェクトには二大学・一水産研究所・四水産試験場が参加したが、我々のチームは、本州系の海産アユの集団分析を調査研究の中心に置くとともに、これまで調査がほとんど行なわれていなかった中国および朝鮮半島の集団を含むことになった。この調査研究により、アユの全生息域を含む東アジアの分集団の遺伝的な類縁関係を解明することを通じて、日本のアユ集団の位置づけを明らかにすることが研究課題の一つとなった。

本章では、日本列島および周辺の島嶼のアユの遺伝的変異性と分集団構造を評価し、そこから得られた遺伝的多様性の保全上の位置づけについてもまとめて紹介する。

日本列島集団の遺伝的多様性

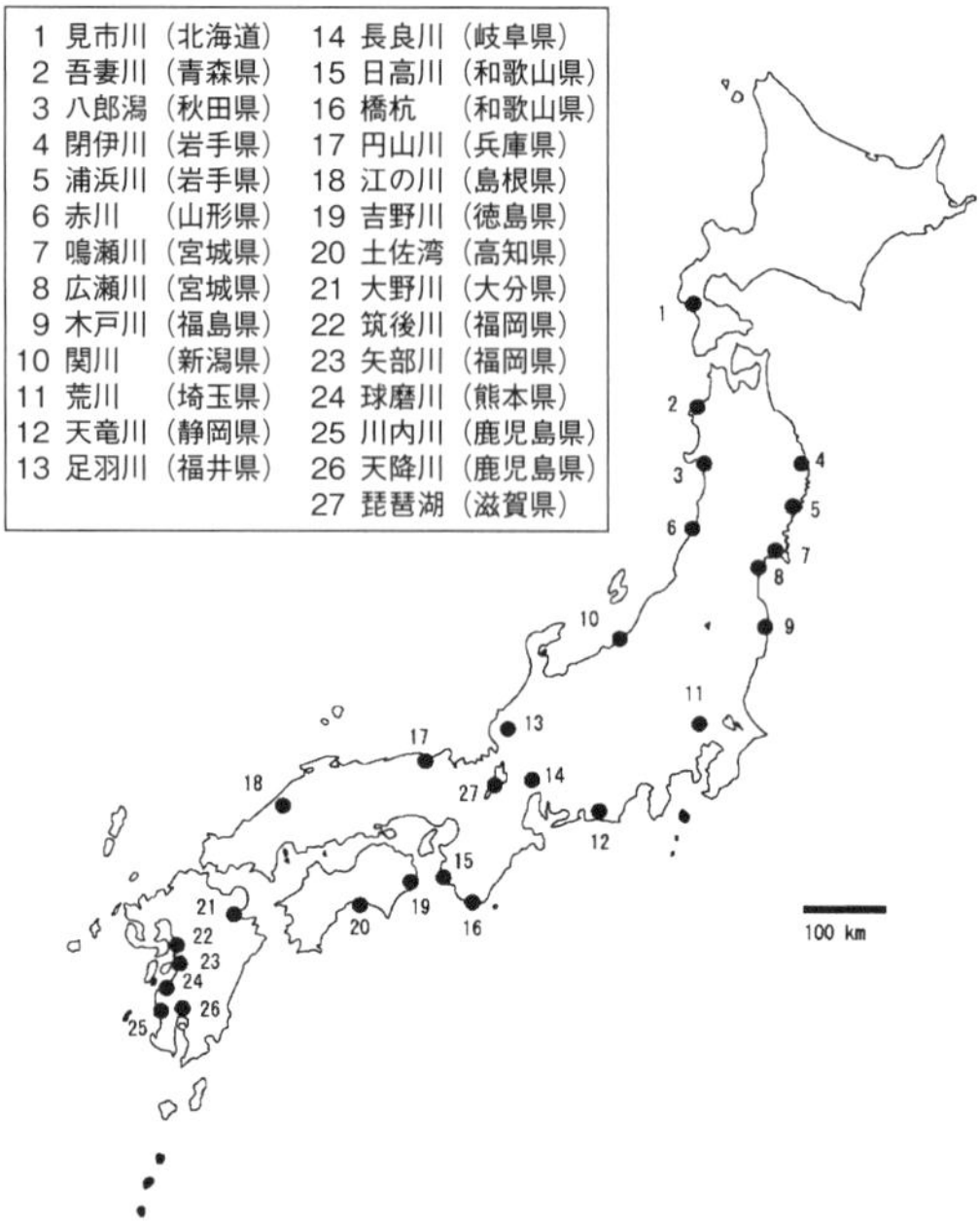

図 5-1 海産アユの集団分析用試料の採集地

海産アユのサンプル採集

このプロジェクト研究では、かなり広い地理的範囲からサンプルを収集することになった。一九九七年から二〇〇一年にかけて、日本列島およびその周辺の主要四島の計二六地点をはじめ、琵琶湖産アユ、奄美大島のリュウキュウアユを採集し、標本集団として使用した。標本を採集した河川または地点の名称を**図5-1**に示した。

天然アユを採取するためには、各河川に放流されている人工種苗や湖産アユの混入を防止する必要があったので、各河川で種苗が放流される前に採集するように心がけた。そのため、アユ漁の解禁前に採捕しなければならず、各河川の漁協の同意を得たうえで監督機関（県知事）から特別採捕許可を得て採捕を行なう必要があった。海産アユの標本のうち、橋杭《はしくい》（和歌山県）と土佐湾（高知県）は海洋生活期の稚魚を砂浜域で採集したものである。ほかの標本は遡上期のアユを河川の下流または中流域で採集した。

また、海系アユの地理的な遺伝的分化のレベルを把握するため、その対照として琵琶湖で採集した湖産アユ標本も同時に分析を行なっている。ただし、この湖産アユ標本については、琵琶湖内の一地点で採集したものではなく、湖内の複数の地点から漁獲された個体が混合されている。

実際の標本採集にあたっては、プロジェクトの参加者自身による採集もあるが、各地の水産試験場の研究員や内水面漁業組合関係者の方々の多大なご協力を得ている。

マイクロサテライトDNA分析

DNAサンプルは各個体の尾鰭の細片を試料としてTNES–Urea法によって抽出した。マイクロサテライトDNA分析では各標本群（地点別標本）について三〇～五〇個体を、ミトコンドリアDNA分析では一〇～二五個体を使った。

図5–2は、高木基裕ら（一九九九）が開発したマイクロサテライトDNAマーカーのうち*Pal–5*、*Pal–6*、*Pal–7*の電気泳動イメージを示したものである。マイクロサテライト領域を増幅するためには

表5-1のプライマーの配列を使用している。*

*このときの、PCRの条件は、94度1分～53（55）度30秒～72度30秒（7サイクル）と90度30秒分～53度30秒～72度30秒（33サイクル）である。また、バンドイメージの検出とアリルサイズの定量はそれぞれABI377シーケンサーとGene Scanソフトウェアを使用している。

各標本集団のマイクロサテライトDNAの変異性について検討した結果を表5-2に示した。遺伝的多様性の指標についてみると、海産二六標本集団の平均有効アリル数（7.0～9.8）は魚類の平均的レベルよりやや低い程度であったが、平均ヘテロ接合体率（H_e：0.750～0.798）は比較的高いレベルであることがわかった。これらの平均ヘテロ接合体率について、標本集団間の差異について統計的検定を行なったが、有意差はみられなかった。これに対して、海産アユの標本と琵琶湖産の標本との間では、有意差が認められた。

次に、各標本集団でアリル型の観察分布とハーディー・ワインベルグ平衡を仮定して求めた期待分布を比較したところ、海産アユ標本については一～三個のマーカー座でホモ接合体過剰による有意な逸脱

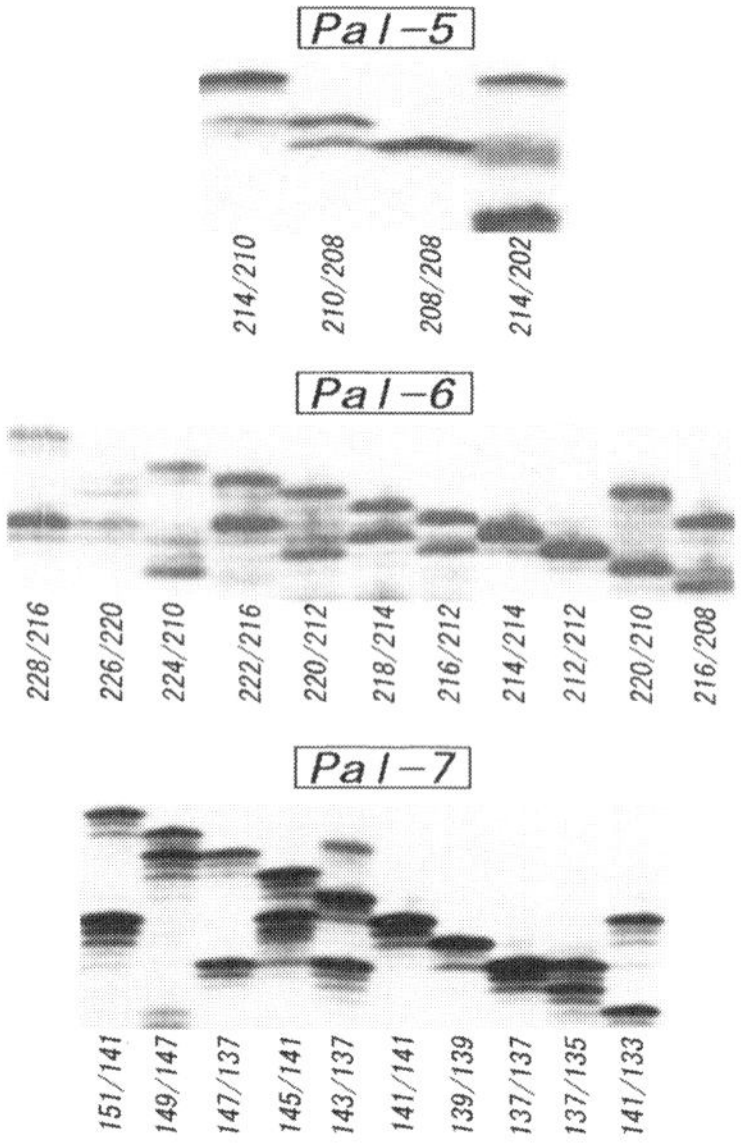

図5-2 アユにおけるマイクロサテライトDNA 3座（*Pal-5*～*Pal-7*）のバンドイメージ。バンドイメージの下の数字は各個体のアリル型を示している

表5-2　日本列島におけるアユ集団の遺伝的変異性（マイクロサテライトDNA）

系統	地域	都道府県	標本集団	個体数	平均有効アリル数（n_e）	平均ヘテロ接合体率（H_e）
海産	北海道	北海道	見市川	46	7.3	0.750
	本州	青森	吾妻川	47	8.7	0.783
		秋田	八郎潟	47	8.8	0.792
		岩手	閉伊川	48	9.8	0.794
		岩手	浦浜川	48	7.5	0.779
		山形	赤川	48	8.4	0.760
		宮城	鳴瀬川	45	7.1	0.777
		宮城	広瀬川	48	8.2	0.797
		福島	木戸川	48	7.5	0.771
		新潟	関川	30	7.6	0.794
		埼玉	荒川	48	7.7	0.773
		静岡	天竜川	48	8.4	0.789
		福井	足羽川	48	8.3	0.783
		岐阜	長良川	46	8.6	0.784
		和歌山	日高川	47	9.7	0.770
		和歌山	橋杭	40	9.5	0.777
		兵庫	円山川	48	8.1	0.795
		島根	江の川	30	8.6	0.798
	四国	徳島	吉野川	50	8.5	0.765
		高知	土佐湾	50	8.4	0.784
	九州	大分	大野川	48	8.8	0.787
		福岡	筑後川	30	8.6	0.767
		福岡	矢部川	48	8.4	0.785
		熊本	球磨川	48	7.9	0.777
		鹿児島	川内川	48	7.6	0.792
		鹿児島	天降川	30	7.0	0.758
湖産	本州	滋賀	琵琶湖	50	6.5	0.756

が検出される場合があった。しかし、全マーカ座を通して検定を行なった場合には有意差は消失した。このような結果から、海産アユ集団は地域的な遺伝的分化の程度が小さいことが示唆された。一方、琵琶湖産アユ集団では4ローカス（*Pal-1*、*Pal-4*、*Pal-6*、*Pal-7*）でホモ接合体過剰による有意な逸脱が検出され、全ローカスを通して検定を行なっても有意差は消失しなかった。このことから琵琶湖産アユでは、集団内に存在する遺伝的地域分化の程度がやや大きいことが示唆された。

ミトコンドリアDNA分析

ミトコンドリアDNA分析*を行なったところ、検出されたハプロタイプの数は非常に多く、調べた海産アユ五四五個体で三六〇個、湖産アユも合わせた全五六九個体で三六五個もあった。**表5–3**に、ミトコンドリアDNA分析によって調べた各標本集団のハプロタイプ数、ハプロタイプ多様度、塩基多様度などの変異性指標を示した。

＊ミトコンドリアDNA調節領域前半部（340bp）の増幅には、Iguchi *et al.*（1997）によるPCR用プライマーセット、L15923（TTAAAGCATCGGTCTTGT）とH16498（CCTGAAGTAGGAACCAGATG）を用いた。PCRの条件は94度1分、94度1分–52度1分–72度1分（35サイクル）、72度5分とした。一%アガロースゲルで増幅産物の有無と量を確認した後、Exo—SAPを用いて増幅産物を精製し、ダイレクトシーケンスのテンプレート（鋳型DNA）とした。ダイレクトシーケンスはダイターミネーター法により、シーケンスシグナルの検出はABI377シーケンサーを用いた。

海産アユではいずれの標本集団においても、調べた個体数とほぼ同じ数のハプロタイプが検出され、

表 5-3 日本列島におけるアユ集団の遺伝的変異性（ミトコンドリア DNA）

系統	地域	都道府県	標本集団	個体数	ハプロタイプ数 (n)	有効ハプロタイプ数 (ne)	ハプロタイプ多様度 (h)	塩基多様度 ($\pi \times 100$)
海産	北海道	北海道	見市川	21	20	19.2	0.971	2.04
	本州	青森	吾妻川	21	20	19.2	0.971	2.59
		秋田	八郎潟	19	19	19.0	0.973	2.70
		岩手	閉伊川	18	17	16.2	0.965	2.57
		岩手	浦浜川	19	19	19.0	0.973	2.62
		山形	赤川	21	21	21.0	0.976	2.62
		宮城	鳴瀬川	21	17	12.6	0.943	2.41
		宮城	広瀬川	19	17	15.7	0.962	2.12
		福島	木戸川	18	17	16.3	0.965	2.62
		新潟	関川	24	19	17.0	0.961	2.48
		埼玉	荒川	21	21	21.0	0.976	2.99
		静岡	天竜川	22	21	20.2	0.973	2.72
		福井	足羽川	23	22	21.2	0.974	2.58
		岐阜	長良川	24	23	22.2	0.975	2.79
		和歌山	日高川	10	10	10.0	0.947	2.50
		和歌山	橋杭	25	25	25.0	0.980	2.49
		兵庫	円山川	17	17	17.0	0.970	2.68
		島根	江の川	22	20	18.6	0.968	2.83
	四国	徳島	吉野川	24	20	20.6	0.972	2.47
		高知	土佐湾	22	20	18.6	0.968	2.48
	九州	大分	大野川	21	20	19.2	0.971	2.27
		福岡	筑後川	24	24	24.0	0.979	2.48
		福岡	矢部川	23	22	21.2	0.974	2.50
		熊本	球磨川	17	17	17.0	0.970	2.38
		鹿児島	川内川	25	25	25.0	0.980	2.47
		鹿児島	天降川	24	21	19.2	0.963	2.32
湖産	本州	滋賀	琵琶湖	24	16	8.2	0.897	1.53

ハプロタイプ多様度（h）は一に近い値を示した。また塩基置換率（π）はすべての標本が二％以上の高い値を示した。北海道の見市川《けんいちがわ》ではやや低い値を示したものの、全体として統計的な差異はみられず、マイクロサテライトＤＮＡ分析と同様に全体として高い遺伝的変異性を有していることが示された。

他方、琵琶湖産アユではハプロタイプ多様度、塩基多様度ともに海産アユよりもやや低い値を示し、マイクロサテライトＤＮＡ分析で示された海産集団よりも変異性がやや低いという傾向がさらに顕著となった。

海産アユ集団の地域性

集団間の遺伝的類縁関係

海産アユの標本集団全体で遺伝的分化が生じているかどうかを検討するため、ＡＭＯＶＡ（Analysis of Molecular Variance）分析を行なった結果、マイクロサテライトＤＮＡ分析では標本集団間の差異によって生じている変異性の割合は一・一八％と推定された。この値は0よりも有意に大きいことが示され、低い分化レベルだが、日本列島の海産アユ集団内に遺伝的分化が生じていることが示唆された。一方、ミトコンドリアＤＮＡ分析においても同様にＡＭＯＶＡ分析を行なったところ、標本集団間の変異の割合は〇・五五％とマイクロサテライトＤＮＡの場合よりも低い値を示し、0から有意に大きいという結論にはいたらなかった。

マイクロサテライトDNA分析で検出された海産アユの標本集団間での遺伝的分化について、さらに詳細に検討するため、標本間のF_{ST}を求めた結果、各組み合わせにおけるF_{ST}値（−0.0043〜0.0446：平均0.0121）は、三二五組み合わせ中、二四一組み合わせが0よりも有意に大きいと判断された。琵琶湖産アユの標本集団を加えて同様の解析を行なった結果、海産標本と湖産標本間におけるF_{ST}値（0.0600〜0.1213：平均0.0835）は、海産集団内の値を常に上回っていた。

一方、ミトコンドリアDNA分析の場合のF_{ST}値（−0.0320〜0.1221：平均0.0041）は、0よりも有意に大きい組み合わせは三二五組中、三八組にすぎなかった。マイクロサテライトDNAの場合と同様に琵琶湖産アユの標本も加えて検討を行なった結果、海産標本と湖産標本間の値（0.1177〜0.3330：平均0.2009）は、一部の組み合わせでは海産内と近い値を示すこともあったが、ほとんどすべての組み合わせで海産集団内の数値を大きく上回っていた。

調べた標本集団間の遺伝的類縁関係は、マイクロサテライトDNA分析の場合は**図5−3**のようになった。海産の標本集団は一つのグループ（専門的にはクラスターという）を形成し、琵琶湖産とは明確に分かれた。また海産内では、当初、標本集団を採集したそれぞれの地域別に明確なグループに分かれる傾向がみられた。

その後、標本採集がすすんでからより詳細な集団分析を行なったところ、北海道および東北地方の日本海側（見市川、吾妻川、八郎潟、赤川）と東北地方の太平洋側（閉伊川《へいがわ》、鳴瀬川、広瀬川）が一つのグループを形成し、紀伊半島（日高川、橋杭）、四国（吉野川、土佐湾）および九州（大野川、筑後川、

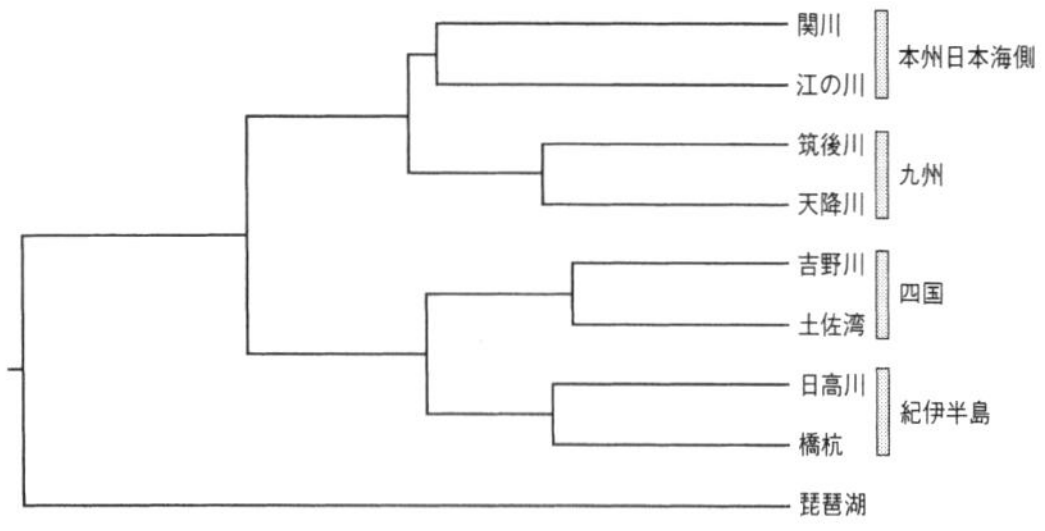

図 5-3　マイクロサテライト DNA マーカーによる海産アユの集団構造

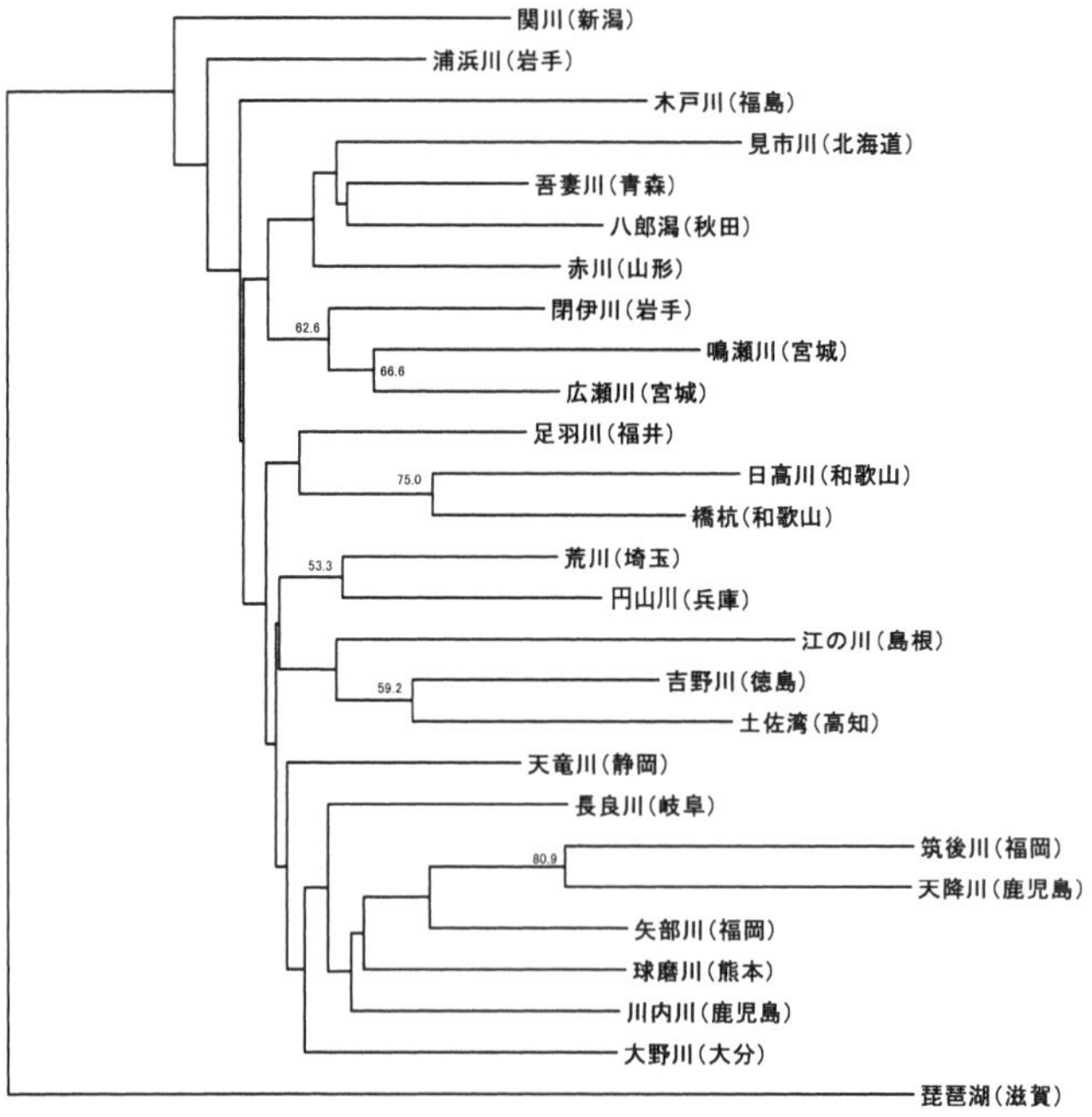

図 5-4　マイクロサテライト DNA によるアユ集団間の遺伝的類縁関係

矢部川、球磨川、川内川、天降川《あもりがわ》）は、それぞれ比較的よくまとまったグループを形成することがわかった（**図5-4**）。また、主成分分析を行なった結果、遺伝的距離によるデンドログラム（分岐図）ほどではないが、湖産アユと海産アユは大きく離れ、デンドログラム上でグループを形成した北海道と東北地方、紀伊半島、四国、九州がまとまる傾向がみられた。このことは、後に井口・武島（二〇〇六）によっても確認されている。

一方で、ミトコンドリアDNAの純塩基置換率から求めたデンドログラムでは、九州地方の標本集団に比較的まとまる傾向がみられたものの、ほかの標本集団の枝の長さは0に近く、地域によるまとまりは認められなかった（**図5-5**）。また、ミトコンドリアDNAハプロタイプの系統樹についてみると、琵琶湖産の標本のハプロタイプが同一の系統的グループ（クレードという）に属する傾向がみられた。しかし、海産には特定のグループ（クレード）に同じ地域のハプロタイプが集中する傾向は全く認められなかった。

マイクロサテライトDNA分析によって示された海産アユ集団の遺伝的分化の実体をより詳しく検討するため、各標本集団間の地理的距離（採集河川の河口から海岸線に沿って距離を測定した）と線形化したF_{ST}値［F_{ST}／（1－F_{ST}）］との関係を調べた。その結果、**図5-6**に示すように、大きな決定係数は得られなかったのだが、有意な正の相関関係が得られ、傾きの緩やかな直線によって近似された。標本集団（河川）間の地理的距離と遺伝的分化（F_{ST}）の間にこのような有意な正の相関がみられたことから、海産アユ集団内の地理的な遺伝的分化は、距離による隔離によってもたらされている可能性が示唆され

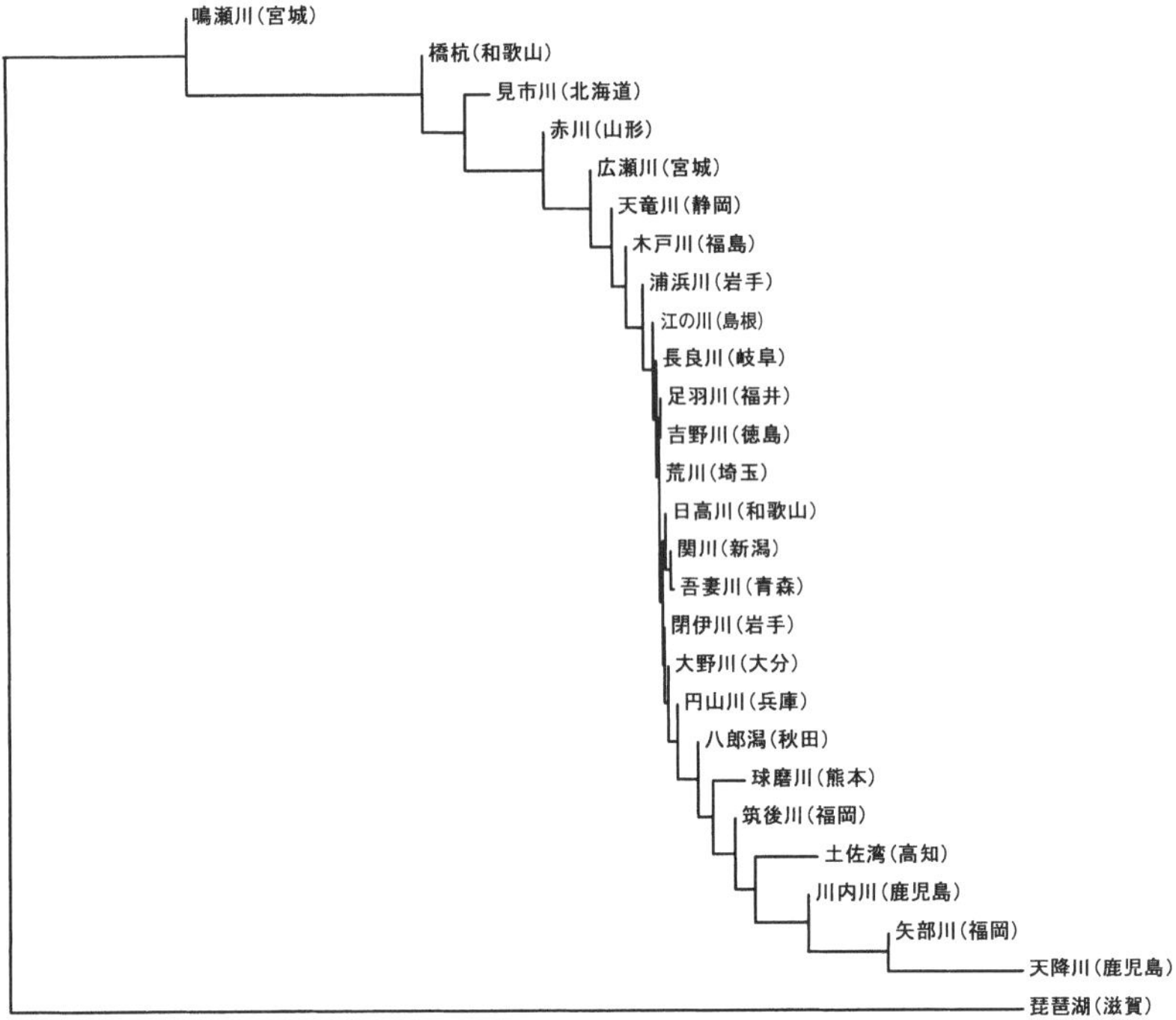

図 5-5　ミトコンドリア DNA の純塩基置換率から求めたアユ集団の遺伝的類縁関係

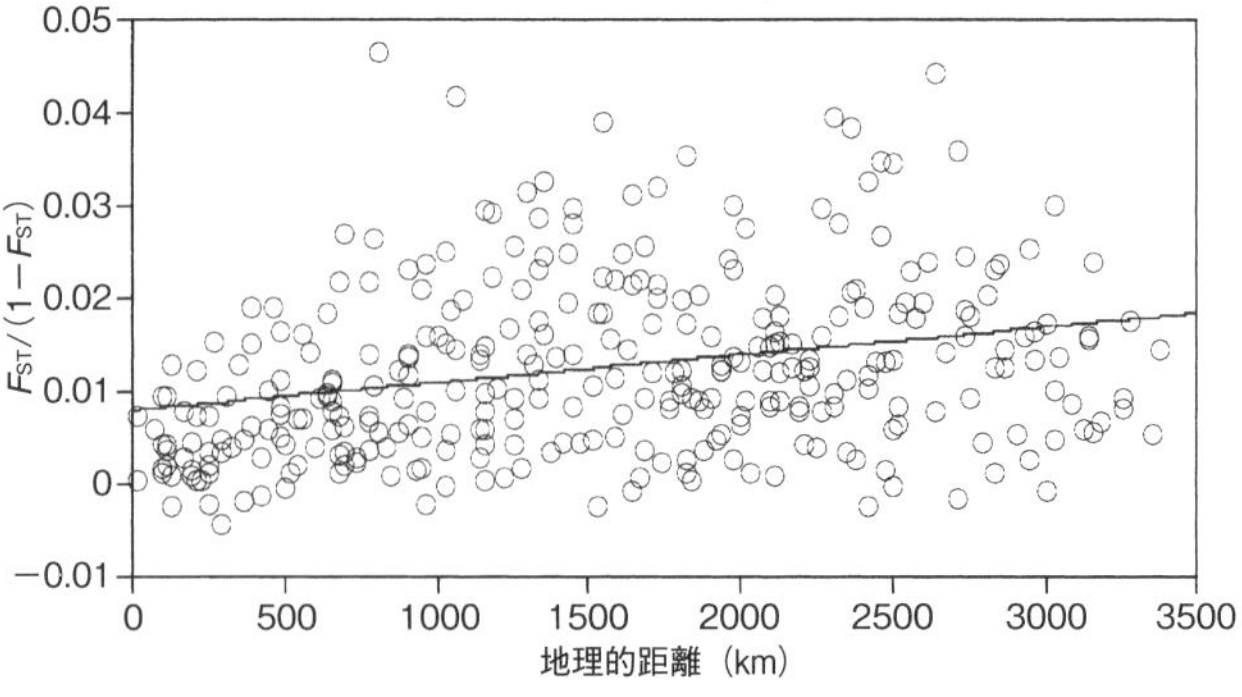

図 5-6　海産アユ標本集団間の地理的距離と遺伝的分化の関係

た。

南西日本集団と北日本集団の間にみられた遺伝的な違い

海産アユと琵琶湖産アユとの間には、マイクロサテライトDNAおよびミトコンドリアDNAともに大きな遺伝的分化がみられ、類縁図上においても湖産に近接する標本集団は全く認められなかった。また、北海道または東北地方においては、海産と湖産とで産卵期が重複することが示唆されているが、これらの地域においても湖産と近縁な関係を示す標本集団はみられなかった。海産と湖産の間に遺伝子浸透が生じていないという証拠は、従来、主に西日本地域に限られていたのだが、今回のDNA鑑定の結果は、在来の海産集団と放流された琵琶湖産集団との間の遺伝子浸透が、全国レベルでも生じていないという結論に達した。北海道や東北地方で大規模な遺伝子浸透が起きていないことは、最近アロザイム分析によっても再確認されている。

しかし今回調べた一部の標本集団では、海産集団と湖産アユの遺伝子浸透の有無について尤度《ゆうど》法（もっともらしさ）による検討がなされ、海産と湖産の間の交雑に由来すると疑われる個体も少数ながら検出されている。これらの個体が本当に交雑起源なのか、マーカーの分析感度に起因しているのかは、現在のところ不明である。したがって、海産と湖産の遺伝子浸透の有無については、今後、マーカー数をさらに大きく増やすなどして、さらに詳細に検討を行なう必要がある。

マイクロサテライトDNA分析から、従来、均質と考えられていた海産集団にも遺伝的分化が存在していることが明らかとなった。標本集団（河川）間の地理的距離と遺伝的分化の間に有意な正の相関がみられたことから、海産アユ集団のなかには、距離による隔離によってもたらされている遺伝的分化が存在することが示唆された。このことは、地理的距離が離れた集団ほどその遺伝的組成は異なっていることを意味している。

一方で、クラスター分析や主成分分析の結果から、地域によるまとまりが存在する可能性も示された。海産アユの遺伝的集団構造が、地域によるまとまりも含めて距離による隔離モデル（地理的距離が集団間の隔離要因となるとする考え方）ですべて説明可能なのか、あるいは実質上の遺伝子流動が互いに分断された地域集団が本当に存在するのかについては、今後さらに詳細な調査が必要と思われる。ただし、第7章で明らかになることだが、限定された地域内においても有意な遺伝的分化が検出される場合があるので、海産アユの実質上の遺伝子流動は、短期的には狭い範囲内に制限されていると考えることもできる。

したがって、海産集団の遺伝子流動の実態については、今後それぞれの地域内および地域間の長期的かつ組織的な集団遺伝学的モニタリングが必要と考えられる。また、種苗の移動の問題に関していえば、やや慎重な考え方になるが、現時点では近傍の河川間、あるいは海洋生活期の仔稚魚によって連結されていると考えられる外湾に注ぐ河川間にとどめておくべきではないだろうか。

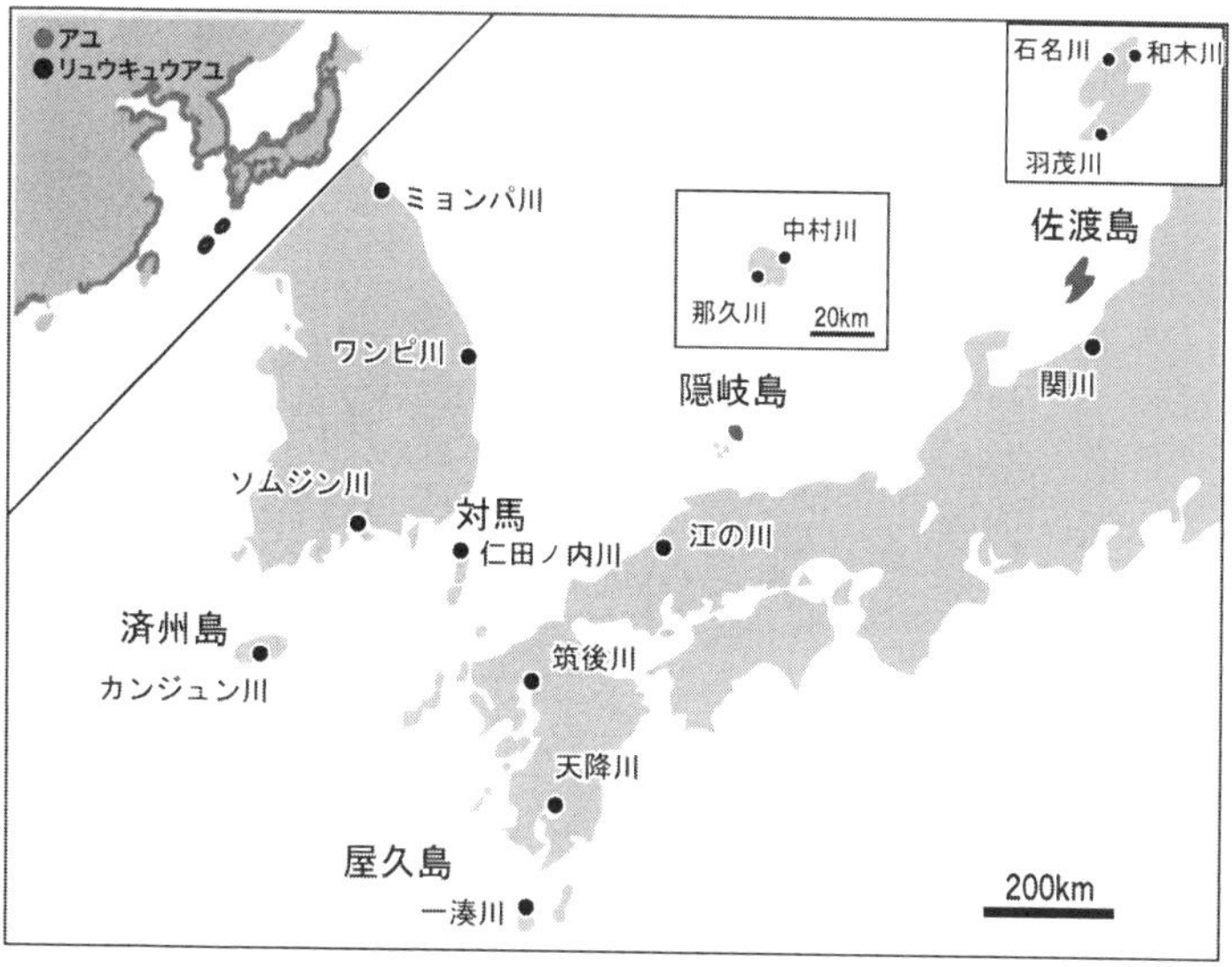

図5-7　アユ島嶼集団の分析試料の採集地

島嶼部のアユはどこから来たのか

サンプルの採集

この調査で用いた島嶼集団の標本採集地点を図5-7に示した。島嶼の標本は佐渡島三河川（羽茂川《はもちがわ》、石名川《いしながわ》、和木川《わきがわ》）、隠岐二河川（中村川、那久川《なぐがわ》）、対馬一河川（仁田《にた》ノ内川《うちがわ》）、屋久島一河川（一湊川《いっそうがわ》）、済州島一河川（カンジュン川）から採集した。採集は二〇〇〇年五月と二〇〇二年の五月から八月にかけて実施している。

DNAの抽出、マイクロサテライトDNAおよびミトコンドリアDNA分析は前節と同じ方法にしたがっている。各標本集団についてマイクロサテライトDNA分析では三〇〜五五個体、ミトコンドリアDNA分析では二一〜二四個体を調べた。比較対象として日本列島の海産アユ四標本集団、関川《せきがわ》、江の川《ごうのかわ》、筑後川、天降川と朝鮮半島の三標本集団、ソムジン川、ミョンパ川、ワンピ川およびリュウキュウアユの二標本集団を用いた。

遺伝的変異性

マイクロサテライトDNA分析によって求められた各標本集団のアリル型分布と、ハーディー・ワインベルグ平衡にあると仮定して求めた分布の間には、有意な逸脱が検出されず、それぞれ任意交配を行なっている集団からの標本とみなすことができた。マイクロサテライトDNA分析によって調べた各島嶼集団の遺伝的変異性について**表5-4**に示した。

調べた島嶼集団のうち、屋久島、対馬、済州島では、リュウキュウアユほどではないが、日本列島や朝鮮半島の集団に比べて平均有効アリル数、平均ヘテロ接合体率ともに明らかに低くなっている。一方で、佐渡島と隠岐島は日本列島や朝鮮半島と同じレベルであった。

ミトコンドリアDNAのハプロタイプ分析による遺伝的多様性でも同様の傾向がみられ、屋久島では特に低いハプロタイプ数とハプロタイプ多様度が確認された。一方、塩基多様度では日本列島や朝鮮半島とほぼ同じレベルの高い値を示した（**表5-5**）。

遺伝的分化

島嶼集団と日本列島あるいは朝鮮半島のマイクロサテライトDNAのアリル組成を比較した結果、各

表5-4　島嶼域における海産アユ集団の遺伝的変異性（マイクロサテライトDNA）

	標本集団	サンプル数	平均有効アリル数（n_e）	平均ヘテロ接合体率（H_e）
佐渡島	羽茂川	50	7.6	0.787
	石名川	50	7.6	0.791
	和木川	50	8.0	0.780
隠岐島	中村川	50	7.4	0.747
	那久川	40	7.3	0.785
屋久島	一湊川	55	4.3	0.676
対馬	仁田ノ内川	40	3.2	0.592
済州島	カンジュン川	30	2.4	0.497
日本列島	関川	30	7.6	0.794
	江の川	30	8.6	0.798
	筑後川	30	8.6	0.767
	天降川	30	7.0	0.758
朝鮮半島	ソムジン川	30	5.8	0.732
	ワンピ川	30	6.0	0.754
	ミョンパ川	30	5.8	0.704
奄美大島（リュウキュウアユ）	河内川	33	1.7	0.282
	役勝川	30	1.6	0.243

表 5−5　島嶼域における海産アユ集団の遺伝的変異性（ミトコンドリア DNA）

	標本集団	サンプル数	ハプロタイプ数	ハプロタイプ多様度（h）	塩基多様度（$\pi \times 100$）
佐渡島	羽茂川	24	24	0.979	2.47
	石名川	24	23	0.975	2.65
	和木川	24	23	0.975	2.45
隠岐島	中村川	24	23	0.975	2.10
	那久川	24	24	0.979	2.11
屋久島	一湊川	24	5	0.623	2.08
対馬	仁田ノ内川	23	6	0.387	0.57
済州島	カンジュン川	23	9	0.665	0.52
日本列島	関川	24	19	0.961	2.48
	江の川	22	20	0.968	2.83
	筑後川	24	24	0.979	2.48
	天降川	24	21	0.963	2.32
朝鮮半島	ソムジン川	23	19	0.965	2.37
	ワンピ川	22	19	0.960	2.16
	ミョンパ川	21	19	0.966	2.56
奄美大島（リュウキュウアユ）	河内川	31	5	0.712	0.60
	役勝川	30	5	0.582	0.21

島嶼集団のアリルのほとんどは日本列島または朝鮮半島でも保有されているもので、特定の島嶼に特異的に高頻度で保有されているアリルは認められなかった。一方、*Pal-3*、*Pal-6*、*Pal-7* の3マーカー座では、日本列島に比べて高頻度となっているアリルが朝鮮半島でも観察された、このうち *Pal-6* と *Pal-7* の2ローカスのアリルは、済州島や対馬ではさらに高頻度となっており優占していた。また、これらの二島嶼では同じミトコンドリアDNAハプロタイプで優占されており、そのハプロタイプは朝鮮半島で比較的高頻度でみられたハプロタイプと同一であった。

次に、マイクロサテライトDNAとミトコンドリアDNAマーカーについて、種内集団内の遺伝的分化の有意性に関してAMOVA分析法により統計的検定を実施した。この方法は、分子マーカーを使用したときに採用する方法で、調べた標本集団全体の遺伝的差異に島嶼集団間の遺伝的差がどれだけ寄与しているかを評価するための分析である。

その結果、マイクロサテライトDNA分析では全体の四・四二%が標本集団の差異によって説明され、日本列島と朝鮮半島間の差異は二・四八%、列島内で一・二六%、半島内で〇・〇七%であった。これらの値に対して島嶼間では五・七九%と大きな値を示し、島嶼間の分化が、列島内や半島内に比べて大きいことが示された。ミトコンドリアDNA分析においても、島嶼間の差異は列島内や半島内に比べて大きく、その程度はさらに大きなものであった。

島嶼内で複数の河川の標本集団を検討した佐渡島（三河川）と隠岐島（二河川）について二サンプル群の比較によりF_{ST}値を算出して島嶼内の遺伝的分化の有無を検討したところ、マイクロサテライトDN

A分析（－0.004～0.002）、ミトコンドリアDNA分析（－0.017～0.009）のどちらとも0より有意に大きいF_{ST}値は得られなかった（危険率を五％として判定）。このことから、少なくともこれらの二島嶼においては島内の遺伝的分化は生じていないと判断された。

次に、調べた島嶼集団と、それぞれの島嶼に近傍の日本列島あるいは朝鮮半島の標本集団との間のF_{ST}値を求めた結果、佐渡島と関川のマイクロサテライトDNA（－0.002～0.001）、ミトコンドリアDNA（－0.014～0.001）、隠岐島と江の川のマイクロサテライトDNA（－0.003－～0.000）、ミトコンドリアDNA（0.004～0.011）の値は、いずれもF_{ST}＝0より有意に大きいと判断されず（P＞0.05）、少なくともこれらの二島嶼では近傍の日本列島の集団との間に遺伝的分化は生じていないと判断された。一方、対馬および済州島と朝鮮半島のソムジン川の間には、マイクロサテライトDNAマーカー（0.061～0.114）も、ミトコンドリアDNAマーカー（0.432～0.448）も、大きなF_{ST}値が得られた（P＜0.05）。これらの二島嶼と筑後川の間の値（0.090～0.141：0.584～0.595）はさらに大きかった（いずれも危険率五％で有意）。また、屋久島と天降川の間においても大きなF_{ST}値（0.049：0.390）が得られ（危険率五％で有意）、著しい遺伝的分化が生じていることが判明した。

島嶼集団の形成過程

マイクロサテライトDNA分析によって求めた各標本集団の遺伝的類縁関係を**図5－8**に示す。

最初に、アユおよびリュウキュウアユの両亜種で検出できた6マーカー座（*Pal-2*～*Pal-7*）のアリル

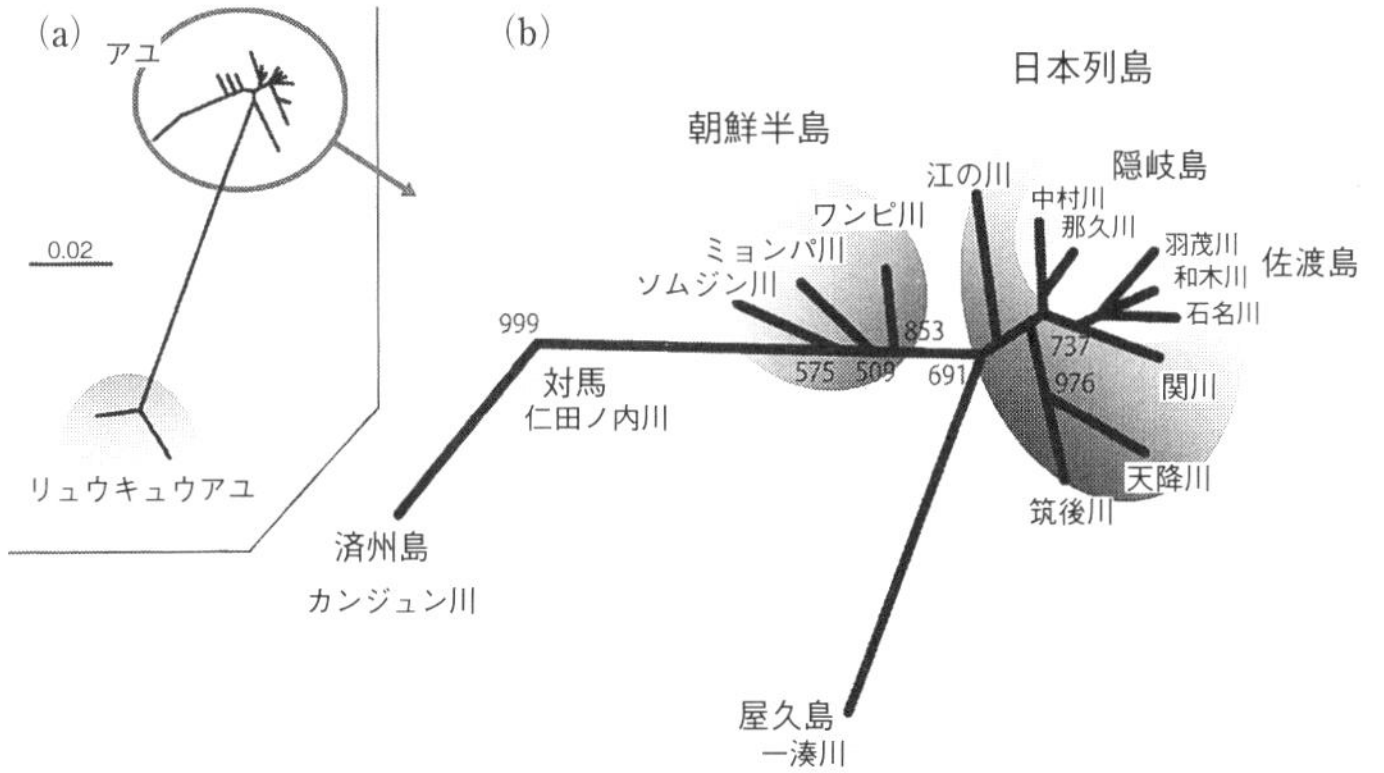

図5-8　マイクロサテライトDNAマーカーによるアユ島嶼集団の遺伝的類縁関係

頻度にもとづき類縁関係を求めた結果、各島嶼集団を含めた基亜種の集団はリュウキュウアユとは明確に分かれてグルーピングされ、調べた島嶼集団も基亜種に属することが再確認できた。

次に、6マーカー座すべてのアリル頻度を用いて類縁図を作成し、各島嶼と日本列島および朝鮮半島の集団の遺伝的類縁関係を詳細に検討した結果、図5-8に示すように、佐渡島と隠岐島は日本列島のグループに完全に含まれ、さらに各島嶼ごとにグループが形成された。特に佐渡島は関川と最初に結びつき、ほかの日本列島の集団に比べて近縁な関係にあることが示された。一方、対馬と済州島および屋久島は、日本列島の集団や朝鮮半島の集団から大きく離れた関係となったが、対馬と済州島は朝鮮半島のグループから、屋久島は日本列島のグループから派生しており、基本的には対馬と済州島が朝鮮半島の集団に近縁で、屋久島が日本列島の集団に近縁であることが明らかとなった。

次にミトコンドリアDNAマーカーで検討した結果を

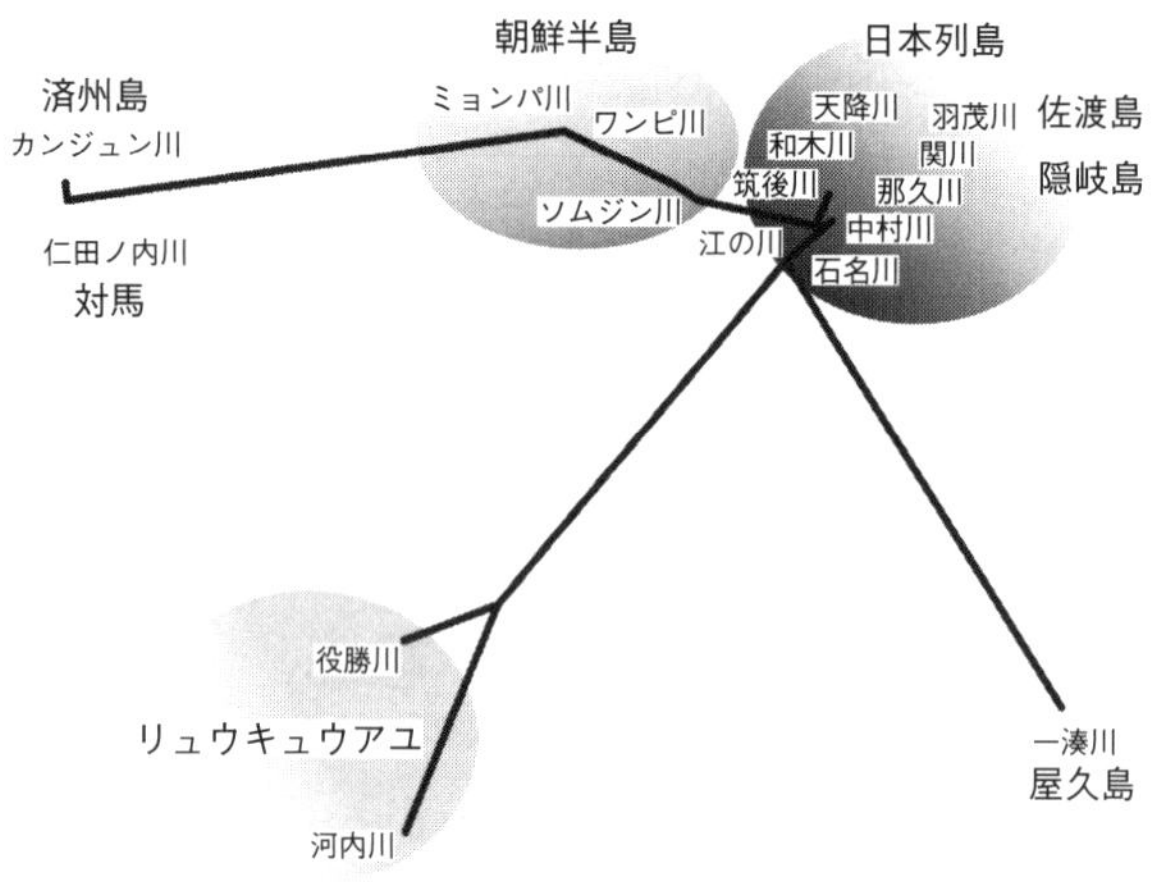

図5-9　ミトコンドリアDNAによるアユ島嶼集団の遺伝的類縁関係

図5-9に示した。佐渡島および隠岐島のグループはマイクロサテライトDNAマーカーの場合ほど明確ではなかったが、これら二島嶼は完全に日本列島のクラスターに含まれた。また同様に対馬と済州島は朝鮮半島のグループから、屋久島は日本列島のグループから派生しており、マイクロサテライトDNAマーカーによる分析とよく似た結果となった。

ミトコンドリアDNAハプロタイプ間の塩基置換率から求めた、ハプロタイプの系統関係を図5-10に示した。佐渡島と隠岐島のハプロタイプはいずれも日本列島で検出されたハプロタイプと同一または近縁なもので、日本列島で検出された多くのハプロタイプのクレード（系統群）にほぼ均等に分散していた。また、対馬と済州島のハプロタイプは、一部に日本列島と同一または近縁なものもみられたが、その多くが朝鮮半島で検出されたハプロタイプと同一または近縁なもので、朝鮮半島集団が保有するハ

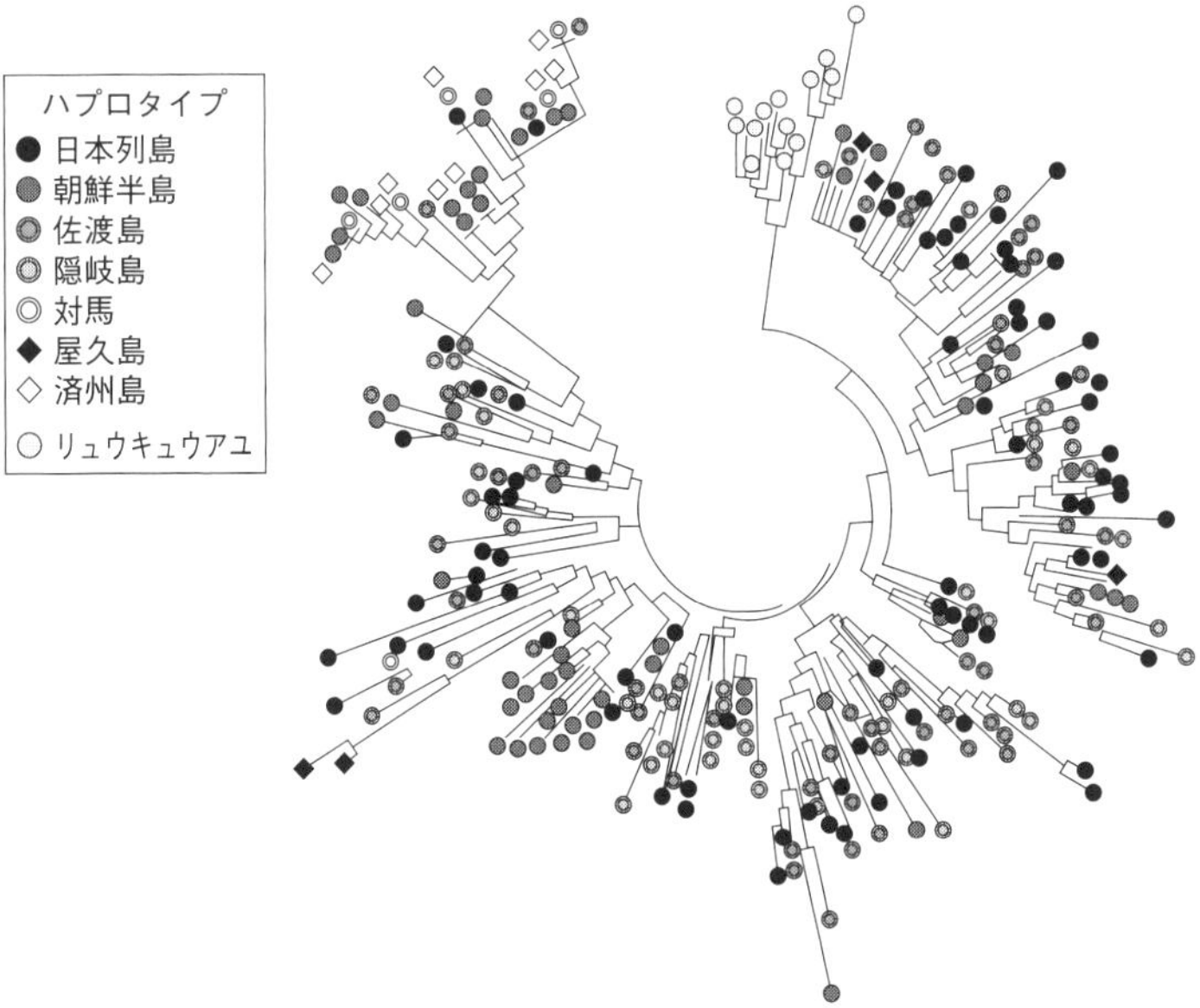

図 5-10 ミトコンドリア DNA ハプロタイプの系統関係からみたアユ島嶼集団の遺伝的類縁関係

プロタイプで構成されるクレードに属した。一方、屋久島で検出されたハプロタイプは、日本列島で検出されたハプロタイプと同一または近縁なもので、日本列島のハプロタイプで構成されるクレードに含まれたが、ハプロタイプ間の関係は大きく異なっていることが判明した。

ここで推定された対馬、済州島、屋久島の集団の変異性については、日本列島や朝鮮半島の集団の変異性に比べて明らかに低いことが明確に確認できた。これらの島嶼集団が近い将来に絶滅する状態にあるかどうかは、今回の結果からだけでは判断できない。その遺伝的多様性のレベルは、絶滅が危惧されているリュウキュウアユほど低くはなかったが、これらの島嶼で環境破壊による個体数の著しい減少が起きたさいに生じる絶滅リスクの高さは、日本列島や朝鮮半島の集団に比べて格段に高いと思われ、今後とも注意を払っていく必要があると思われる。

マイクロサテライトDNAマーカーおよびミトコンドリアDNAマーカーのどちらの分析方法においても、佐渡島と隠岐島は日本列島の集団のグループに含まれ、F_{ST}値も有意な値を示さなかった。また変異性のレベルも日本列島集団と同様に高く、検出されたハプロタイプの系統関係も日本列島のハプロタイプと同一のクレードに含まれることが示された。このような結果は、これらの二島嶼の集団の遺伝的組成が日本列島の集団とほぼ同質であることを示唆している。

対馬と済州島については、それぞれの島嶼の変異性は低いものの、日本列島よりも朝鮮半島の集団に近縁であることが示され、そのことは、ハプロタイプの系統関係を検討することでより明確となった。このことは、二島嶼に生息するアユ集団の遺伝的組成に、朝鮮半島のアユ集団が大きく関与していることを示している。これらの島嶼集団の成立過程を推定するためには、現在の対馬海峡、特に西水道と東水道の成立過程を考慮する必要があると考えられる。

屋久島についても、遺伝的変異性は二つのDNAマーカーのどちらにおいても低かったのだが、集団レベルでの類縁関係ならびにミトコンドリアDNAのハプロタイプの系統関係は、屋久島のハプロタイプが日本列島の集団のハプロタイプと同一または近縁であることを示している。このことは、屋久島の集団も近い過去に、日本列島の集団と実質上の遺伝子流動を保持していた時期があることを示唆している。

また、遺伝的変異性の低さは、移住時の集団サイズの小ささによる創始者効果、あるいは定着後の集団サイズの低下によるビン首効果を示唆している。どちらが現在の遺伝的変異性の低さの説明として妥当かはここでは判断できない。しかし、少なくとも前述の島嶼特有の孤立状態と台風などの自然的要因、さらに人為的要因が大きく関与している可能性は否定できない。

ここでは、各島嶼の海産アユ集団と日本列島および朝鮮半島における集団との遺伝的類縁関係が明らかとなった。ここで得られた知見は、各島嶼における集団サイズの増加がみこめない場合の導入元の選択基準を提供しているという点で、大いに役立つと考えられる。すなわち、佐渡島、隠岐島、屋久島の三島嶼については近傍の日本列島の集団からの導入を図ることが適切と考えられる。また対馬と済州島については朝鮮半島からの導入が適切だと考えられる。

しかし、今回用いたDNAマーカーで検出することのできない島嶼独自の適応的形質が存在する場合には、導入集団の定着につながらない可能性が考えられる。また、このような適応的形質が島嶼独自の河川生態系の維持に大きな役割を果たしている場合には、外部からの導入を行なうことで在来の河川生態系の構成種に負の影響を与える場合があることも危惧される。したがって、種苗の移入・放流という方策はあくまで一つの手段ととらえ、現存の自然集団の維持を図ることが優先されるべきと考えられる。

第6章　中国のアユ——東アジア集団の地理的分化

私たちのアユの研究は、最初の任地であった土佐のアユの研究に始まり、日本列島のアユ、奄美大島のリュウキュウアユ、韓国のアユ、ダム湖のアユの研究へと進展し、とうとうアユの分布範囲のなかでは中国のアユを残すだけとなった。この章では、中国南部のアユのDNA分析を行なった結果を紹介しながら、日本列島や朝鮮半島を含めた、東アジアのアユ集団の遺伝的分化と保全単位にまつわる新たな知見について紹介する。

中国アユの分布と標本採集

中国アユのサンプルを入手したのは、福建省寧徳《ネイトク》市の七都渓《チドケイ》で二〇〇一年五月に採集された個体の鰭をアルコール固定したものを、浙江省海洋水産研究所の陳少波さんから研究室に送っていただいたのが

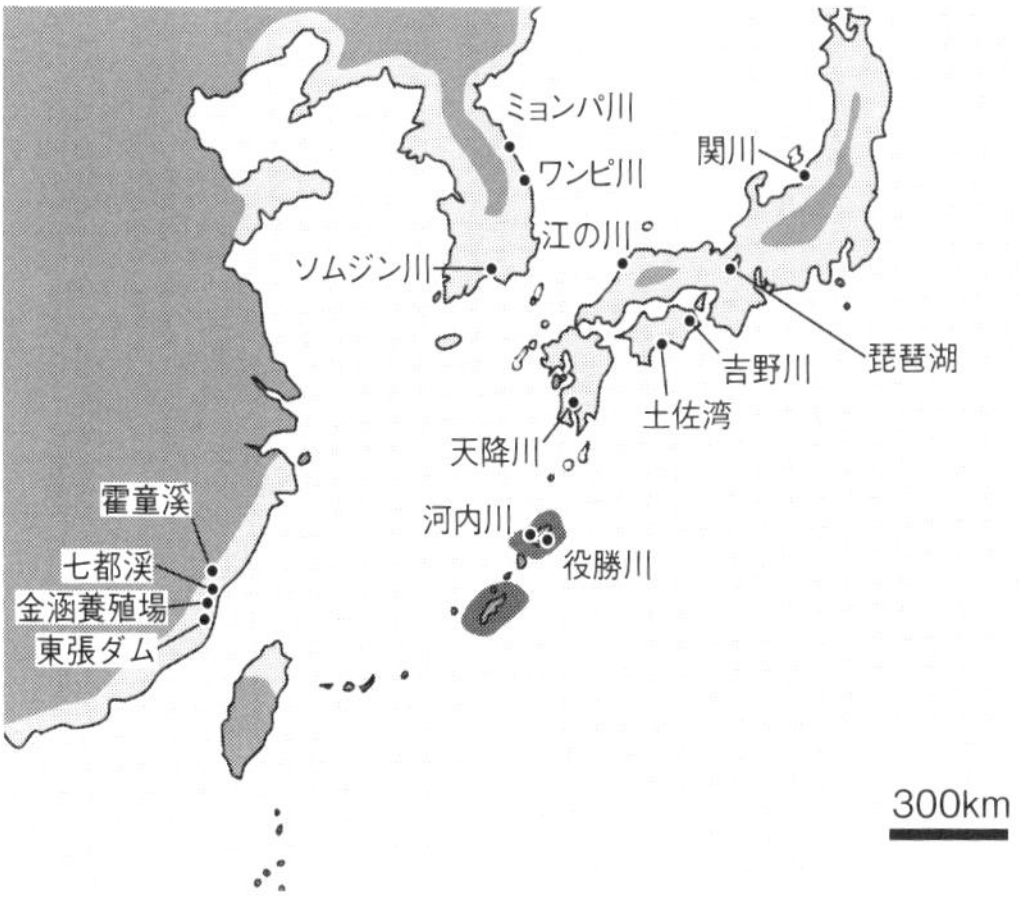

図6−1　中国アユの採集地

最初である。二〇〇五年八月には実際に現地に足を運び、七都渓の近くを流れる霍童渓《ウトンケイ》の野生個体を採集することができた。さらに運のよいことに、同じ寧徳市の孵化場で飼育されていた人工種苗と福清市《フクジン》の東張《トウチョウ》ダム（石竹湖）に生息する陸封アユも入手することができた。

中国アユについても、第5章と同じ手法を用いてDNAの抽出やマイクロサテライトDNAおよびミトコンドリアDNA多型の検出を行なった。

中国アユの遺伝的特徴を検討するためには、これまでに遺伝的に異なっていることが明らかにされてきた、日本列島の海産と湖産、朝鮮半島、それから別亜種であるリュウキュウアユとの比較が必要になる。そこで、図6−1に示した標本群のデータも同時に用いて遺伝的変異性や分化に関する解析を行なうことにした。日本列島では海産五集団（関川、江の川、吉野川、土佐湾、天降川）と湖産一集団（琵琶湖）、朝鮮半島では三集団（ソムジン川、ワンピ川、ミョンパ川）、そしてリュウキ

表6-1　中国アユを含めたアユ集団の遺伝的変異性（マイクロサテライトDNA分析）

	地域	標本集団	個体数	平均アリル数 (n)	平均ヘテロ接合体率 (H_e)
アユ	中国南部	七都渓	48	7.1	0.646
		霍童渓	30	5.4	0.610
		東張ダム	36	5.9	0.615
		金涵養殖場	30	5.1	0.575
	日本列島	関川	30	11.1	0.787
		江の川	30	11.9	0.739
		吉野川	50	13.4	0.746
		土佐湾	50	13.9	0.787
		天降川	30	11.0	0.742
		琵琶湖	50	13.6	0.755
	朝鮮半島	ソムジン川	30	10.7	0.732
		ワンピ川	30	11.3	0.754
		ミョンパ川	30	11.3	0.704
リュウキュウアユ	奄美大島	河内川	33	2.5	0.282
		役勝川	30	2.5	0.243

アユは7ローカス、リュウキュウアユは6ローカスのデータから求めた値

ユウアユの二集団（役勝川と河内川）である。

マイクロサテライトDNAにみられる多様性

各集団について遺伝的多様性の評価を行なった結果を表6-1に示す。平均アリル数と平均ヘテロ接合体率の二つの指標によって評価した。

中国アユの遺伝的変異性は、平均アリル数（5.1～7.1）、平均ヘテロ接合体率（0.575～0.646）ともに、リュウキュウアユほど低い値ではないが、日本列島や朝鮮半島のアユ集団の遺伝的多様性レベルに比べて明らかに低い値を示している。各集団のアリル型分布とハーディー・ワインベルグ平衡を仮定したときの期待分布とを比較した結果、多少のずれは観察されたが、有意

表6-2　中国アユを含めたアユ集団の遺伝的変異性（ミトコンドリア DNA 分析）

	地域	標本集団	個体数	ハプロタイプ数	ハプロタイプ多様度	塩基多様度（$\pi \times 100$）
アユ	中国南部	七都渓	23	7	0.840	0.42
		霍童渓	30	7	0.837	0.41
		東張ダム	46	7	0.809	0.36
		金涵養殖場	29	7	0.855	0.44
	日本列島	関川	24	19	0.961	2.48
		江の川	22	20	0.968	2.83
		吉野川	24	20	0.972	2.47
		土佐湾	22	20	0.968	2.48
		天降川	24	21	0.963	2.32
		琵琶湖	24	16	0.897	1.53
	朝鮮半島	ソムジン川	23	19	0.965	2.37
		ワンピ川	22	19	0.960	2.16
		ミョンパ川	21	19	0.966	2.56
リュウキュウアユ	奄美大島	河内川	31	5	0.712	0.60
		役勝川	30	5	0.582	0.21

差は認められず、ランダム交配を行なう集団であると判断された。

しかし、中国の七都渓では3ローカス（*Pal-1*、*Pal-3*、*Pal-5*）、金涵《キンカン》養殖場の人工種苗では1マーカー座（*Pal-2*）において、ホモ接合体過剰による有意な逸脱がみられ、異集団の混合あるいは近親交配を示唆する結果が得られた。七都渓では同一河川由来の人工種苗が毎年七万尾程度放流されているということだ（陳さんからの私信）。一般に、限られた数の親魚で生産された種苗の遺伝的変異性は低く、これは金涵養殖場の人工種苗にもあてはまる。七都渓でホモ接合体の頻度が有意に大きくなったのは、そのような人工種苗が野生個体に混在したからなのかもしれない。

ミトコンドリアDNA

次に、ミトコンドリアDNAの変異性を検討した結果について表6―2に示した。中国アユのミトコンドリアDNAの多様性は、日本列島や朝鮮半島の集団に比べて明らかに低いことがわかった。リュウキュウアユと比べてみると、ハプロタイプ多様度は高いのだが、塩基多様度はリュウキュウアユの河内川の集団よりも低いことが示された。このことは中国アユのいずれの集団においても比較的近縁な（塩基置換数の少ない）ハプロタイプが保有されていることを意味している。

地方集団間の遺伝的分化

マイクロサテライトDNAのアリル頻度を比較したところ、朝鮮半島の集団と日本列島における海産集団では一部のマーカー座（*Pal*-3、*Pal*-6、*Pal*-7）でアリル頻度が有意に異なっていたが、どちらの集団も基本的によく似たアリル組成となっていた。一方、中国の集団では*Pal*-1、*Pal*-3、*Pal*-5、*Pal*-7の四マーカー座において、ほかの地域では低頻度か、あるいは全くみられないアリルが高頻度で保有されていた。一例として、*Pal*-5マーカーのアリルの頻度分布を図6―2に示す。

表6―3は、マイクロサテライトDNA分析によって求めた集団間のF_{ST}値を地域ごとに平均して遺伝的分化の程度を示したものである。表中、7ローカスで求めた場合と6ローカスで求めた場合が併記してあるのは、リュウキュウアユの*Pal*-1が検出できないためである（Takagi *et al.*, 1999）。それぞれの地域内に比べて地域間のF_{ST}値は明らかに大きく、7ローカスで計算した場合、日本列島と

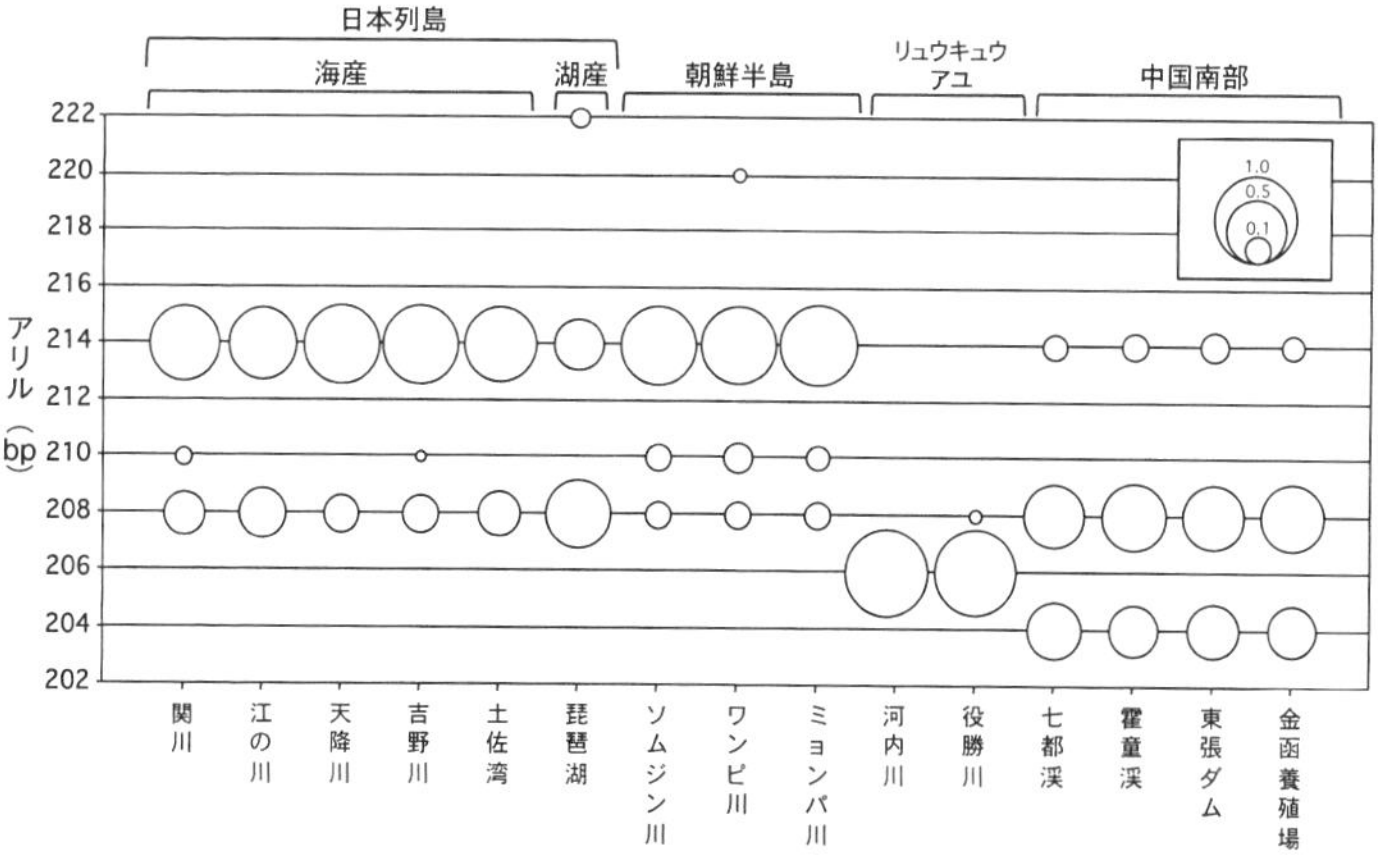

図 6–2　マイクロサテライト DNA の *Pal–5* マーカー座のアリル頻度の比較。中国産アユは日本列島および朝鮮半島のアユやリュウキュウアユにはみられないアリルを含んでいる。○印は大きさによりアリル頻度を示している

表 6–3　マイクロサテライト DNA 分析によるアユ集団間の遺伝的分化（地域内および地域間の F_{ST} 値の平均値 ± SD）

	日本列島	朝鮮半島	中国	リュウキュウアユ
日本列島	0.045 ± 0.041 (0.047 ± 0.046)			
朝鮮半島	0.086 ± 0.025 (0.093 ± 0.030)	0.002 ± 0.002 (0.003 ± 0.002)		
中国	0.177 ± 0.010 (0.196 ± 0.015)	0.231 ± 0.014 (0.257 ± 0.017)	0004 ± 0.004 (0004 ± 0.003)	
リュウキュウアユ	(0.442 ± 0.017)	(0.509 ± 0.016)	(0.532 ± 0.026)	(0.340)

（　）内の値は 6 ローカスで算出した場合の値。日本列島は湖産もプールしてある

朝鮮半島間の値（0.086）は、二つの地域集団間では平均して八・六％の違いがあることを示している。一方、日本列島と中国間ではその約二倍（0.177）で一七・七％、朝鮮半島と中国間ではさらに大きく（0.231）、二三・一％となった。また、ここには示さなかったが、ミトコンドリアDNA分析によってF_{ST}値を算出した場合でも、マイクロサテライトDNA分析の場合と値の大小関係は同じであるが、一・五〜三倍もの大きな値となった。これらの結果から、日本列島の集団と朝鮮半島の集団間には明らかな遺伝的分化がみられ、これらと中国の集団の間にはさらに大きな遺伝的分化が生じていることがわかった。

各地のアユ集団の類縁関係

図6-3は、マイクロサテライトDNA6ローカスのアリル頻度から求めた集団全体の類縁図である。日本列島の海産集団と朝鮮半島の集団がそれぞれ異なるクラスターを形成した。そして琵琶湖の湖産アユと中国アユが大きく離れ、これらとリュウキュウアユが最も遠い関係にあることが示された。*Pal-1*のデータを加え、リュウキュウアユをのぞいて類縁図を描いても同じ結果であった。また、ミトコンドリアDNAのデータを用いて描いた類縁図でも、中国の集団が日本列島と朝鮮半島の間から派生したことをのぞけば、ほぼ同一のトポロジー（位置関係）を示した（**図6-4**）。

いずれの結果も、中国アユが日本列島や朝鮮半島の地域集団から、大きな遺伝的分化をとげているこ

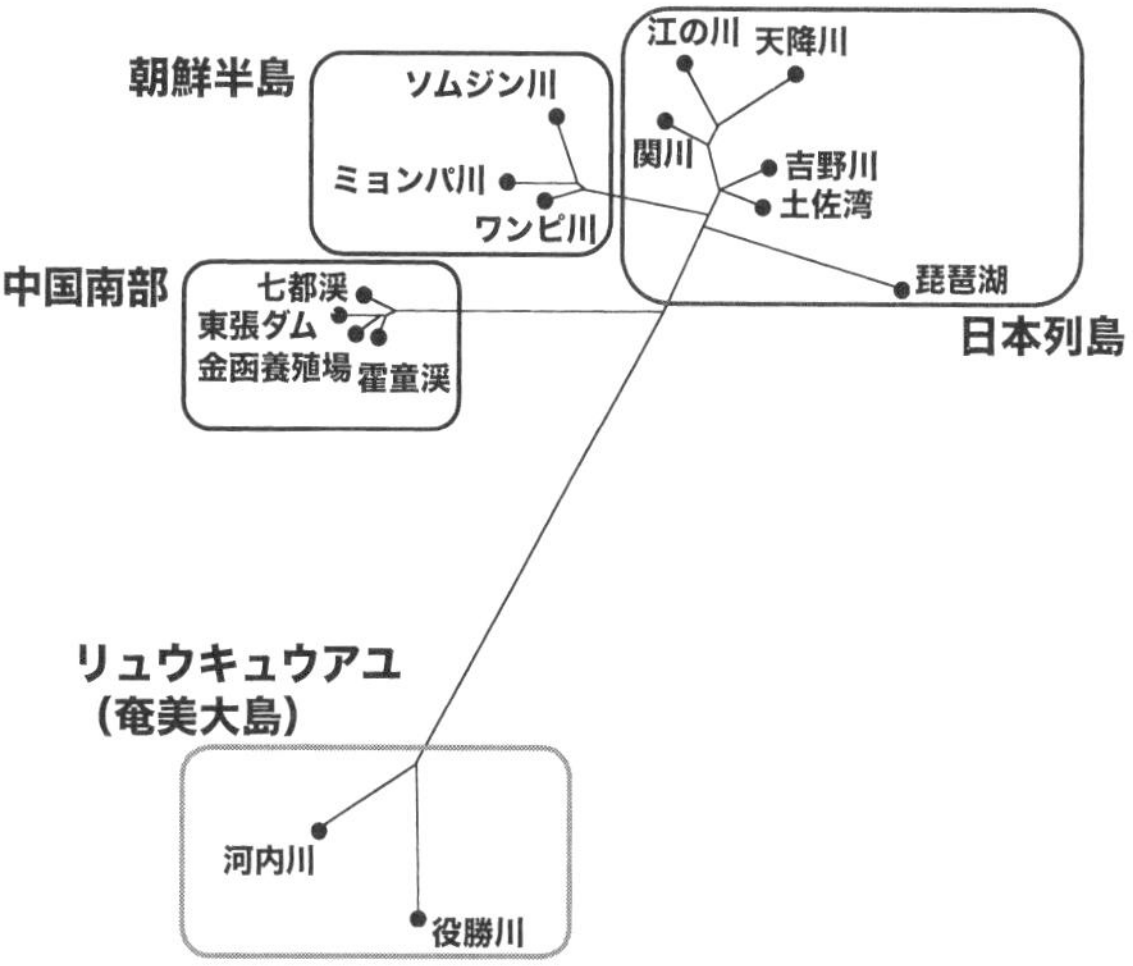

図6-3　マイクロサテライトDNA分析によるアユ集団間の遺伝的類縁図

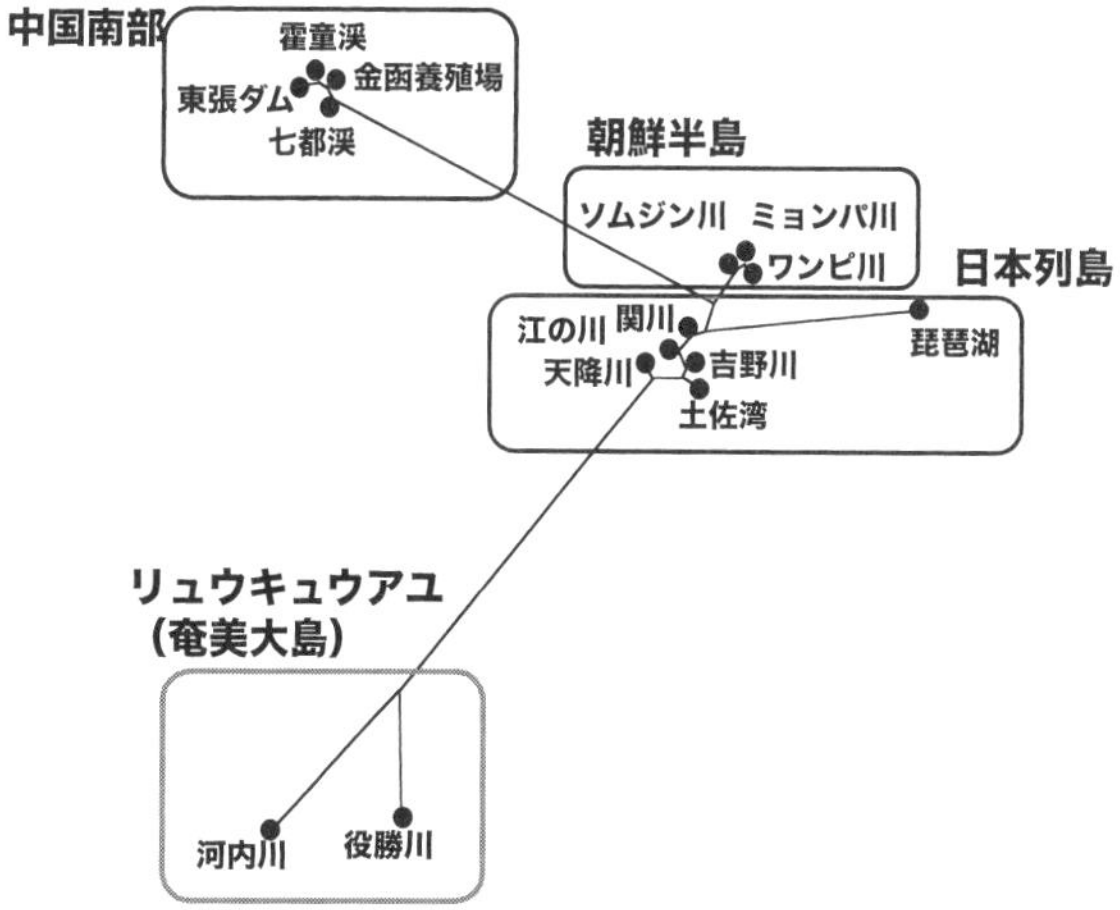

図6-4　ミトコンドリアDNA分析によるアユ集団間の遺伝的類縁関係

とを示している。ただし、その分化の程度はリュウキュウアユほど大きなものではないことも事実である。

日本列島の集団と朝鮮半島の集団との間に遺伝的な違いがあることは、すでに、関ら（一九八八）のアロザイム分析によって、また、井口ら（Iguchi *et al.*, 1997）のミトコンドリアDNA高変異領域のDNA塩基配列の分析によって解明されている。今回のDNAマーカーにもとづく研究では、マイクロサテライトDNAとミトコンドリアDNAの二種類の分析を併用したことにより、両地域間の遺伝的分化がさらに明確になった。

次に、朝鮮半島や中国の集団の特徴をミトコンドリアDNAハプロタイプの系統関係から検討してみることにした。ミトコンドリアDNAの系統関係を調べることで、集団がどのように形成されてきたかを検討することができる。**図6-5**は、検出されたすべてのハプロタイプ間の塩基置換率を算出し、そのデータをもとに描かれた系統樹である。朝鮮半島のハプロタイプには日本列島と同一のハプロタイプも観察されたが、多くのハプロタイプが一つのグループに集中する傾向が認められた。

このことは、過去に日本列島の集団との間に交流のあった朝鮮半島の集団が日本列島から隔離され、現在の集団を形成してきたことを示唆している。今から約二万年前の最終氷期には海水面が現在よりも一二〇メートル程度低く、日本列島と朝鮮半島は陸続きであったことが知られており、この時期に日本列島と朝鮮半島のアユは沿岸伝いに行き来していたことが考えられる。その後の海水面の上昇による朝鮮海峡または対馬海峡の成立によって、現在のように日本列島と朝鮮半島の集団が隔離されたと考えら

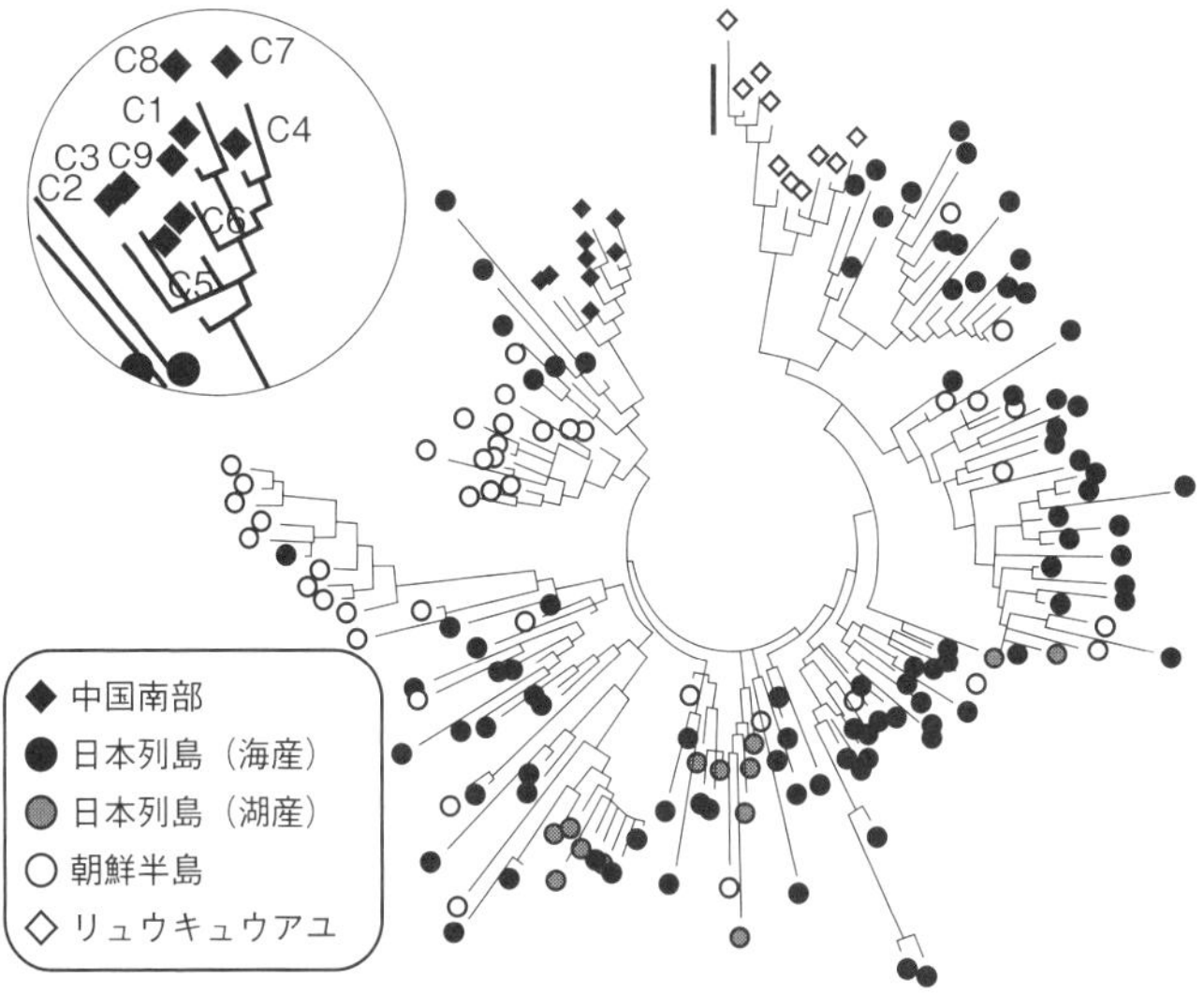

図 6-5　ミトコンドリア DNA ハプロタイプの系統樹。中国アユのハプロタイプ（C 1 ～C7）の位置関係（口絵にカラー図を掲載）

れる。日本列島の集団との間に少数ながら同一のハプロタイプがみられたことから、最初の隔離後にも日本列島との間で小規模な移住があった可能性も考えられる。しかし、少なくとも現在では日本列島と朝鮮半島集団間の遺伝子流動は全くないと思われる。

一方、中国アユで検出された九個のハプロタイプ（C 1 ～C 9）は、リュウキュウアユと同様に、特異的な一つの集まりを形成した。変異性のところでも触れたが、これらのハプロタイプ間の塩基置換数は一～四個と非常に近縁なものであった。このようなハプロタイプの固有性と近縁性は、次のようなことを示唆している。調べた現在の中国アユが、日本や朝鮮半島などほかの集団とは隔離された状態で形成されたこと、創始個体数はそれほど多くなく、集団が形成されたのは比較的最近であることである。その時期については、今後さらにデータと解析を積み重ねる必要があるが、朝鮮半島のアユの場合と同様に、沿岸地形が大きく変化した最終氷期の最盛期から現在にかけての期間をその有力な候補の一つと考えている。

また、琉球列島の生物相と大陸の生物相は生物地理学的に密接なつながりがあることが知られている。このことをふまえれば、リュウキュウアユの祖先は中国南部のアユという見方も可能かもしれない。しかし、これまでみてきたように中国南部のアユは、リュウキュウアユよりも日本列島や朝鮮半島のアユと近縁である。このことから、中国南部のアユからリュウキュウアユが派生したと考えるよりも、昔の日本列島や朝鮮半島に生息していたアユが大陸南岸にも分布を広げ、一部の個体が創始者となって現在のような集団を形成したと考えるほうが合理的で、リュウキュウアユと中国南部の集団は、アユ全体の集団分化の両端にあると位置づけたほうがよいのかもしれない。

中国アユは新亜種か?

中国南部のアユ集団は、遺伝的には日本列島や朝鮮半島の集団と近縁ではあるものの、かなり大きく分化したグループである。このようなことから、形態的にもなんらかの違いがみられ、リュウキュウアユに次ぐ新たな「亜種」となる可能性が高いのではないか、といった見方もあるかと思われる。

最近、中国の研究グループが、各地（遼寧省、山東省、浙江省）のアユの形態形質を調べ、基亜種の日本列島のアユや亜種のリュウキュウアユとは著しい形態的差異がみられたことから、中国産アユを *Plecoglossus altivelis chinensis* として新亜種の記載を行なった。この論文には私たちも非常に驚いた。そこで、形態観察が好きだという卒業論文研究生であった佐藤若菜さんをチームに加えて、持ち帰った中国南部のアユの形態を早速観察してみることにした。

P. a. chinensis が基亜種や亜種リュウキュウアユと最も大きく異なっているのは脊椎骨数で、論文では、基亜種の脊椎骨数が六〇～六三（最頻値六一）、リュウキュウアユで五八～六一（六〇）であるのに対し、新亜種はすべての個体が六〇未満で五四～五八（五六）と非常に少ないというのである。そこで、DNA分析も行なった霍童渓、東張ダム、金函養殖場の標本二九～五〇個体について観察を行なった結果、中国南部のアユには確かに六〇未満（五八と五九）の個体も含まれていたのだが、その割合は全体の三％にしかすぎず、ほとんどすべての個体が六〇～六四（最頻値六二）で基亜種とそれほど大きく違わない値を示した。

量的形質の多変量解析

そこで、研究室に保管されていた日本列島の海産と湖産、朝鮮半島、リュウキュウアユの標本についても脊椎骨数を含めた一一の計量形質についてデータをとり、中国南部のアユのデータとともに多変量解析（正準判別分析）を行なってみた。その結果を図6-6に示した。中国南部のどの集団についても基亜種である日本列島や朝鮮半島の集団のプロットとオーバーラップしており、亜種のリュウキュウア

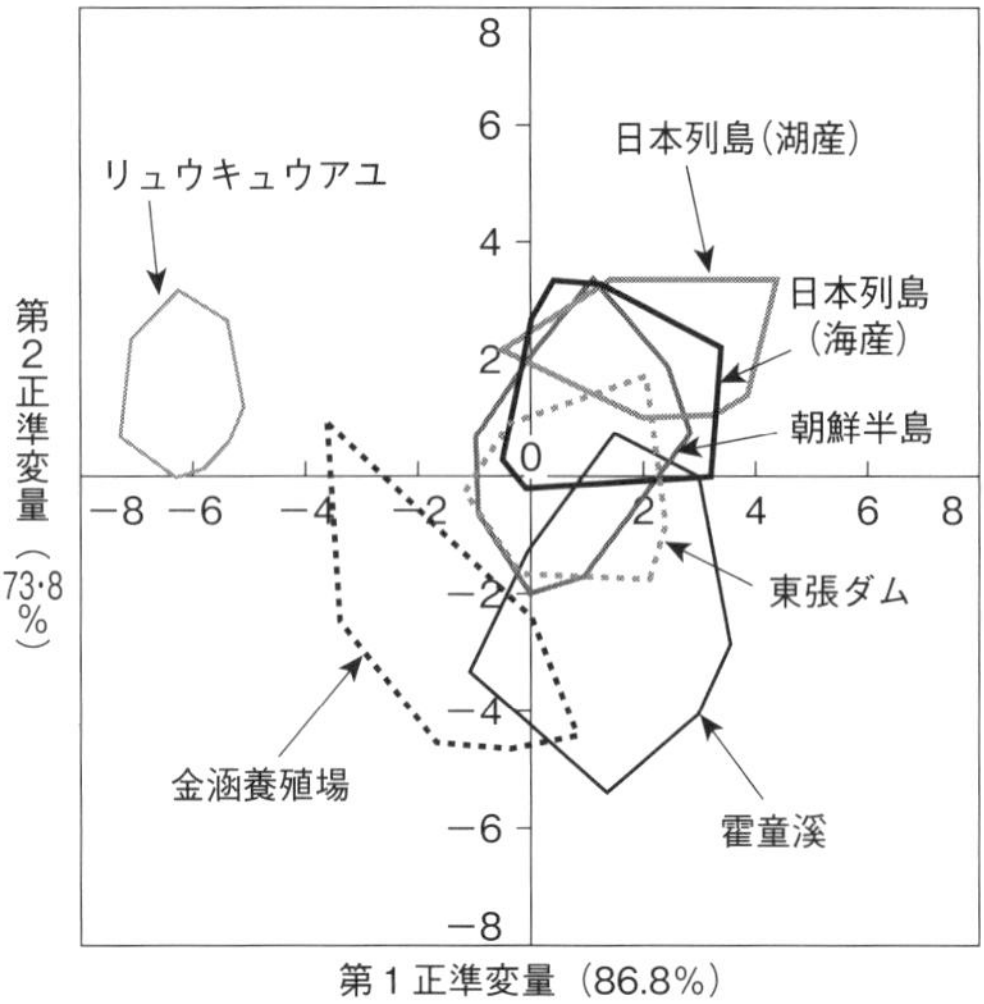

図6-6 中国産アユの11の量的形質の測定データにもとづく多変量解析プロット。中国産アユは亜種のリュウキュウアユとの差は画然としているが、基亜種である日本列島や朝鮮半島の集団のプロットとオーバーラップしている

ユのプロットはこれらと画然としている。中国南部のアユのうち、金函養殖場がややずれているが、これは飼育環境の影響と考えられる。これらの結果は、少なくとも私たちが調べた中国南部のアユに関しては、形態から「亜種」とする積極的な理由はなく、基亜種の範疇にあると考えるのが妥当であることを示している。

これまで述べてきたように東アジアのアユは、核と核外という性質の異なる二種類のDNAマーカー（マイクロサテライトDNAとミトコンドリアDNA）を用いて、日本列島の海産と湖産、朝鮮半島、中国南部、そしてリュウキュウアユの五グループに分けられることが明らかになった。結論として、朝鮮半島ならびに中国南部の集団は、日本列島の海産集団と湖産集団ならびにリュウキュウアユと並ぶ大きなレベルでの保全単位として、それぞれ独立しているととらえることが必要と考えられる。中国南部のアユについては、基亜種との間に形態的な違いを見出すことはできなかったが、DNAマーカーは特異的な分布を示しているわけだから、そのことだけでもユニークな存在としてとらえることが可能である。

中国アユに関しては南部の数河川のみの分析にとどまっているが、同じ大陸の朝鮮半島集団との遺伝的差異や大陸沿岸での不連続な分布状況（図6-1）を考え合わせると、遺伝的に異なる地域集団がさらに発見される可能性が考えられる。私たちがまだ調べていない浙江省や山東省、それから遼寧省のアユは、中国の研究者たちが観察したように形態的に異なっている可能性があり、遺伝的にもさらに分化しているのかもしれない。今後、中国各地の研究者との連携により、広域かつ綿密な集団遺伝学的・形態学的調査をすすめていくことが望まれる。

中国のアユ採集旅行紀

私（谷口）のアユの研究は、最初の任地である、友釣り天国としてもよく知られていた土佐の高知から始まった。土佐の川でのアユの研究は、当時種苗放流事業で使われていた放流琵琶湖産アユと在来の海産アユとの交雑による遺伝的撹乱と、その防止法の研究へと展開していった。その後、高知県から全国のアユの調査研究へと展開していったのは自然の流れであった。この研究では、日本のアユには明瞭な地域差が認められず、日本の海系アユは、太平洋側も日本海側も九州も含め一つの管理単位とみなすことになった。しかし、感度のすぐれた新しいＤＮＡマーカーによる再調査へとすすむなかで、種内の地域差の検出へと発展した。

次に、手がけたのがリュウキュウアユである。しばしば奄美大島や沖縄へ出かけ、リュウキュウアユ保全シンポジウムに参加するなかで、遺伝マーカーを使用した我々の調査研究をすすめた。次に、韓国のアユ調査では、済州島を出発点にして、そこから韓国の本土へわたり、麗水《ヨス》、釜山《プサン》、慶州《キョンジュ》を経てさらに東海岸を江陵《カンヌン》まで、河川視察とアユの採集のための旅行を行なった。韓国のアユと日本のアユの遺伝的違いが解明された。

我々のアユの研究で、やり残したのがいよいよ中国のアユだけということになり、夢枕獏さんの

『本日釣り日和』（中公文庫）や太田清信さんの『香魚百態』（筑摩書房）の紀行文などを読んで、強い関心をもつようになった。

ちょうどそのころ、中国の視察旅行から帰国した中央水産研究所の井口恵一郎さんから、「中国には確かにアユがいる、現地の研究者（海洋研究所の陳少波さん）の協力を得れば今すぐにでも採集できる」というホットなニュースを聞き、いよいよ中国アユの採集旅行を決断したのが二〇〇四年であった。同僚の池田実さんに話をもちかけたところ二つ返事で中国行きに同意し、航空機の手配など旅行の段取りを手際よくすすめてくれた。高知大学勤務時代にお世話した中国人留学生の董仕さん（現天津師範大学教授）が道案内してくれることになった。また、現地では廈門の集美大学教授の王思勇さん（東京水産大学で博士の学位を取得）が応援してくれることになった。以下に中国アユのサンプリング旅行メモを紹介する。

▼2005年8月7日　空港への移動、仙台発、成田泊

▼2005年8月8日　廈門からの入国、西九龍江の象渓《ジョウケイ》（南靖県）および船場渓《センバケイ》を視察

成田10：00（NH935）出発―13：10廈門着。

廈門空港にて董仕、王思勇両氏と合流。午後は、前出の太田清信さんがおよそ二〇年前にアユを採集した記録のある西九龍江の象渓（南靖県）および船場渓を視察。当時、アユが採れた象渓と船場渓は九龍江の支流で予想したより川幅が狭く、河川の勾配が瀬のような景観であった。太田清信さんの写真にあった象渓の石造りの橋の周辺は当時の流れの面影はなく両岸から葦が広がり、水面がみえなくなるほど茂っていた。

ここにはアユはいないと判断して、この川の河口堰の下に鮎の群れが遡上していたという太田さんの記述を思い出し、下流に向った。立ち寄った河口堰の名称は、北渓《ホクケイ》引水管理所であった。近くにいた人々に尋ねてみたが、ここ何年も遡上アユをみたことがないとのこと。河口堰は二〇年前にはまだ建設直後であった。現在にいたり、ついに九龍江のアユは絶滅したのであろうか。

▼2005年8月9日　九龍江北渓でのサンプリング

障州《ショウシュウ》市水産局から差し向けていただいた官用ワゴン車にて九龍江北渓の視察とサンプリングに向かう。九龍江の北渓は川幅、流量ともにたいへん大きな川で日本ではみることのないタイプの川であった。投網と友釣りの道具は忍ばせていたが、とうとうそれを出すチャンスには恵まれなかった。

九龍江北渓の引水管理所。ここに河口堰が建設されてから九龍江からアユの姿がみえなくなったという

太田清信さんの紀行に出てくる西九龍江の一支流象渓

この川には大きな丸石がごろごろ転がっているところがあった。水量とある程度の水深もあるので、アユがいれば大きくなるだろうなあと思った。川辺へおりて水底の丸石を観察したのだが、アユのハミアトは全くみられなかった。

現地の研究者も、西九龍江と同じく河口堰を建設してからアユが遡上できなくなったので、天然のアユをみなくなったといっていた。数年前、上海水産大学の李思発先生にお会いしたとき、「九龍江にはアユがたくさんいた」とのことであったが、いつ頃のことなのであろうか。

ここではアユの種苗放流は実施していないと聞いた。アユが消滅するのも当たり前かもしれない。種苗放流については、中国のほかの河川で行なわれたという事例はあるとのこと。今後は放流事業が実施される可能性はあり得る。

夕方には、集美大学（華僑系の支援を受ける立派な大学だった）を表敬訪問し、学部長による歓迎会をしていただいた。

▼2005年8月10日　霍童渓《ウトンケイ》（寧都《ネイトク》）市近郊でのサンプリング

早朝から董仕さん、王思勇さんたちにも同行していただいて、都市間

九龍江北渓の中流の発電用ダム

九龍江北渓の中流域のダム直下、今はアユがいなくなったこの川にハミアトはない

高速バスで五時間かけて寧徳市へ移動。午後から、寧都市水産技術推広センターの研究員の案内とセンターが回してくださった官用ワゴン車にて七都川《チドケイ》へ向かう。

アユが間違いなく生息していると案内された川は、後でわかったのだが七都川ではなく霍童渓という別の川だった。下流域に工場はなく河口堰もない自然度の高い川であった。

土地の川漁師さんの家を訪ねると、そこには夜中に刺し網で採捕したという正真正銘のアユ（およそ八〇尾）が氷のなかに埋もれていた。

霍童渓のアユの採捕地点は、河口からおよそ五キロメートル程度のところで、川幅は約一〇〇～一五〇メートル程度で、川そのものは比較的規模の小さい川であった。この場所は下流域から中流域への移行地点で、流れが緩やかで、瀬はささやかに波立つ程度であった。この川ならば投網または友釣りで自分でも採捕できるかなとも思ったが、そのときは腰痛で足をひきずっていたので無理はしないことにした。

帰路、金函《キンカン》養殖場というアユの養殖場を見学させてもらった。川の水を引いているので水量は豊富だが、高密度養殖に耐えるよう各飼育池には水車が設置され、外観的に日本のウナギの露地養殖場のようで

地元の漁師が刺し網で捕獲してくれたアユ

中国のアユが捕獲された八都川の下流域

中流ダムサイトのレストランでみたアユの唐揚げ

あった。日本でもみられる比較的小規模のアユ養殖場であったが、出荷先は国内中心とのことであった。

ここでも種苗のルーツが気になったので、参考のためサンプルを採集させていただいた。

▼2005年8月11日　東張《トウチョウ》水庫（ダム湖）の陸封アユの採集

寧都市から都市間高速バスで福清《フクジン》市へ移動。

前日に引き続き、この日も寧都市水産技術推広センターの研究員のご案内により、東張水庫に向かった。このダム湖ができたのはおよそ五〇年前の一九五八年で、ダム湖への種苗放流を実施したことはないけれども、陸封アユが発生し、毎年安定的に生産されているとのことであった。

地元の人たちは、ダム湖の建設当時はこの川のアユ資源がたいへん多く、ダムを仕切ったときに上流に残ったアユが創始集団になったとの考えを述べていた。

ここでも、ダムサイトの展望スペースにあるレストランの責任者が採捕したというサイズの小さいアユ（一〇〇尾）を譲り受けた。ちなみにこのダム湖は堤高三八メートル、堤長二一〇メートル、集水面積二〇〇

東張水庫（ダム湖）には陸封アユが生息している

寧都市の養殖場。人工種苗・養殖生産を行なっている

八都川のアユを採捕してくれた漁師の家族

平方キロメートル、水面面積一五平方キロメートル、貯水量一・九九億トンであり、使用目的は飲用で、湖の水質維持が運転の基本ポリシーということであった。

▼2005年8月12日

福清市から都市間高速バスで廈門へ移動。廈門市魚市場を視察および市内の名所見物。その後、集美大学の王思勇さんの研究室を訪問。研究室を見学させてもらい、研究内容、研究方法などに関して意見交換を行なう。王思勇さんの研究室には高性能キャピラリー式DNAシーケンサーがあり、研究成果の量産体制に入っていた。海洋生物の遺伝的多様性保全と育種研究の中国の拠点に成長しつつあるのを感じた。

▼2005年8月13日

集美大学の王思勇さんの研究室を再度訪問し、採取したアユおよびDNA抽出用サンプルの低温保存と梱包を行ない、廈門空港へ向かう。折から台風が台湾方面から接近し、最悪コースをとり廈門に上陸。日本からの航空機の折り返し便に乗る予定だったのだか、航空機は着陸できず日本へ戻り、出発は翌日に延期となった。こうして、八月一四日に一日遅れて、重要サンプルとともに無事帰国することができた。

第7章

稚魚は母川回帰するのか?

仔稚魚期の分布調査法

天然アユはその生活様式から両側回遊魚と呼ばれる。これは、秋に最下流の瀬で産み落とされた産着卵から一〇日ほどで孵化した仔魚が、その後間もなく海へ流れ下り、数カ月間の海洋生活を過ごすことと関係がある。翌春には、海洋生活期が終わり河川へ戻ってくるが、生まれたもとの川へ戻ってくるとは限らない。また、もとの河川を含む近隣の河川へ帰ってくるとはいえても、どこまで移動するかはよくわからない。これは海洋生活期が長く、海流による漂流の影響を考慮する必要があるからだ。また、河川から流下したばかりの仔魚にはもとの川を記憶する知覚能力もない。したがって、生まれた川へ回帰することは常識的には考えられない。

元西日本科学技術研究所の木下泉教授（現高知大学）らが海洋生活期のアユの仔稚魚が予想に反して意外にも海岸の砕波帯と呼ばれるごく浅いところに集まってきていることを発見した。この発見によって、アユの仔稚魚が何を食べ、どのように成長し、いつ頃から河口へ向かうのか、といった生活様式に関する同教授らの研究が飛躍的に進展した。

また、『土佐のアユ』のなかで紹介したのだが、一つの河川において前年の秋に流下した仔魚の数と、翌年の春に遡上してくる稚魚の数には一定の相関関係のあることがわかった。注意すべきは、前年の秋の親魚の資源量ではなく、実際に河川から海へ流下した仔魚の数が問題なのである。実際は、海洋生活期の環境条件の影響も大きく働くので、前年の秋の仔魚の流下尾数が多くても、期待通り稚魚の回帰数が多いとは限らない。しかし、秋の仔魚の流下尾数が少ない年に翌春の稚魚の回帰数が多いというケースはみあたらない。

このような知見を総合すると、海へ流下した仔魚は、河川水の流量にもよるのだが、海岸からさほど遠くへ離れることなく、比較的短期間に砕波帯にたどり着くので、そこで生育した稚魚が一部とはいえどももとの河川へ回帰する可能性は十分考えられる。つまり、サケ・マスのような記憶による能動的回帰とは大きく異なるのだが、仔稚魚期の回遊行動の基本パターンに依存する受動的回帰機構があるのではないかと考えられるのだ。ただし、流下期の河川流量の多寡によって仔魚の沖合への輸送距離が変わるので、稚魚が到達する海岸や砕波帯の場所や生残率は年により大きく変動する。仔魚の流下尾数に対して回帰数が必ずしも相関しないのはこういう事情があるからであろう。

本章では、アユの受動的回帰に関する知見を得るため、特定海域内に注ぐ河川集団間の遺伝子流動の実態を解明するための調査を実施し、新しい知見を得たので紹介したい。

この調査は和歌山県のアユ稚魚採捕組合の要請を受け、西日本科学技術研究所の協力を得て実施した。調査海域は和歌山県沿岸域で、性質の異なる二種類の遺伝マーカーすなわちマイクロサテライトDNAとミトコンドリアDNAを用いて、遺伝子流動に関する総合的な検討を行なった。特に、日高川河口周辺域では、河川から海へ流下した仔魚と流下後の近隣海域内で採集された仔魚の遺伝的組成をマイクロサテライトDNAマーカーにより比較し、流下後の海域におけるアユの仔稚魚期の動態について検討を行なった。

マイクロサテライトDNAによる集団分析

標本の採集

和歌山県沿岸域における仔稚魚標本の採集地と採集データを図7-1および表7-1に示した。これらはすべて同じ年に生まれた集団である。流下期の標本は一九九九年一二月に和歌山県の三河川（有田川、日高川、富田川）、海洋生活期の標本は一九九九年一二月から二〇〇〇年三月にかけて四地点（栖原、唐尾、大引、古座）、遡上期は二〇〇〇年三月から四月にかけて四河川（紀ノ川、日高川、富田川、古座川）で採集した。* 全DNAサンプルは、流下期の仔魚の場合には魚体全体、海洋生活期および遡上期の場合には尾鰭の一部を試料とした。[**]

* これらの標本は、流下期はプランクトンネット（目合い〇・五ミリメートル）、海洋生活期は引き網（目合い一ミリメートル）、遡上期は投網により採集されたものである。

** TNES-Urea 緩衝液を用いたフェノール・クロロホルム法（Asahida *et al.*, 1996）により抽出を行なった。

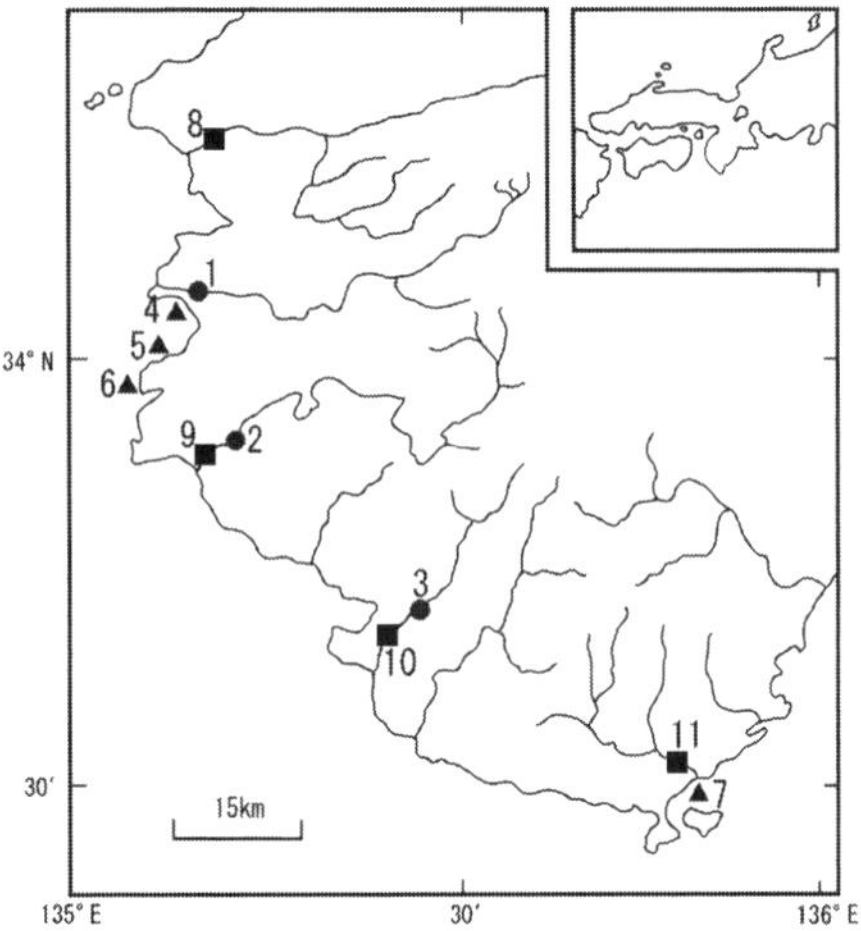

図7−1　和歌山県沿岸におけるアユ仔稚魚の採集地点
1：有田川、2：日高川、3：富田川、4：栖原、5：唐尾、6：大引、7：古座、8：紀ノ川、9：日高川、10：富田川、11：古座川
●：流下期、▲：海洋生活期、■：遡上期

表7−1　標本の採集データ

採集場所	採集日	個体数	平均標本個体数（mm ± SD）
流下期			
有田川	1999.12.07	80	—
日高川	1999.12.01	128	—
富田川	1999.12.06	96	—
海洋生活期			
栖原	1999.12.01	96	15.2 ± 1.26
唐尾	1999.12.01	96	16.4 ± 3.22
大引	1999.12.01	96	14.8 ± 1.48
古座	2000.03.28	38	37.6 ± 5.90
遡上期			
紀ノ川	2000.03.22	49	97.2 ± 4.14
日高川	2000.04.14	48	66.0 ± 9.32
富田川	2000.03.29〜30	49	89.2 ± 12.0
古座川	2000.03.28	48	62.8 ± 5.65

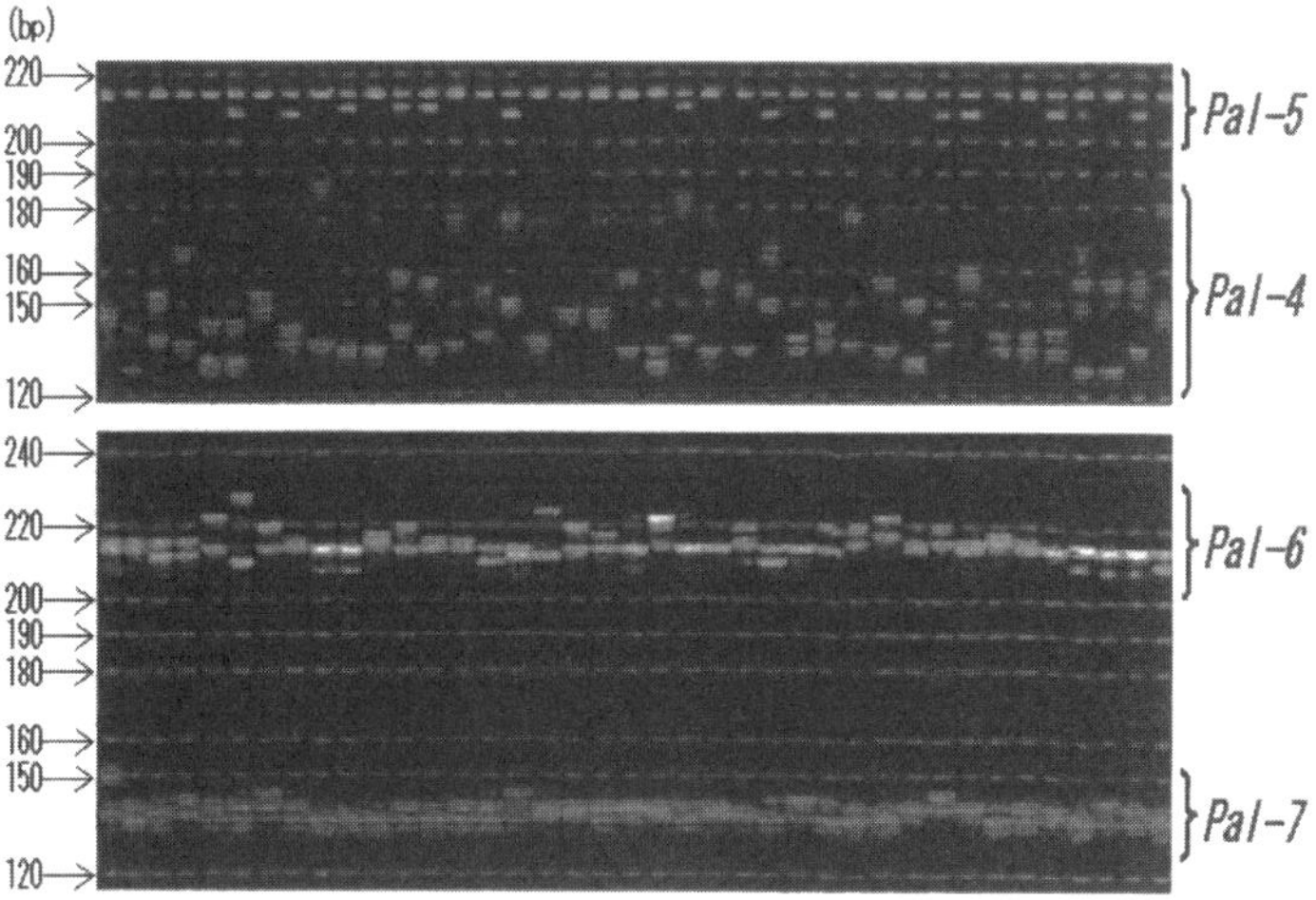

図7-2　マイクロサテライトDNAフラグメント（*Pal-4*～*Pal-7*）の電気泳動像

遺伝子型判定と変異性

図7-2はマイクロサテライトDNAマーカー座のバンドイメージで、各マーカー座は異なる色の蛍光標識により識別することができる。*Pal-5*で214～202bpの間に四種類、*Pal-6*で228～208bpの間に一一種類、*Pal-7*で151～133bpの間に一〇種類のアリルが検出された。

各標本のアリル頻度と平均ヘテロ接合体率（H_e）を**表7-2**の最下段に示した。どの標本集団についても共通して高頻度に観察されたアリルは、*Pal-5*で214と208、*Pal-6*で214と216、*Pal-7*で141、139および137であった。各標本集団内で、アリル型分布の観察値とハーディー・ワインベルグ平衡下にあると仮定して求めたときのアリル型分布の期待値との間には、有意な差異は認められなかった。このような結果から、この海域のアユの集団は、きわめて多数の親魚がかかわり、任意交配による再生産が行なわれていることが明らかとなった。

表7-2 アユ仔稚魚標本のマイクロサテライトDNA3座のアリル頻度

ローカス	アリル*	流下期			海洋生活期				遡上期			
		有田川 (80)	日高川 (128)	富田川 (80)	栖原 (96)	唐尾 (96)	大引 (96)	古座 (38)	紀ノ川 (48)	日高川 (48)	富田川 (48)	古座川 (48)
Pal-5	214	0.789	0.688	0.756	0.690	0.807	0.811	0.697	0.702	0.698	0.719	0.734
	210	0.032	0.117	0.019	0.060	0.047	0.047	0.052	0.043	0.052	0.083	0.043
	208	0.179	0.195	0.225	0.250	0.146	0.142	0.250	0.255	0.250	0.188	0.223
	202	—	—	—	—	—	—	—	—	—	0.010	—
Pal-6	228	—	—	—	—	—	—	—	—	—	—	0.011
	226	—	—	—	0.005	—	0.005	0.013	—	0.010	—	—
	224	—	0.004	0.013	0.005	—	0.021	0.053	—	—	—	0.011
	222	0.038	0.016	0.019	0.016	0.016	0.031	0.026	0.020	0.042	0.052	0.042
	220	0.101	0.055	0.094	0.052	0.128	0.073	0.144	0.052	0.094	0.042	0.096
	218	0.070	0.036	0.038	0.063	0.069	0.068	0.066	0.052	0.062	0.063	0.042
	216	0.285	0.250	0.237	0.255	0.282	0.224	0.289	0.323	0.219	0.229	0.181
	214	0.411	0.524	0.475	0.484	0.383	0.401	0.302	0.406	0.448	0.448	0.458
	212	0.082	0.067	0.086	0.088	0.096	0.136	0.079	0.083	0.083	0.104	0.096
	210	0.013	0.044	0.025	0.016	0.016	0.031	0.026	0.052	0.021	0.052	0.042
	208	—	0.004	0.013	0.016	0.010	0.010	—	0.011	0.021	0.010	0.021
Pal-7	151	0.006	0.015	—	—	0.010	—	—	—	—	—	—
	149	—	—	—	0.011	0.005	0.016	0.013	—	—	—	0.010
	147	—	0.008	—	0.005	—	—	—	—	—	—	0.021
	145	0.038	0.008	0.013	0.037	0.042	0.042	0.040	0.042	0.042	0.042	—
	143	0.050	0.067	0.044	0.048	0.042	0.047	0.079	0.052	0.063	0.031	0.042
	141	0.412	0.418	0.361	0.399	0.339	0.395	0.447	0.365	0.406	0.437	0.406
	139	0.169	0.117	0.234	0.154	0.187	0.126	0.132	0.219	0.135	0.187	0.135
	137	0.281	0.348	0.304	0.330	0.344	0.342	0.263	0.312	0.333	0.281	0.344
	135	0.038	0.015	0.044	0.016	0.031	0.021	0.026	—	0.021	0.011	0.031
	133	0.006	0.004	—	—	—	0.011	—	0.010	—	0.011	0.010
平均ヘテロ接合体率 (H_e)		0.603 ±0.387	0.604 ±0.387	0.602 ±0.386	0.617 ±0.393	0.604 ±0.387	0.598 ±0.384	0.656 ±0.416	0.632 ±0.403	0.632 ±0.403	0.626 ±0.400	0.620 ±0.397

標本集団間の遺伝的異質性検定

次に、和歌山県下のそれぞれの河川のアユ集団の独立性の強さ、近隣河川との間で交流があるかないかを検討するため、標本全体のアリル頻度の異質性について検討を行なった。*

* 分析法はExcoffier *et al.*（1992）によるAMOVAと称されている分散分析法によった。

標本集団全体の遺伝的変異性のうち、標本集団間の差異によって生じている遺伝的変異の割合は〇・一八%と小さく、異質性は認められなかった。むしろ、全遺伝的変異のうちの大部分（一〇〇〜九九・八二%）が標本集団内に存在していることが示唆された。

他方、各生活ステージの標本集団間

表7–3　標本全体および各生活期におけるアリル頻度の異質性の検討

	標本集団数	*P*
標本全体	11	0.001**
流下期	3	0.000**
海洋生活期	4	0.099^{ns}
遡上期	4	0.973^{ns}

＊：*P*＜0.05、＊＊：*P*＜0.01、ns：有意差なし

の遺伝的異質性を検討するため、アリル頻度の集団間の差の統計的検定を行なったところ（**表7–3**）、海洋生活期の標本集団間および遡上期の標本集団間のそれぞれにおいて有意差が認められなかった。しかし、流下期の標本集団間で河川間の有意差が認められた（P＜0.01）。つまり、産卵直後には河川間で遺伝子構成に違いが認められるが、その違いは遡上期まで維持されないということになる。このことから、海洋生活の仔稚魚は近隣河川間でよく混合し合っていると考えられる。

集団間の遺伝的類縁関係

　標本集団間の遺伝的類縁性と地理的位置との関連を検討するため、得られたアリル頻度から標本集団間の遺伝的距離を求めた。また、UPGMA法によりデンドログラム（系統図）を作成した（**図7–3**）。その結果、各標本集団の地理的位置とデンドログラム上におけるクラスタリング（標本のグループ化）との間には関連性は認められなかった。さらに、同一河川（日高川と富田川）内の流下期標本と遡上期標本のデンドログラムを作成したところ、同一河川内標本によるグループは形成されなかった（**図7–4**）。つまり、各河川集団の遺伝的独立性は認められないということだ。

　標本間の遺伝的類縁関係と地理的位置について、さらに詳細に検討するためJérome（1999）による

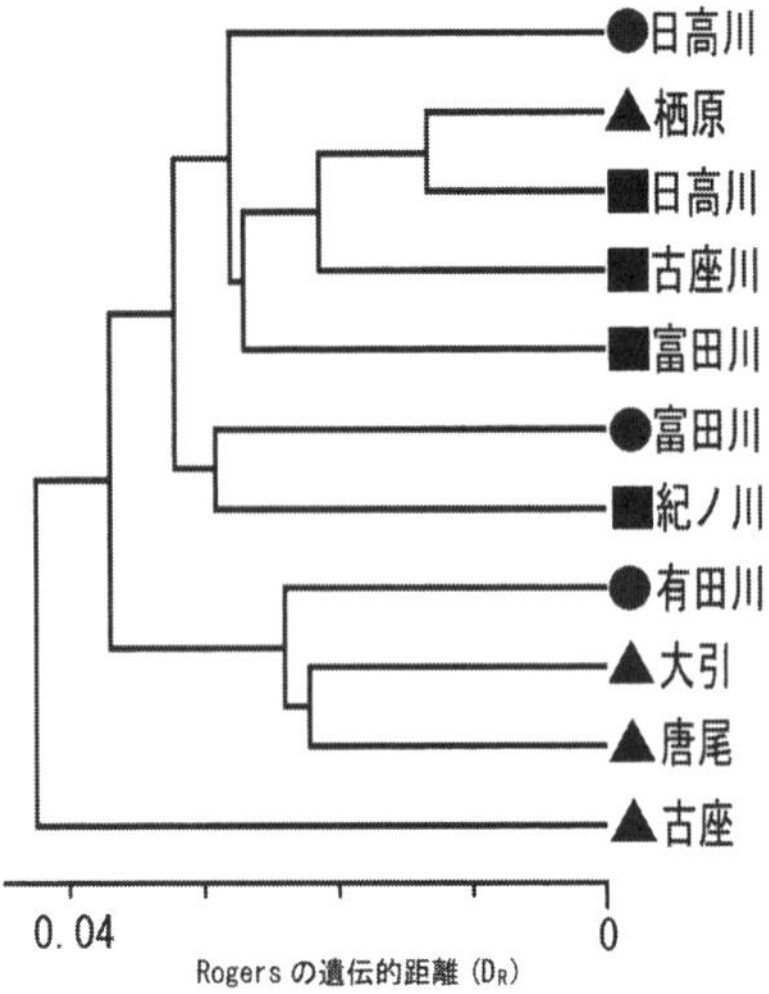

図 7-3　マイクロサテライト DNA マーカーによるアユ仔稚魚標本集団の遺伝的類縁関係
●：流下期、▲：海洋生活期、■：遡上期

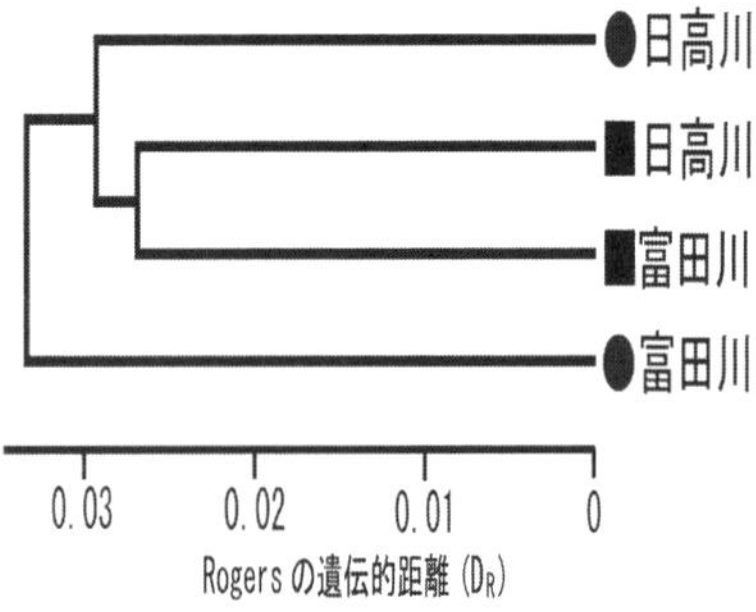

図 7-4　マイクロサテライト DNA による同一河川内の流下期と遡上期の遺伝的類縁関係
●：流下期、■：遡上期

主成分分析で検討したところ、デンドログラムの場合と同様に標本の遺伝的類似性と地理的位置との間に関係は認められなかった。

高い遺伝的多様性と均質性

一般にヘテロ接合体率の大小は、繁殖にかかわった親の数（集団の有効な大きさ）の大小に密接に関係しており、集団の有効な大きさが減少すればヘテロ接合体率が低下することが理論的に予測できる。第9章でも詳しく述べるが、実際に、採卵時の親魚数が天然集団に比べてはるかに少ない人工種苗集団では、平均ヘテロ接合体率（0.297〜0.538：平均0.545）は低く、変異性低下は継代繁殖の繰り返しによってより顕著になってくる。このような人工種苗でのヘテロ接合体率の低下は、後代における近親交配と、それにともなう近交弱勢の発現といった悪影響をおよぼすことになりかねない。

和歌山県沿岸域におけるアユ一一標本集団の平均ヘテロ接合体率（0.598〜0.632：平均0.618）は、これまで東北大学で調べられた近隣地域のアユ集団の平均ヘテロ接合体率（0.573〜0.631：平均0.604）と同じレベルの多様性を示しており、和歌山県沿岸域における採集河川や地点による遺伝的分化がないことがわかった。これらの結果から、和歌山県沿岸のアユ集団間で、海洋生活期を通じて顕著な遺伝子流動のあることが示唆された。

ミトコンドリアDNAによる分析

前節ではマイクロサテライトDNAという細胞の核内遺伝子の多型を指標として、和歌山県内の河川間のアユの移動と交流について調べたが、県内河川間での遺伝的差異は認められなかったので、このマーカーとは別の核外遺伝子であるミトコンドリアDNAで同じ課題について調査した。

ミトコンドリアDNAは母系遺伝をする組み換えのない半数体で、集団の遺伝的組成を変化させる要因に対して影響が表われやすく、集団の遺伝的構造を検討するうえですぐれたマーカーとみなされる。

したがって、マイクロサテライトDNA分析とミトコンドリアDNA分析を併用することで、沿岸域におけるアユの動態に関する詳細な集団遺伝学的知見を得ることが可能となる。ここでは、前述のマイクロサテライトDNA分析に用いたすべての標本集団を対象として、ミトコンドリアDNAの調節領域を対象としたPCR-RFLP分析を行ない、和歌山県沿岸域におけるアユの遺伝的多様性と集団構造について総合的な検討を加えた。

遺伝的変異性

PCRによる調節領域の増幅断片の有無の確認の後、制限酵素処理を行なった。用いた制限酵素は七種類で、制限酵素処理により検出された切断型は*Alu* Iで四種類、*Hae* IIIで五種類、*Hha* Iで四種類、*Hinf* Iで一一種類、*Msp* Iで五種類、*Rsa* Iで三種類、*Taq* Iで六種類であった（**表7-4**）。

RFLPの組み合わせによるハプロタイプ数は全体で一〇一種類を数えた。各標本のハプロタイプ頻度を**表7-4**に示した。これらのうちどの標本においても高頻度で検出されたものは♯2と♯12のハプロタイプであった。標本ごとのハプロタイプ数は、古座（海洋生活期）の17から富田川（流下期）の24までで、採集河川による顕著な差異が認められた。次に、ハプロタイプ多様度（h）の値（唐尾：海洋生活期0.886、古座川：遡上期0.948）には、標本集団間の有意な差異は認められなかった。

標本集団間の異質性

標本全体におけるハプロタイプ頻度の異質性を検討するため、モンテカルロ法といわれるχ^2検定を

表7-4 ミトコンドリアDNA PCR-RFLP分析における各標本のハプロタイプ頻度表（後藤他、2002）

ハプロ	切断型	流下期			海洋生活期				遡上期			
タイプ	組成*	有田川	日高川	富田川	栖原	唐尾	大引	古座	紀ノ川	日高川	富田川	古座川
# 1	AAAAAAA	0.065	0.047	0.043	0.024	0.015	0.011	0.135	0.041	0.021	0.082	0.047
# 2	AAAAABA	0.182	0.118	0.185	0.071	0.059	0.176	0.189	0.123	0.191	0.020	0.116
# 3	AAAAABC	—	—	—	0.012	—	0.011	—	—	—	—	—
# 4	AAAAABD	0.013	0.102	0.043	0.059	0.015	0.077	0.027	0.143	0.021	0.062	—
# 7	AAACABD	—	0.008	0.011	—	—	0.011	—	—	0.021	—	—
# 10	AABAAAA	0.013	0.039	0.011	0.012	0.015	0.033	—	0.020	—	—	0.047
# 11	AABAAAD	0.026	—	—	—	—	—	—	—	0.021	—	—
# 12	AABAABA	0.208	0.260	0.228	0.294	0.279	0.220	0.189	0.204	0.170	0.204	0.116
# 13	AABAABC	—	—	—	—	—	0.011	—	—	0.043	—	—
# 14	AABAABD	0.039	0.039	0.022	0.035	0.103	0.066	0.081	0.041	0.043	0.102	0.047
# 19	AABCABA	0.013	0.008	0.011	—	—	0.011	—	0.020	—	—	0.023
# 20	AABDAAA	—	0.008	0.011	—	0.015	0.011	—	0.020	0.021	—	—
# 25	BAAAABA	0.078	0.032	0.033	0.035	0.088	0.055	0.054	0.041	0.021	0.041	—
# 26	BAABABC	—	0.024	—	0.012	0.015	—	—	—	—	0.020	—
# 27	BAACABA	—	0.008	—	0.024	—	—	0.027	—	—	—	—
# 28	BABAAAA	—	0.008	0.022	—	—	—	—	—	—	—	—
# 29	BABAABA	0.065	0.024	0.022	0.024	0.059	0.033	0.054	0.041	0.021	0.020	0.093
# 31	BABAABC	—	0.024	—	0.012	—	—	—	—	—	0.041	—
# 32	BABBABC	0.065	0.047	0.022	0.035	0.088	0.055	0.027	0.082	0.043	0.020	0.047
# 34	CAAAAAA	—	0.024	—	0.012	0.044	0.033	0.027	—	—	0.020	—
# 35	CAAAABA	0.013	0.024	0.054	0.024	0.029	0.022	—	0.041	0.021	—	0.047
# 36	CABAAAA	—	—	—	0.012	—	—	—	—	—	—	0.047
# 37	CABAABA	0.013	0.047	0.043	0.024	0.059	0.022	0.027	—	—	0.061	—
# 39	CACAABA	—	—	—	—	—	0.011	0.027	—	—	—	—
# 40	DAAAABD	0.013	—	—	—	—	—	—	—	0.021	—	—
# 41	DABAABA	0.013	0.016	—	0.024	—	—	0.027	—	—	0.061	0.047
# 42	DABBABC	—	—	0.022	—	—	—	—	—	—	—	—
# 43	AAAAAAD	—	0.008	—	0.012	—	—	—	—	—	0.020	—
# 44	AAAABAA	0.013	—	—	—	—	—	—	—	—	—	—
# 45	AAAACAA	—	0.008	—	—	—	—	—	—	—	—	—
# 46	AAABABB	0.013	—	—	0.012	—	—	—	—	—	—	—
# 47	AAACAAD	—	—	0.011	—	—	—	—	—	—	—	—
# 48	AAACABA	0.052	0.016	—	0.069	0.029	0.011	—	—	0.021	0.020	0.023
# 49	AAACABB	—	0.008	—	—	—	—	—	—	—	—	—
# 50	AAACCBA	—	0.008	—	—	—	—	—	—	—	—	—
# 51	AAACCBC	0.013	—	—	—	—	—	—	—	—	—	0.023
# 52	AAAGBBD	—	0.008	—	—	—	—	—	—	—	—	—
# 53	AAAHAAB	—	0.008	—	—	—	—	—	—	—	—	—
# 54	AAAHABB	0.013	—	0.011	—	—	0.011	—	—	0.021	0.020	—
# 55	AAAIABD	—	0.008	—	—	—	—	—	—	—	—	—
# 56	AABBABC	—	—	0.011	—	—	—	—	—	—	—	—
# 57	AABCAAA	0.013	—	0.011	—	—	0.011	—	—	—	0.020	—
# 58	AABFABA	—	0.008	0.011	—	—	—	0.027	0.020	—	—	—
# 59	AABDABA	0.013	—	—	—	—	—	—	—	—	—	0.023
# 60	AABHABB	—	—	0.022	—	—	—	—	—	—	—	0.070
# 61	ADAAABA	—	0.008	—	0.024	—	—	—	—	—	—	—
# 62	BAAAAAD	—	—	0.011	—	—	—	—	—	—	—	—
# 63	BAABABA	—	—	0.011	—	—	—	—	—	—	—	—
# 64	BAACAAD	—	0.008	—	—	—	—	—	—	—	—	—
# 65	BABAABD	—	—	0.011	0.012	0.015	—	0.027	—	—	—	—

*制限酵素の順番は *Alu* I、*Hae* III、*Hha* I、*Hinf* I、*Msp* I、*Rsa* I、*Taq* I

表7-4　ミトコンドリア DNA PCR-RFLP 分析における各標本のハプロタイプ頻度表（続き）

ハプロ	切断型	流下期			海洋生活期				溯上期			
タイプ	組成*	有田川	日高川	富田川	栖原	唐尾	大引	古座	紀ノ川	日高川	富田川	古座川
# 66	BABBABA	—	—	0.011	—	—	—	—	—	0.043	—	—
# 67	BABBABB	—	—	0.033	0.047	0.015	—	—	0.041	—	—	—
# 68	BABBCBC	0.013	—	—	—	—	0.011	—	—	—	—	—
# 69	CAAAABD	—	—	—	—	—	—	—	0.020	—	—	—
# 70	CAAGBBA	—	—	0.011	—	—	—	—	—	—	—	—
# 71	CAAHABB	—	—	0.011	—	—	—	—	—	—	—	—
# 72	CAAKABA	—	—	0.011	—	—	—	—	—	—	—	—
# 73	CABAABD	0.013	—	0.022	0.024	0.015	—	—	—	—	0.020	—
# 74	DAAAABA	0.013	—	—	—	—	0.011	—	—	—	—	—
# 75	DABAABC	—	—	0.011	—	—	—	—	—	—	—	—
# 76	DABAACA	0.013	—	—	—	—	—	—	—	—	—	—
# 77	AAAAABB	—	—	—	—	—	—	—	0.020	0.021	0.020	—
# 78	AAABDBC	—	—	—	0.024	—	—	—	—	—	—	—
# 79	AAACAAA	—	—	—	—	—	—	—	0.020	0.021	—	—
# 80	AAACABC	—	—	—	—	—	—	—	0.020	—	—	—
# 81	AAAFABA	—	—	—	0.024	—	—	—	—	—	—	—
# 82	AAAGABA	—	—	—	—	—	—	0.027	—	—	—	—
# 83	AAALBBD	—	—	—	—	—	—	—	0.020	—	—	—
# 84	AABAABF	—	—	—	—	0.015	0.011	—	—	—	—	—
# 85	ACBAABA	—	—	—	0.012	—	—	—	—	—	—	—
# 86	ACBAABC	—	—	—	—	0.015	—	—	—	—	—	—
# 87	ADAAACA	—	—	—	0.012	—	—	—	—	—	—	—
# 88	AEAAABA	—	—	—	—	—	0.011	—	—	—	—	—
# 89	AFBAABA	—	—	—	—	—	0.011	—	—	—	—	—
# 90	BABAEBA	—	—	—	—	—	0.011	—	—	—	—	—
# 91	CAACBBD	—	—	—	—	—	—	0.027	—	—	—	—
# 92	CAAEABD	—	—	—	—	—	0.011	—	—	—	—	—
# 93	DABAAAA	—	—	—	—	—	0.011	—	—	—	—	—
# 94	DABBABB	—	—	—	—	0.015	—	—	—	—	—	—
# 95	DABDABA	—	—	—	—	—	—	—	0.020	—	—	—
# 96	AAAAABE	—	—	—	—	—	—	—	—	—	0.020	—
# 97	AAAACBA	—	—	—	—	—	—	—	—	—	—	0.023
# 98	AAABABC	—	—	—	—	—	—	—	—	—	—	0.023
# 99	AAAFABC	—	—	—	—	—	—	—	—	—	0.020	—
# 100	AAAGAAA	—	—	—	—	—	—	—	—	—	0.020	—
# 101	AABABBA	—	—	—	—	—	—	—	—	0.021	—	—
# 102	BABBAAC	—	—	—	—	—	—	—	—	—	—	0.023
# 103	AAAGABD	—	—	—	—	—	—	—	—	—	—	0.023
# 104	AABHAAF	—	—	—	—	—	—	—	—	—	—	0.047
# 105	AADAABA	—	—	—	—	—	—	—	—	—	0.020	—
# 106	CAAJABD	—	—	—	—	—	—	—	—	—	0.020	—
# 107	CABCABA	—	—	—	—	—	—	—	—	—	—	0.023
# 108	CABFABA	—	—	—	—	—	—	—	—	—	—	0.023
# 109	AAAAAAB	—	—	—	—	—	—	—	—	0.021	—	—
# 110	AAAABBA	—	—	—	—	—	—	—	—	0.021	—	—
# 111	AAACBBD	—	—	—	—	—	—	—	—	0.021	—	—
# 112	AAAHAAF	—	—	—	—	—	—	—	—	0.021	—	—
# 113	AABAAAC	—	—	—	—	—	—	—	—	0.021	—	—
# 114	AABCABD	—	—	—	—	—	—	—	—	0.021	—	—
# 115	CABAABB	—	—	—	—	—	—	—	—	0.021	—	—
# 116	DABFABA	—	—	—	—	—	—	—	—	0.021	—	—
ハプロタイプ多様度（*h*）		0.903	0.897	0.903	0.894	0.886	0.903	0.904	0.911	0.927	0.927	0.948

*制限酵素の順番は *Alu* I、*Hae* III、*Hha* I、*Hinf* I、*Msp* I、*Rsa* I、*Taq* I

表7−5　AMOVA分析による標本全体でのハプロタイプ頻度の差異の程度

	自由度	平方和	分散成分	差異の割合（%）
標本間	10	11.270	0.00508	1.11＊
標本内	1473	665.403	0.45173	98.89
合計	1483	676.674	0.45681	100

＊：$P<0.05$（P＝0.036）

表7−6　標本全体および各生活期内におけるハプロタイプ頻度の異質性の検討

	標本集団数	P
標本全体	11	0.000＊
流下期	3	0.006＊
海洋生活期	4	0.193NS
遡上期	4	0.002＊

＊：$P<0.05$、NS：有意差なし

行なったが、異質性を示す数値は認められなかった。そこで、標本全体でのハプロタイプ頻度の差異の程度を定量化するためAMOVA分析を行なったところ、標本間に一・一一％レベルの有意な差異（P＜0.05）が存在することが示唆された（**表7−5**）。各生活期における標本間についても検討を行なったが、海洋生活期の標本では有意差は認められなかった。また、流下期および遡上期の標本のそれぞれにおいては、河川間に有意差が認められなかった（**表7−6**）。

標本集団間の遺伝的類似性

各標本のハプロタイプ頻度と地理的位置との関連性について検討するため、各標本のハプロタイプ頻度から、遺伝的距離を求め、デンドログラムを作成した（**図7−5**）。この図からわかるように相対的な位置関係において関連性は認められなか

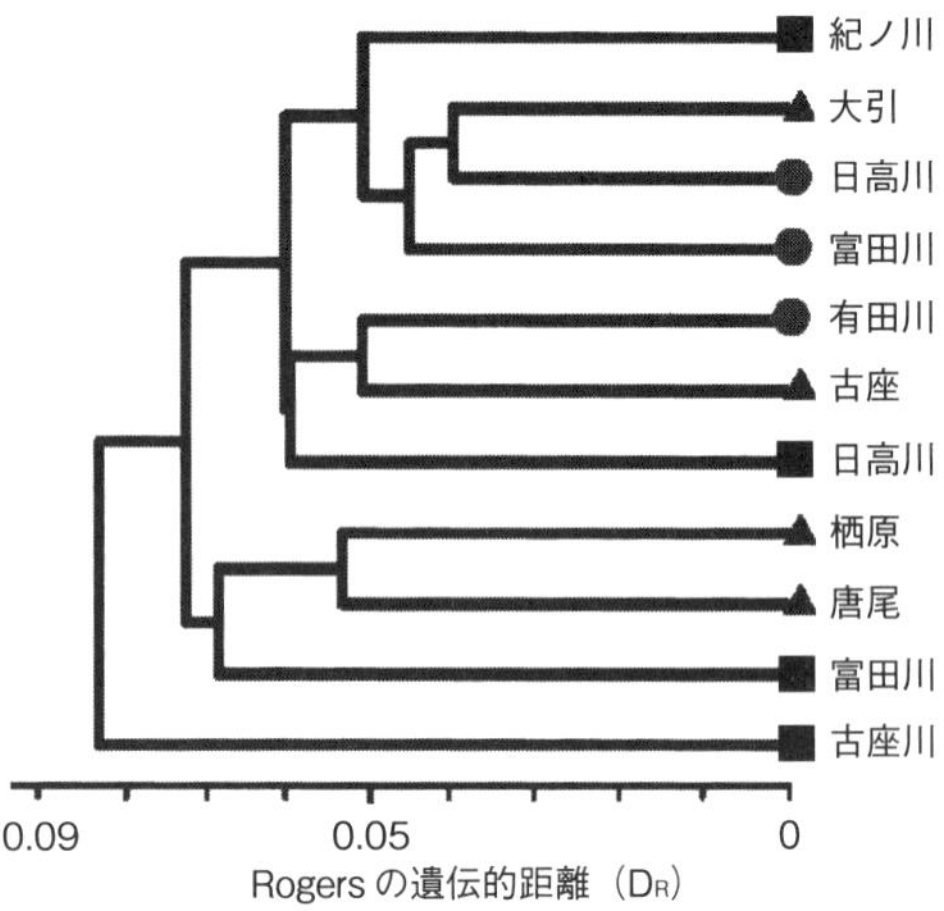

図7‐5　ミトコンドリアDNAマーカーによる標本集団間の遺伝的類縁関係（後藤他、2002）
●：流下期、▲：海洋生活期、■：遡上期

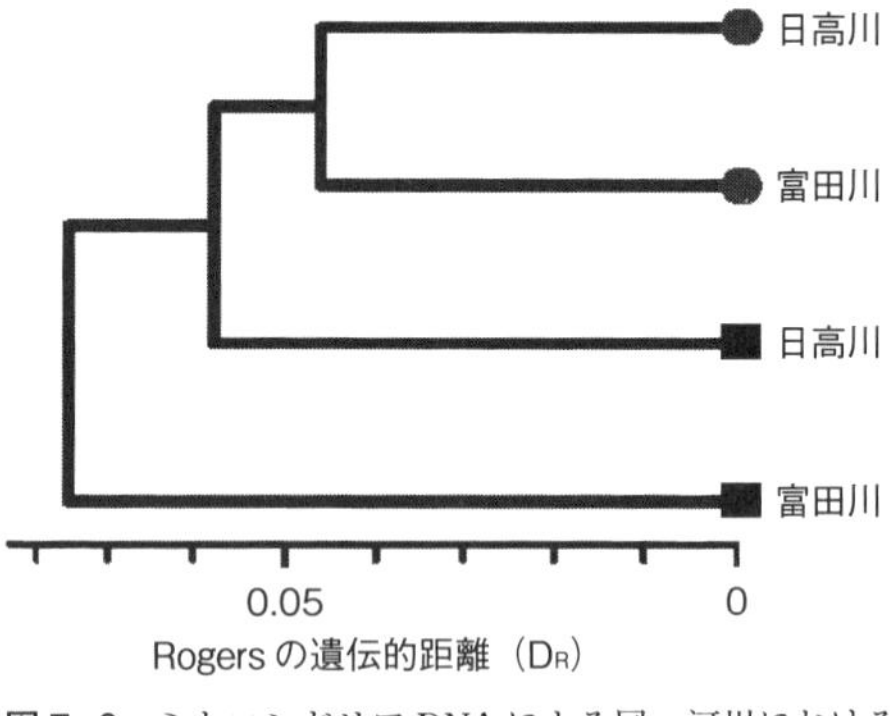

図7‐6　ミトコンドリアDNAによる同一河川における流下期と遡上期の遺伝的類縁関係（後藤他、2002）
●：流下期、■：遡上期

った。

さらに、同一河川の流下期と遡上期の標本（日高川と富田川）について同様な検討を行なったが、同一河川の標本によるグループの形成もみられなかった（図7‐6）。

標本間の遺伝的類似性と地理的位置について、さらに詳細に検討するため主成分分析によっても検討を行なったが、デンドログラムの場合と同様に、標本の遺伝的類似性と地理的位置との間に関係は認められなかった。これらの結果から和歌山県沿岸のアユ集団間で海洋生活期を通じて顕著な遺伝子流動のあることが示唆された。

仔魚期の移動と分散

マイクロサテライトDNAマーカーによる遺伝子流動の推定

和歌山県沿岸域では一九八五年頃を境にアユの採捕量が激減し、今日まで長期的・慢性的な不漁状態が続いている。これに関連したアユ集団の遺伝的劣化の可能性が懸念されてきたが、他県産アユ集団や人工種苗と比較すると遺伝的変異量は高い値を示していた。これにより、現在のところは資源量の減少にともなった遺伝的変異性の低下は生じることなく、遺伝的には健全な状態が維持されていると判断できた。

また、AMOVA分析の結果から、和歌山県沿岸域におけるアユ集団の遺伝的変異性のほとんどすべてがサンプル採集地域内に存在し、地域間にはほとんどないことが示された。さらに、標本集団間の遺伝距離によって表現したクラスター分析や主成分分析においても、河川や地域による偏りは認められなかった。これらの結果から、和歌山県沿岸域のアユの遺伝的組成は、河川や海域の違いによる遺伝的分化はみられず、ほぼ均質なものになっていると判断できる。

一般に、集団間の遺伝的分化は個体の移住（遺伝子流動）の程度によって影響を受け、集団間での移住の割合が高ければ遺伝的分化は低く、移住の割合が低ければ遺伝的分化は高くなることが知られている。標本集団間で遺伝的分化がほとんどみられない要因として考えられるのは、沿岸海域における海洋生活期の仔魚の移動と分散であることが容易に想像される。

集団遺伝学の理論では、集団間の世代あたりの移住数（Nm）は、以下の遺伝子分化指数（G_{st}）により近似的に求めることができる。

$$G_{st} = 1 / (4Nm + 1)$$

ただし、この式によって求めた移住数は、調べた当該世代の移住数を示しているわけではなく、世代あたりの平均値となる。

今回調べた標本集団全体でのG_{st}はＡＭＯＶＡ分析で求めた〇・一八％と同じ値（0.0018）なので、ここからNmを求めると138.6となる。しかし、G_{st}の値は０から有意に異なってはいないので、G_{st}＝０とすれば、Nmの値は∞となる。したがって河川間あるいは海域間の世代あたりの移住数は138.6～∞となる。実際にはアユの資源量は有限なので、∞という移住数は非現実的である。しかしながら、世代あたりの移住数が有限であっても、これが何世代にもわたって繰り返されれば、遺伝的には∞に近似できるほど大きな移住数として定量化されることになるのである。

したがって、時間的要素も加味した和歌山県沿岸海域におけるアユ仔魚の移動・交流は、仔魚が生まれた河川に制限されることなく、かなり大規模に行なわれており、県全体のアユの遺伝的多様性の維持に大きく貢献していると考えることができる。

全体的には標本集団間に遺伝的分化はみられなかったのだが、生活ステージごとにアリル頻度の異質性の検討を行なったところ、流下期の仔魚では河川間に差異がみられた。流下期の標本はどの河川においても一日のみの採集によるものである。このことは、和歌山県沿岸域全体の遺伝的組成が均質なものであっても、流下する仔魚の遺伝的組成を一日単位でみたときには河川間に若干の差異が存在する場合があることを示唆している。

この要因としては、対象とした流下仔魚の生産にかかわった親魚集団の遺伝的組成に、やや偏りがみられることが考えられる。しかし、これらの流下仔魚の平均ヘテロ接合体率（0.602〜0.604）は、ほとんど同一の値を示している。したがって差異が生じた要因としては、産卵時における有効親魚数の多寡よりも、まれなアリル型をもった親魚の頻度が、河川により異なっていたと考えるほうが適切かもしれない。

ミトコンドリアDNAマーカーによる遺伝子流動の評価

調べた一一標本集団のミトコンドリアDNAのハプロタイプ多様度の値（0.886〜0.948：平均0.909）は、任意の二個体を比較したときに、異なったハプロタイプをもっている確率が九〇％以上であることを示している。二〇〇二年に我々が実施した高知県と和歌山県の調査においても、和歌山県沿岸域と同様の値（0.928と0.881）が得られている。マイクロサテライトDNA分析と同様に、資源量の減少にともなった遺伝的変異性の低下が生じているとは考えにくく、母系遺伝するミトコンドリアDNAマーカーでみた場合にも遺伝的には健全な状態にあると考えることができる。

しかし、マイクロサテライトDNA分析とは対照的に、ミトコンドリアDNAマーカーでは標本全体のハプロタイプ頻度に有意差がみられ、全体の遺伝的多様性のうち一・一％が標本集団間の違いに起因していることが示された。この遺伝子分化指数（G_{st}値）から世代あたりの移住数（Nm）を求めてみた。ただし、マイクロサテライトDNAとは異なり、母系遺伝であるため移住数の求め方は以下の式となる。

$$G_{st} = 1 / (2Nm + 1)$$

その結果、$Nm = 44.5$と推定された。このことから、和歌山県沿岸域全体での雌のアユの移住数は、世代あたり平均して四五個体前後であるとみることができる。この値をマイクロサテライトDNA分析で求めたNmの実数値（138.6）と比べればやや小さくなっている。しかし、ミトコンドリアDNAの有効サイズが核DNAに比べて四分の一になることを考えあわせれば、両者の値はかなり整合した値と思われる。

したがって、海域を通じたアユの移動・分散の程度に雌雄差はなく、県下におけるアユ全体の遺伝的多様性が海域を通じた高い移住率（遺伝子流動）によって保たれているとみることができる。マイクロサテライト分析と同様に、海洋生活期の仔魚では異質性がみられなかったことは、海洋生活期に集団間の混合が行なわれていることの反映なのかもしれない。

ミトコンドリアDNAマーカーでは、マイクロサテライトDNA分析で異質性のみられた流下期に加えて、遡上期においても河川間に異質性がみられた。このことは和歌山県沿岸域のアユの遺伝的組成が、和歌山県沿岸域という限られた地域の同一年級群内であっても常に均質というわけではないことを示唆している。しかし、マイクロサテライトDNA分析と同様に、標本全体の遺伝的類縁関係を示すデンドログラムでは地域によるグループは認められず、さらに同一河川における流下期と遡上期の標本のみを比較した場合でも、標本間の類似性は認められなかった。このような結果は、流下期や遡上期における河川間の異質性が、地理的要因や同一の河川内での回帰性を反映しているわけではないことを示唆している。

アユの孵化日数と水温との関係を調べた研究によればアユの孵化適水温は一二〜二〇度の範囲にあり、一二度で二三〜二四日、一五度で一七〜一八日、一八度で一三日、二〇度で一〇日と、孵化日数は水温に影響されることが知られている。このことは、より後期に産卵されたものほど孵化に長い日数を要することを意味しており、海への流下時期にも差異が生じることになる。また遡上についても早期に孵化したものから始まることが報告されている。

気象条件や流量などにより日々の流下量が変動するので、量の少ない時期の流下群で海洋生活期の仔稚魚が構成されている場合には、一日の遡上群がある程度まとまった日齢組成になっているケースも考えられる。本研究のように、一日あるいは二日間で採集された流下期や遡上期の標本で比較を行なった場合には、産卵時期や孵化時期の違いによって生じた遺伝的組成の差異が直接反映されるのかもしれない。特に流下期においては、一日の産卵にかかわった雌親の数とその河川間での差異も考慮に入れる必要があるだろう。

これらの問題について明らかにするためには、それぞれの河川における流下期および遡上期の標本を複数日にわたって採集し、各日齢群とそれらの遺伝的組成を詳細に比較検討することが必要と思われる。また、海洋生活期の仔魚については地点間の異質性は認められなかったのだが、これはさまざまな日齢の個体を含む標本群を分析した結果であり、これらについても日齢群ごとに解析を行なえば異質性の認められる可能性は残されている。

海域内の移動と分散

和歌山県沿岸域において実施したDNAマーカーによる集団の移動・交流にかかわる遺伝学的調査の結果を以下のように総合的に考察した。

①遺伝的多様性は高いレベルに維持されており、遺伝的には健全な状態にある。
②河川ごとの遺伝的独立性や厳密な意味での母川回帰は認められず、高いレベルの遺伝的変異性が、主に海洋生活期の仔魚の大きな移動・分散により維持されている。
③河川を流下する仔魚および遡上する稚魚の遺伝的組成はどの河川でも常に均質ではなく、時期によっては差異が生じている場合が認められる。
④河川を流下した仔魚は、少なくとも二三～二五日齢までは流下した河川の近傍の海岸一帯に滞留しているが、それ以降は徐々に移動を始め、近傍の河川へと回帰していく。

和歌山県沿岸域のアユ資源の変動は大きいが、遺伝学的見地からみれば遺伝的多様性に影響をおよぼす状態にはない。しかし、なんらかの要因によりアユの資源量が低下しつづければ、その規模に応じて生態学的ならびに遺伝学的要因によって、遺伝的多様性の低下とそれに引きつづく絶滅へと導かれる可能性を否定はできない。アユは年魚であるため、ひとたび資源量が遺伝的多様性に影響をおよぼすまで

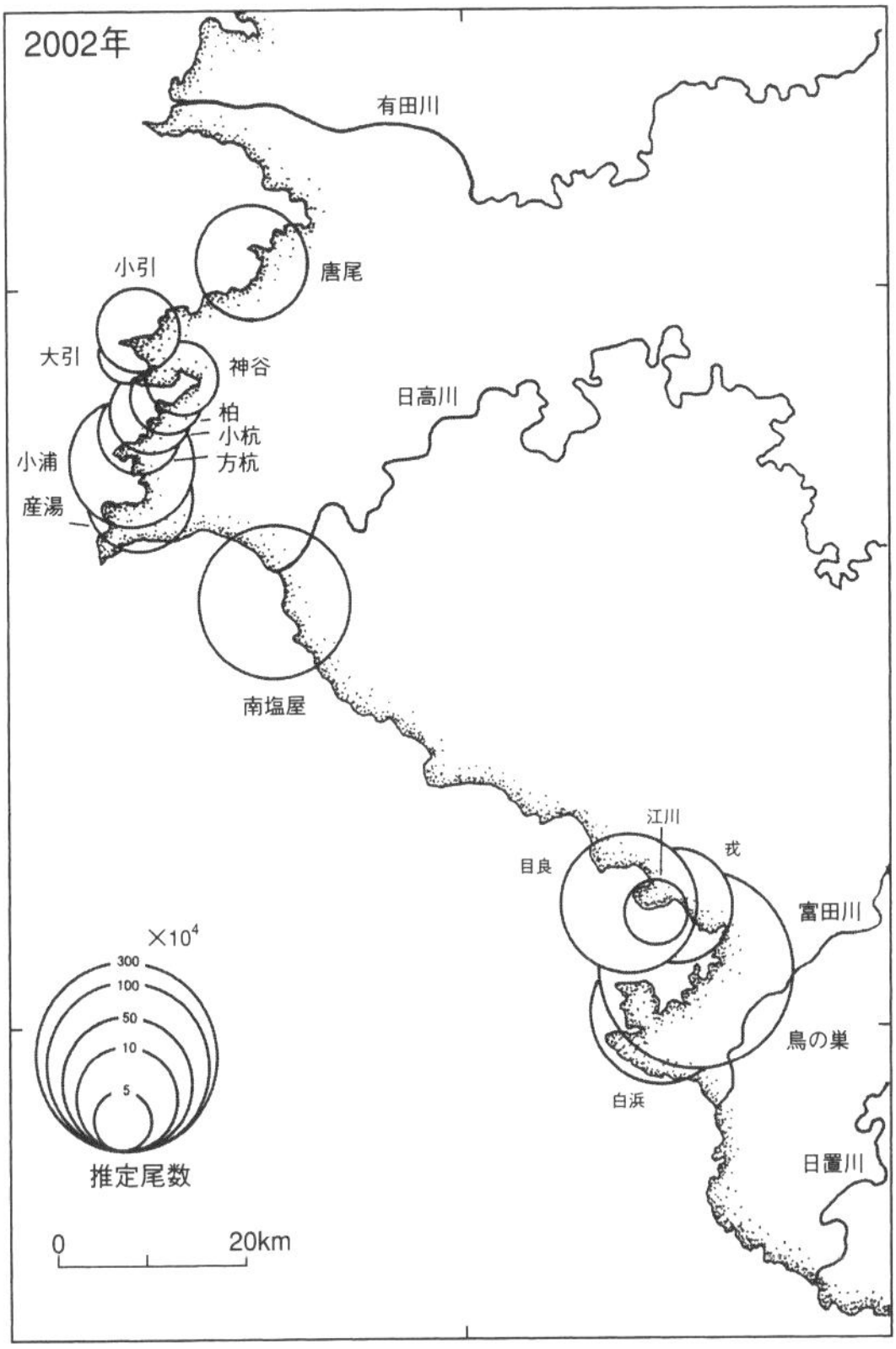

図7-7 和歌山県沿岸域のアユ仔稚魚の地域別採捕量（東他、2002）

に減少すると、そこを契機として遺伝的多様性の回復はみこめず、資源量の減退の原因の一つになる可能性も懸念される。したがって、少なくとも現時点での資源水準と遺伝的多様性のレベルは維持するよう、資源管理の手当てをすることが重要と考えられる。

第8章　放流魚を追跡調査する

放流魚はどのくらい混合しているか？

河川のアユ生産を維持するために、種苗放流は必要であり欠かすことはできない事項である。自然度が高く水のきれいな川には、現代でも天然アユの遡上があり、河川漁業関係者や遊漁者はその恩恵を享受している。しかし、自然度の高い川であっても年による好不漁の差が大きく、不漁の年には種苗放流のありがたさを痛感させられている。

全国には、河川環境が悪化して、天然アユが遡上しなくなった川がたくさんある。そんな川でも中・上流域やダムの上流域には、アユの生息に適した河川環境と水質が維持されているところが多く残されており、ここではアユの種苗放流が大きな役割を果たし、河川の生産力を引き出している。

これまで、放流用天然種苗の供給元として琵琶湖が長年大きな役割を担ってきた。その供給量は、毎年六〇〇トン以上（五グラム換算で一・二億尾）といわれるが、近年の需要の増大により、それらだけでは供給がおぼつかなくなってきた。このように、アユの河川生産における種苗放流の意義と重要性がますます広く認識されるようになり、最近の二〇年間、全国各地で、人工種苗生産施設が建設されるようになった。

新しい魚種の放流事業を始めるときにはありがちなことだが、アユの場合も例外ではなく、河川漁業管理者や遊漁者から種苗の品質にかかわるいろいろな問題が指摘されるようになった。その多くは、「種苗が死滅した」とか、「友釣りで掛かりにくい」といった放流効果に関することである。前者は魚病感染、後者は健苗性の問題である。ところが、種苗放流にはいろいろな種苗を使用しているので、どの種苗がなぜ、その原因となったのかを判定しないと、対策を立てることができない。

本章では、種苗の放流効果を適正に評価するために、遺伝マーカーを用いた調査を紹介することにする。

放流魚の追跡調査――吉野川の事例

アイソザイムやＤＮＡマーカーを採用すれば、放流した琵琶湖産アユ（陸封型）と自然遡上した海産アユ（両側回遊型）の混合比を推定することが可能と考えられる。さらに、同一の河川の全域から複数の調査地点を選び、両型の混合比を採集地点ごとに推定すれば、琵琶湖産アユの混合比または海産アユの混合比の変化がわかり、同時に海産アユの遡上動向を把握することが可能となる。

一九九七、一九九八の両年に実施したこの調査研究では、吉野川の複数地点で標本を採集し、それらのアイソザイムおよびDNAなどの遺伝マーカーを検出し、海産アユと琵琶湖産放流種苗との混合率を求め、在来集団である海産アユの分布状況の解明を試みた。この分布情報にもとづき、天然遡上の海産アユが池田ダムの魚道を越えてどの程度遡上したかが判明するというわけである。

吉野川は高知県から徳島県へ流れる全長一九八キロメートル、流域面積三七五〇平方キロメートルの四国最大の川である。吉野川には毎年大量の稚アユが遡上し、最下流域から高知県の本山《もとやま》までの長い区間に生息し、吉野川における魚類資源の生産の主要部分を占めてきた。この川のアユの年間漁獲量は一九六〇年代には四〇〇〜六〇〇トンと比較的順調であったが、早明浦《さめうら》ダムおよびその調整池としての池田ダムが建設された一九七五年頃から漁獲量は漸減傾向を示し、二〇〇トン程度に低下してしまった。一九八〇年代の後半になると一〇〇トン程度にまで減少し、その後も低迷を続けている。

吉野川中流の池田ダムより上流域には、漁期の中盤から終盤にかけて、いわゆる「オオアユ」が育つことで知られる漁場が広がっている。池田ダムは香川《かがわ》用水の取水堰として建設されたもので、魚道が設置されてはいるのだが、天然アユを遡上させる機能の評価を行なう必要があった。このため、一九九六年から遡上魚の目視調査が実施されてきたが、早明浦ダムの建設の後、出水後の濁りが長期化して、目視による分布および密度などのアユの遡上調査を実施できる日が少なくなっていた。遺伝マーカーを利用した遡上調査には、目視観測ができなくなったという事情があったのだ。

海産アユと湖産アユの混合率を推定する?

放流水域の在来集団と放流種苗の遺伝マーカーの頻度データが事前にわかっているとき、放流水域で採集した任意の標本集団の遺伝マーカーの頻度データから、放流種苗の混合比を次の計算式を用いて推定することができる。ただし、この計算が応用できるのは、放流種苗と在来集団のアリル頻度が顕著に異なる場合に限るのだが、吉野川のこの調査ではその条件が整っていた。

在来の海産アユが生息する河川へ琵琶湖産種苗が放流された場合の、琵琶湖産放流魚の混合率を次の式により推定した。

Yl＝{(Pq－Pa)/(Pl－Pa)}×100% （佐藤他、一九八二）

Ylは琵琶湖産アユの混合率、Pqは調査の地点で採集されたサンプルのアリル頻度、Plは琵琶湖産アユのアリル頻度（既知）、Paは海産アユのアリル頻度（既知）とする。ちなみに、海産アユの混合率（Ya）はYl＋Ya＝1だから、Ya＝1－Yl により、容易に求めることができる。

調査法

本調査研究では、海産アユの基準値を得るため吉野川および勝浦川の遡上期のアユ稚魚の二標本群をA1とA2とし、琵琶湖産アユの基準値を得るため放流用種苗として吉野川へ輸送されてきた二標本群

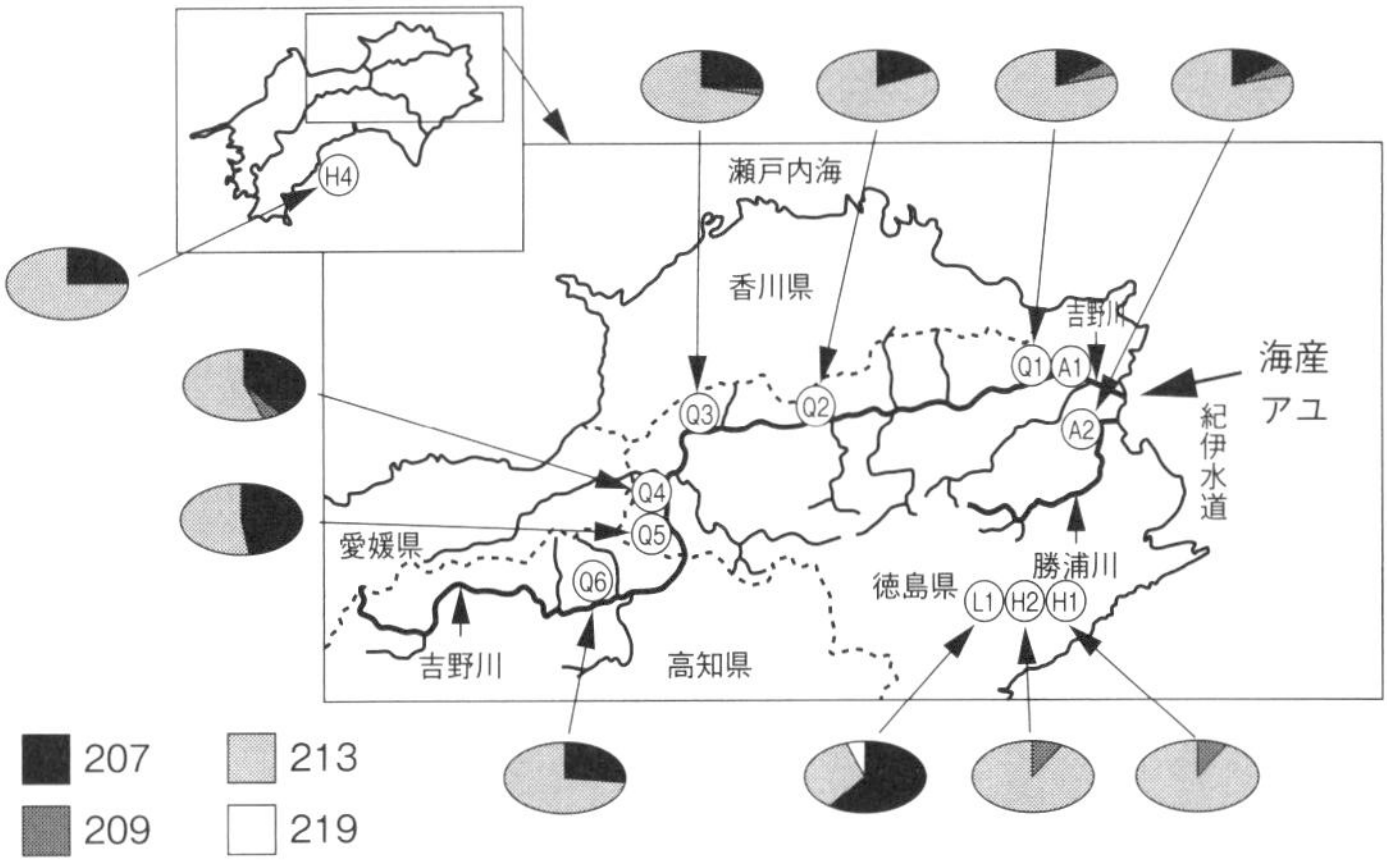

図 8-1　マイクロサテライト DNA の *Pal-5* マーカー座におけるアリル頻度の分布

をL1とL2とし、供試魚として使用した。

　次に、各地点の混合率を推定するため、一九九七年および一九九八年の六月から八月の間に吉野川の六地点から成魚一〇標本群、Q1～Q6を採集した。このほかに参考のため、吉野川へ放流される直前に採集した人工種苗についても調査している。それらは、徳島県産人工海系継代七代目のアユ種苗（H1）と継代八代目（H2とH3）および高知県産人工海系継代二代目（H4）、合わせて四標本群を用いた（**図8-1**）。

　L2とH3は、L1、H2と同じ地点で採集したものなので、**図8-1**には入れていない。

　使用したマーカーは、両側回遊型と陸封型の識別に有用な二種類のアイソザイムGPIとMPIである。これらのアイソザイムマーカー座は*Gpi-1*と*Mpi*で示し、マイクロサテライトの3マーカー座は*Pal-1*、*Pal-2*および*Pal-5*を用いている。

　それぞれの標本群の供試魚のアリル型を決定し、集団ごとに、各マーカー座のアリル頻度を求め（**表8-1**）、マーカー座あたりの平均アリル数、平均ヘテロ接合体率（観察値H_oおよび期待値H_e）などの遺伝的変異性に関する指数を推定した。さらに、標本群間の遺伝的類似性評価のためNeiの遺伝的距離を算出し、UPGMA法による標本群間の遺伝的類縁性を示す、系統図をコンピューターソフトPHYLIPにより推定した。

マイクロサテライトDNAマーカー座におけるアユ標本群の遺伝的変異性

まず、吉野川の各採集地で得た標本群ごとに、*Pal-1*、*Pal-2*および*Pal-5*の三つのマーカー座における対立遺伝子頻度を推定し、それらの割合を円グラフにして**図8-1**に示した。吉野川および勝浦川で遡上期に採取した稚魚標本群A1およびA2は海産アユを代表する標本だが、平均アリル数（13.0～13.7）、平均ヘテロ接合体率（0.691～0.697）、琵琶湖産アユの標本群L1およびL2の平均アリル数（13.7～14.0）、平均ヘテロ接合体率（0.747～0.758）から、両集団ともほかの魚類の野生集団に匹敵する遺伝的変異性を保持していることが判明した。

一方、徳島県産の人工海系の継代七代目および八代目の標本群H1、H2およびH3は、平均アリル数（3.7～4.3）、平均ヘテロ接合体率（0.407～0.478）から、海産アユおよび琵琶湖産の野生集団に比べ遺伝的変異性が著しく低下していることが判明した。また、高知県産人工海系の継代二代目（H4）は、平均アリル数（11.0）、平均ヘテロ接合体率（0.696）から、海産アユおよび琵琶湖産アユの野生集団と同程度の遺伝的変異性を維持していることがわかった。

表8-1 吉野川における標本採集の地点とマーカーアリル頻度

標本採集地点	標本と個体数		msDNA	アイソザイム	
			Pal-5(213)	*Gpi-1*(a)	*Mpi*-(b)
海産アユ基準標本					
吉野川第十堰の下流	A1	80（1998）	0.896	0.662	0.825
勝浦川下流	A2	80（1998）	0.831	0.700	0.881
琵琶湖産アユ	L1	80（1997）	0.331	0.375	0.400
	L2	80（1998）	0.327	0.394	0.344
人工種苗（始祖は海産）					
徳島県（継代7代目）	H1	75（1997）	0.927	1.000	0.682
徳島県（継代8代目）	H2	41（1998）	0.912	1.000	0.622
徳島県（継代8代目）	H3	34（1998）	0.897	1.000	0.809
高知県（継代4代目）	H4	80（1998）	0.762	0.587	0.887
調査魚					
下流（柿原堰）	Q1	80（1997）	0.756	0.675	0.812
美馬（みま）	Q2	40（1998）	0.825	0.662	0.825
池田ダム下流地点	Q3-1	80（1997）	0.700	0.631	0.712
	Q3-2	80（1998）	0.681	0.594	0.725
井戸瀬（いどのせ）	Q4-1	80（1997）	0.581	0.526	0.600
	Q4-2	40（1998）	0.539	0.575	0.562
可妙（かみょう）	Q5-1	80（1997）	0.569	0.579	0.687
	Q5-2	40（1998）	0.513	0.550	0.487
大豊（おおとよ）	Q6-1	80（1997）	0.700	0.612	0.812
	Q6-2	40（1998）	0.700	0.625	0.962

人工種苗の遺伝的変化

調査対象となった吉野川産アユの一○標本群（Q1～Q6）については、*Pal-5*、*Gpi-1* および *Mpi* の3マーカー座の主アリル頻度は、標本により著しく異なるのだが、いずれも両側回遊型と陸封型のアリル頻度の上限と下限の範囲内にほぼ収まっている。

次に、標本群間の遺伝的類似性を評価するため、*Pal-1*、*Pal-2* および *Pal-5* の3マーカー座における各アリル頻度により求めた標本群間の遺伝的距離を算定した。それらの数値にもとづき、遺伝的類似性を示す系統図を作成した（**図8-2**）。この図にみられるように、琵琶湖産アユの二標本群（L1とL2）のグループ、Q4-1、Q

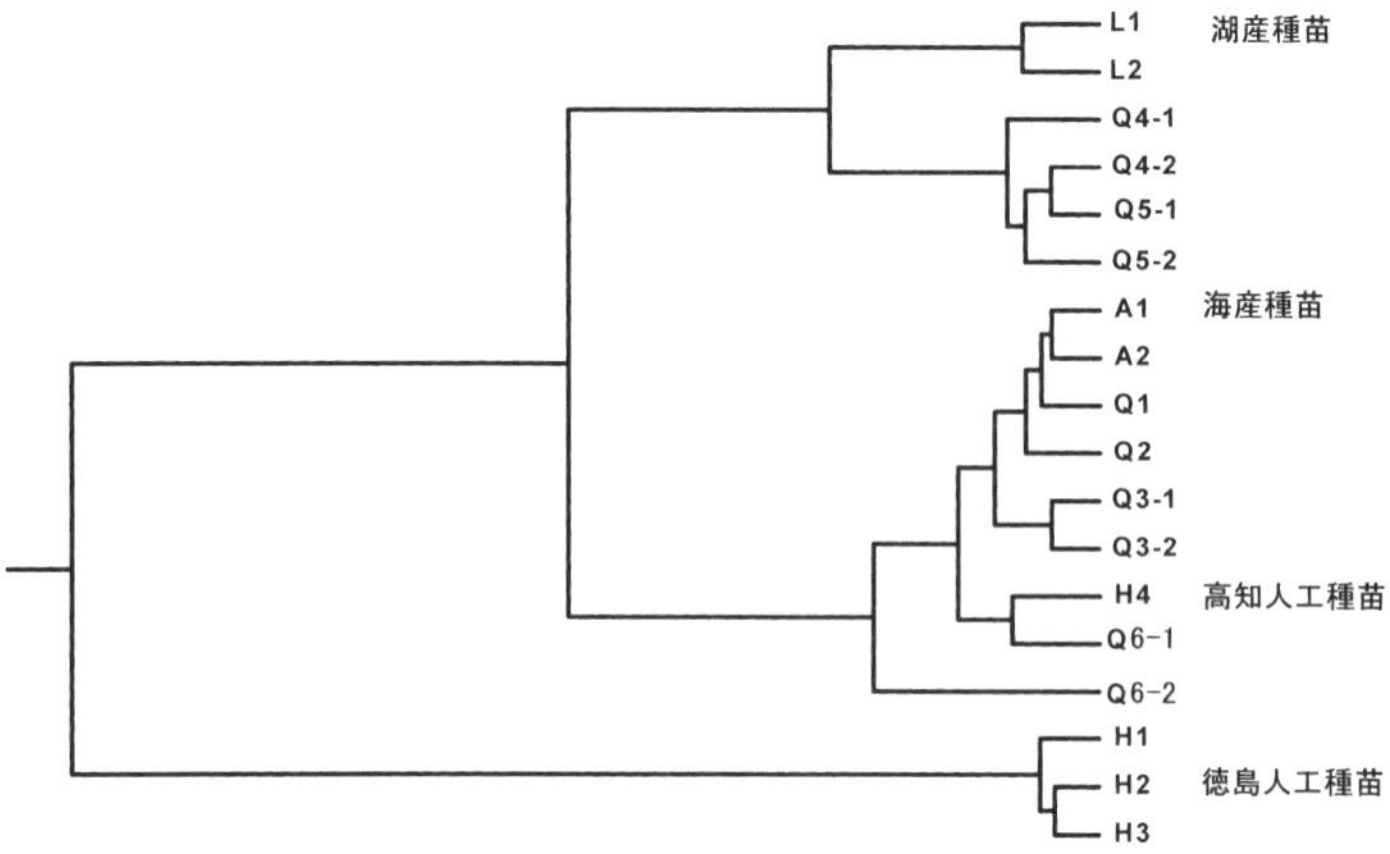

図8-2　アユ種苗集団相互間の遺伝的類似度
L1～2：琵琶湖産、A1～2：海産、H1～3：人工種苗（徳島）、H4：人工種苗（高知）、Q1～6：吉野川調査地点

4－2、Q5－1およびQ5－2の四標本群からなるグループ、徳島県産人工種苗標本群（H1およびH1由来のH2とH3）のグループ、A1とA2の海産アユの二標本群およびQ1など六標本群およびH4標本群からなるグループ、合計四グループに分かれた。以上の結果から、Q標本群における アリル頻度の多様性は、海産系の天然遡上群に種々の割合で琵琶湖産アユが混合していることに起因することが示唆された。

琵琶湖系アユの混合率による海系アユの遡上動向の推定

海系と琵琶湖系の混合率推定のために、第十堰下流で採集した標本群（A1）のアリル頻度を海系の基準値とし、吉野川へ琵琶湖から輸送されてきた放流用種苗（L1およびL2）のアリル頻度を琵琶湖系アユの基準値として採用した。琵琶湖

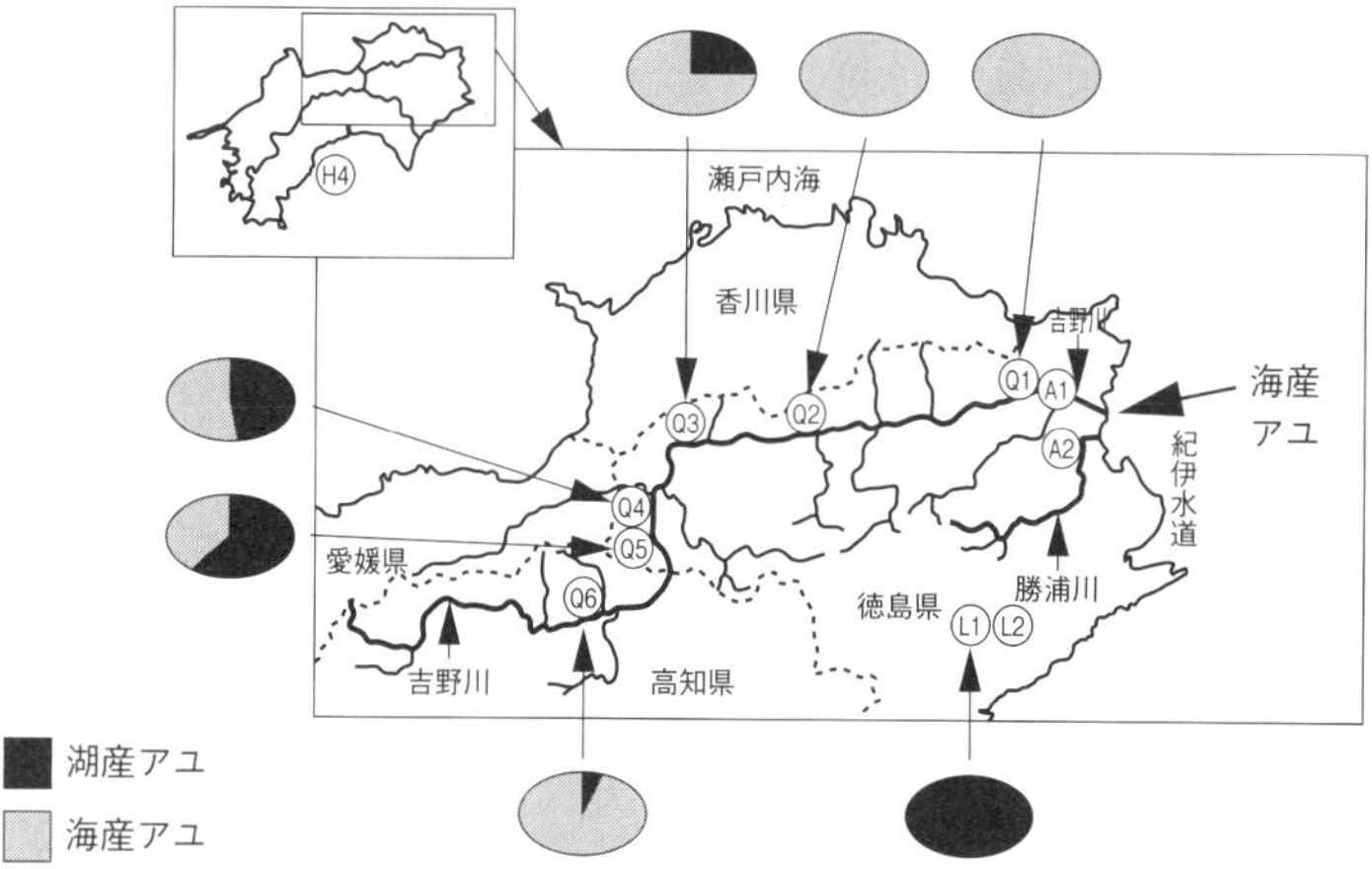

図8-3　吉野川の調査地点において遺伝マーカー座のアリル頻度により推定した海系アユと琵琶湖系アユの混合比

産アユの混合率の推定は前出の式、

$$Yl = \{(Pq - Pa)/(Pl - Pa)\} \times 100\%$$

によった。

海系と琵琶湖系の混合率は、*Pal-5* のアレル213、*Gpi-1* のアレルaおよび *Mpi* のアレルbの3アリルの頻度を採用している。吉野川における海系アユと琵琶湖系アユの混合率の推定結果は**図8-3**、**表8-2**に示した。

吉野川の下流域の標本群Q1については、琵琶湖系アユの混合率が3%と推定され、ほとんど海系アユで占められていた。Q2標本群では、琵琶湖系アユの混合率がマイナス一・三%と推定された。推定値が負の数値となったのは *Pal-5* の213アリル頻度がA1サンプルのそれよりやや高いためであり、この場合、実質的には海系アユが一〇〇%を占めるとみなされる。

池田ダム下流のQ3-1とQ3-2標本群では、琵琶湖系の混合率はそれぞれ一九・九%と二四・一%、海

表8-2 吉野川における頻度法および個体判別法による琵琶湖系アユの混合率（1998年の調査）

標本群	供試魚数	個体判別数		琵琶湖系の混合率推定値	
		海系と判定	琵琶湖系と判定	遺伝子頻度法による	個体判別法による
基準標本（海系）	54	51	3	－	5.60%
基準標本（琵琶湖系）	39	4	35	－	89.70%
調査地点（Q1）	80	－	－	3.00%	－
調査地点（Q2）	39	34	5	−1.30%	12.80%
調査地点（Q3）	80	58	22	24.10%	27.50%
調査地点（Q4）	40	22	18	47.60%	45.00%
調査地点（Q5）	39	17	22	57.70%	56.40%
調査地点（Q6）	40	33	7	2.50%	17.50%

系の混合率はそれぞれ八〇・一%、七五・九%だった。池田ダム上流のQ4－1とQ4－2標本群では、琵琶湖系の混合率はそれぞれ五三・七%と四七・六%、海系の混合率は四六・三%と五二・四%であり、海系アユが池田ダムの魚道を通過・遡上していることが示された。Q5－1とQ5－2標本群でも琵琶湖系の混合率はそれぞれ三七・一%と五七・七%、海系の混合率はそれぞれ六二・九%、四二・三%であった。Q4とQ5標本群とも琵琶湖系アユの混合率が高かったわけだが、同時に、海系アユが確かに池田ダムを越えて遡上していることが確認できたという点で新しい発見である。

他方、調査地点の最上流のQ6－1とQ6－2標本群では琵琶湖系アユはそれぞれ一四・三%と二・五%と低く、海系の混合率は八五・七%、九七・五%と高くなっている。Q6－1とQ6－2標本群で海系の混合率が高いのはQ6地点（高知県側）において高知県産人工種苗（海系）が放流されていたためと考えられた。

池田ダムを越えて遡上する海産アユ

海系と琵琶湖系の地点別混合率から、以下のことが解明された。

①琵琶湖系（陸封型）放流種苗は、漁獲シーズン中、吉野川の中流域を中心に定着していたこと。

②海系は池田ダムを越えて遡上し、ダム上流の中流域に定着していたこと（魚道内を遡上する姿が確認されている）。

③最上流部には、漁獲シーズン中、高知県境より上流域で放流された海系人工種苗が定着していたこと。

ただし、本川では、天然遡上する稚アユの不足を補い、アユ資源増殖と河川漁業の振興を図るため、琵琶湖産種苗や徳島県内のアユ種苗生産センターによって継代飼育されてきた人工種苗（海系）および高知県内水面漁連によって継代的、非継代的人工種苗（海系種苗）などが広い範囲にわたって放流され、アユの漁獲量の一部をなしている。したがって、遺伝マーカーによって識別される海系アユには海系を祖先とする人工種苗が含まれていることが、この調査の前提となる。一九九八年は、全放流アユ種苗のおよそ一〇〜二〇％程度が海系種苗と概算されている。

調査の期間中（一九九七年、一九九八年）に、琵琶湖産種苗が約二六トン（三七二万尾：一尾あたり七グラム換算）放流されている。しかし、近年、琵琶湖産種苗は冷水病の感染により放流後の定着状況が安定しないといわれており、本調査で得られた天然遡上アユの定着範囲や定着量に関する推定値は、過小評価している可能性は否定できない。しかしながら、池田ダムより上流域に一定量の海系アユが遡上したことに関しては疑う余地はない。

海系の継代人工種苗の放流量は、徳島県側で〇・六六～一・四五トン、高知県側で〇・七六～二トンであり、これらの放流量は吉野川の全放流量のおよそ九・三～二二％である。したがって、海系の混合率の推定値には放流種苗を含んでいることになるが、その量は全体的にみれば微々たるもので、天然海産アユの底力をみる思いがした。

血縁度によって個体レベルでの系統を知る

個体間の遺伝的距離

種は個体の集合体であり、集団の遺伝的分化は進化の一断面として個体のそなえる遺伝子の頻度で評価することができる。他方、種集団の一つの要素である個体は、ほかの個体となにがしかの異なる遺伝子型をそなえ、通常、ゲノムレベル（個体の保有するすべての遺伝子の組成）では遺伝的には二つと同じ個体はないと考えられる。このような集団レベルと個体レベルの遺伝的多様性は蛋白やＤＮＡなどのマーカー座のアリル型の多型検査によって評価できることはすでに述べた通りである。集団間の遺伝的違いのレベルは遺伝的類似度指数（Ｉ）または集団間の遺伝的距離（Ｄ）で表わすことができるが、それと同じように、個体間の遺伝的差異もまた、個体間の血縁係数や個体間の遺伝的距離により定量できる。このようなアリル型により計測される個体間の血縁係数は、近縁個体間では大きく、遠縁個体間では小さくなり、個体間の遺伝的距離はその逆となる。

生態系には多様な生活域が存在し、同一種といえども集団はそれぞれの生息域に対応する相対的な独立集団を形成し、決して均一ではありえない。通常、これらは地域的集団または分集団と称されている。分集団間では、それらの間に存在する隔離要因のレベルに対応して、さまざまな程度の遺伝的分化がみられる。ここでも、マーカーアリル（対立遺伝子）型により計測した個体間の血縁係数は、分集団内のそれに比べ分集団間で小さくなることは容易に想像できる。

通常、異なる分集団に所属する二個体を比べてみても、一つの形態的特徴や遺伝的特徴で区別することは不可能である。しかし、分集団間の遺伝的差異が一定レベル以上に達した場合、一個体ごとに、その由来（どの分集団に属するのか）を判定することが可能となる。

個体判別の前提条件

マイクロサテライトDNA多型ではマーカーアリルの数が多いので、一遺伝子座内の遺伝子型の数はきわめて多くなる。複数の遺伝子座を組み合わせると、ゲノム型は著しく多くなり、各型の頻度は著しく小さくなり、同一のゲノム型が出現する確率は次式、

$$I = \Sigma_i p_i^4 + \Sigma_i \Sigma_{j>i} (2p_i p_j)^2$$

により算出される。ここで、p_iおよびp_jはi番目・j番目のアリルの頻度を表わす。たとえばマダイの事例では、人工種苗生産されたマダイの五つの遺伝子座の対立遺伝子の実測値より推定されたI値は、3.31×10－9～5.76×10－9であった。これは、任意の二個体のゲノム型が同じである確率が一億七五〇

○万回の抽出に対して一回起こるか起こらないかであることを意味している。

したがって、この人工種苗の生産に使用した親の遺伝子型がわかっているとき、子どもの保有するアリル型（ゲノム型）の種類と頻度が自動的に決まるので、子どもの遺伝子型からどの親魚がその個体の両親であったかを特定することが可能となる。それらの人工種苗を天然水域へ放流した場合も、自然水域で漁獲された個体の遺伝子型から種苗センターの両親を特定できれば、それらが人工種苗由来魚であると考えてほぼ間違いないと判断できる。これはその個体と同じゲノム型をもつ親魚が野生魚から発見される確率がきわめて低いからで、その親魚に由来する放流魚と断定してほぼ間違いないということになるのである。

ところが、人工種苗の放流事業において、それらの追跡調査が実施可能となるためには、以下に示したいくつかの条件が満たされる必要がある。

①当該対象種に適用可能な十分な数のＤＮＡマーカー座がすでに開発されていること。
②在来野生集団の集団構造などの遺伝的特性調査が、すでに実施されていること。
③放流種苗がその集団または個体のマーカーとなる遺伝的特徴をそなえていること。
④野生集団の遺伝的多様性のレベルが高く、個体間の遺伝的距離が放流種苗に比べてはるかに大きいこと。
⑤親魚集団のマーカーアリル型のデータがあり、親子鑑定が可能であること。

このような条件が整ったとき、放流魚の追跡調査は可能となり、栽培漁業における放流効果判定のための有用情報を得ることが可能となるわけである。

琵琶湖産アユと海産アユを個体レベルで判別する

個体判別の意義

アユの河川生産は種苗放流に大きく依存しているが、自然度の高い河川では、依然として自然遡上する海産アユが河川生産に大きく寄与している。琵琶湖産アユと海産アユは産卵期が明らかに異なることから、放流河川では両者が遺伝的に混合する可能性は低いと考えられているが、産卵期が一部重なるため、両型が同じ産卵場に出現することも知られている。

アユの河川生産における種苗放流の効果や自然遡上群の貢献度を的確に評価するには、両型の識別は重要な課題と考えられる。今まで、両型は、アイソザイムおよびマイクロサテライトDNA多型マーカーによって系統群レベルで判定できることはすでに述べた通りだが、個体レベルの判別はきわめて困難と考えられてきた。しかし、最近になって、高感度マーカーとして知られるDNA多型マーカーを利用することによって、両型の個体レベルの判別が可能となった。

個体間の血縁度

親個体の遺伝情報がない場合、個体間血縁度*により人工種苗を識別できる可能性がある。人工種苗はきょうだいやいとこ関係の個体を含み、血縁度（個体間の遺伝的類似度）は平均的に高くなる。野生集団では個体間の血縁度は人工種苗に比べはるかに小さい。クルマエビで調べられたケースだが、種苗放流海域では、漁獲物中に野生個体間では考えられないほど近い血縁度を示す個体が採捕され、放流種苗の再捕の可能性が示唆されている。

＊個体間血縁度（R_{xy}）は下記の式により計算される（Queller and Goodnight, 1989）。

$$R_{xy}=\frac{\sum_k\sum_l(P_{y\to x}-P^*)+\sum_k\sum_l(P_{x\to y}-P^*)}{\sum_k\sum_l(P_x-P^*)+\sum_k\sum_l(P_y-P^*)}$$

R_{xy}は個体 xと個体 yの遺伝的類似度、P^*はkマーカー座のアリル1の集団中における頻度を表わす。R_{xy}は個体 xと個体 yのアリルが同一のとき最大値1となる。このため、二個体間の遺伝的距離は $D=1-R_{xy}$ で表わすことができる。クラスター分析には、コンピューターソフトウェアPHYLIPを用いる。

個体レベルのクラスター分析

ここでは、前節の吉野川の調査事例で使用した標本の遺伝子型データを用いて、個体レベルの系統判別を実施し、混合率については頻度による推定と血縁度による個体判別の結果を比較検討する。遺伝標識としてアイソザイム2マーカー座およびマイクロサテライトDNA7マーカー座を基準標本として、琵琶湖で採捕された種苗および吉野川第十堰で採捕された種苗の遺伝子型データを用いた。個体間の遺伝的類似性は前出の血縁係数から推定した。個体間距離にもとづく類縁図を作成したところ、琵琶湖産アユと海産アユの明瞭な二つのグループが形成された（**図8−4**）。以上の計算において、素性の知れな

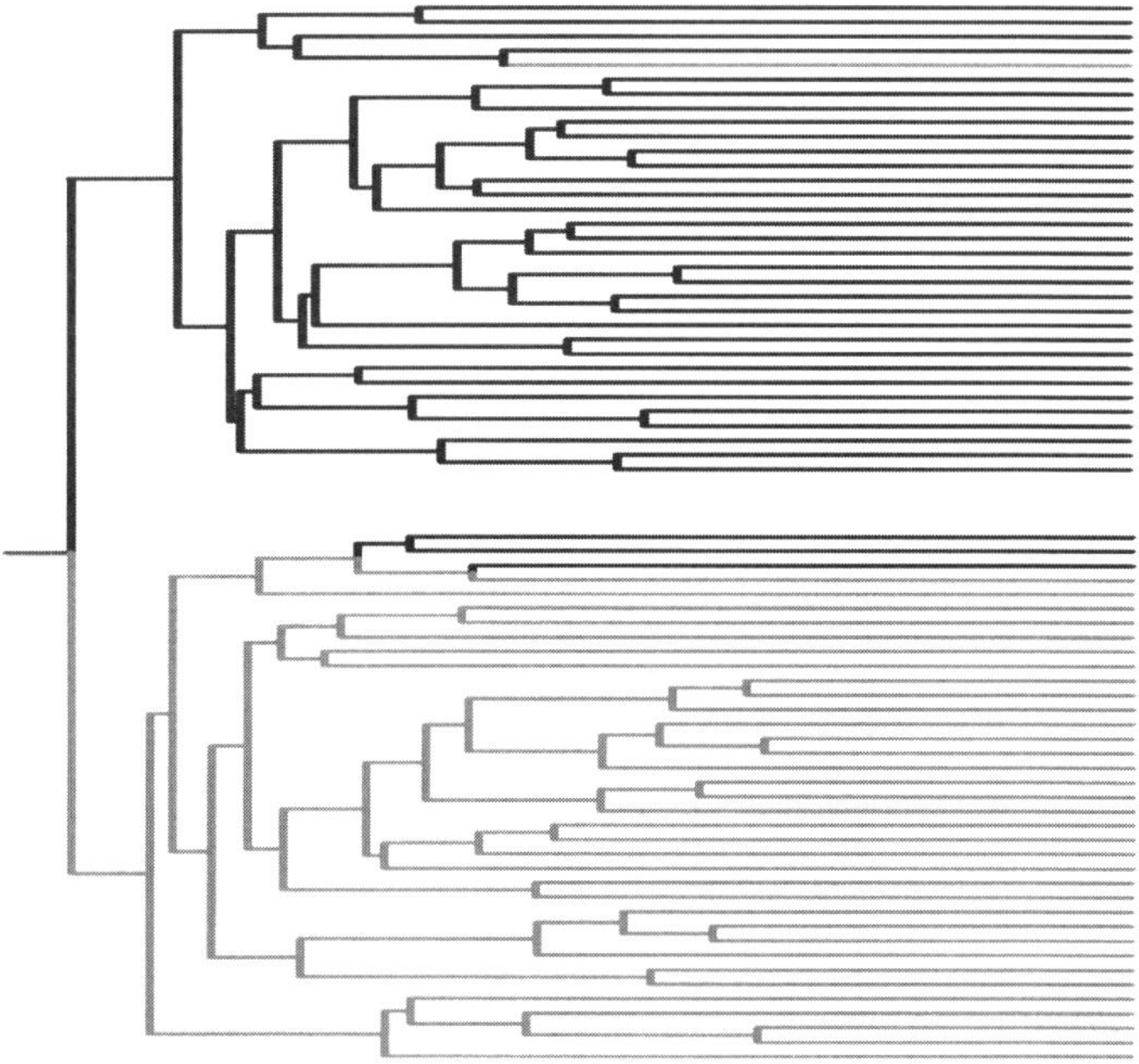

図8-4　DNAマーカーによる海産アユ（黒線）と湖産アユ（グレー線）の個体判別（野口他、2003を改変）

いアユを一個体加えて再計算し、その個体がどちらのグループに属するかを判定して、系統判別を行なうというわけである。

個体判別分析の比較

海産アユか湖産アユかの個体レベルの判別には、クラスター法と判別分析法を採用して実施した。クラスター法は、個体間の遺伝的距離にもとづき、近縁個体を結合してグループ分けする方法である。判別分析法は、供試個体と両系統の重心との間の遺伝的距離（マハラビノス距離）の二乗を計算して、どちらに近いかを判定する方法である。

由来が明らかである四集団を供試

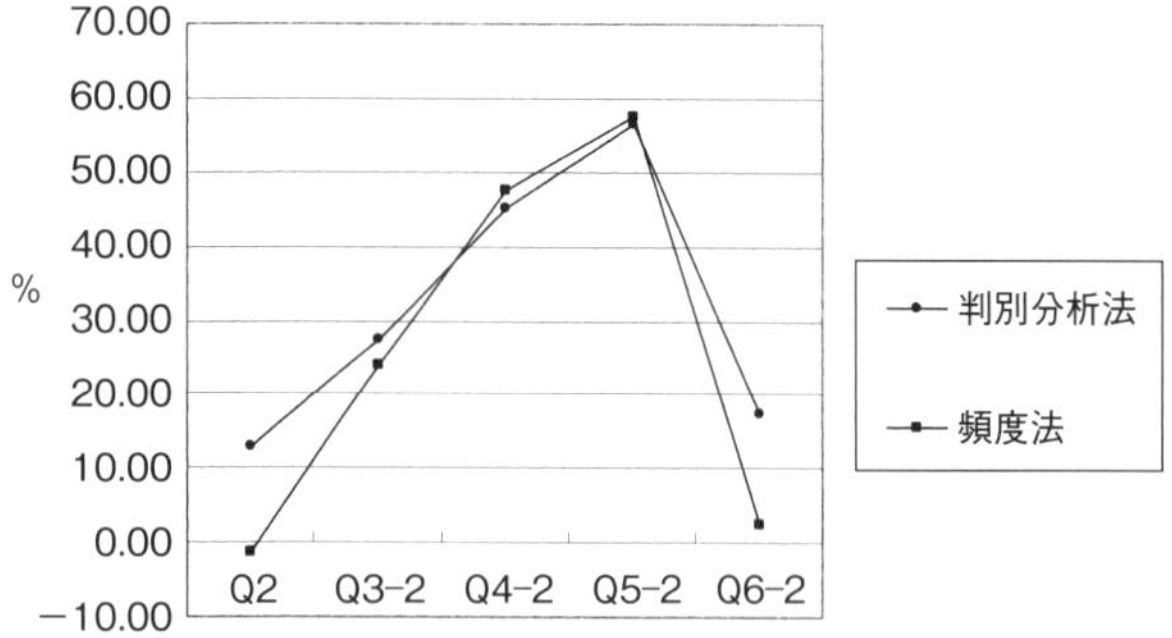

図 8−5　吉野川における頻度法および個体判別分析法による湖産アユの混合率（野口他、2003）

魚として判定を行なったところ、おおむね正しく判定されたものの、判別分析法が誤判別率が低かったので、この方法を採用した。

次に、琵琶湖産アユの放流種苗の混合の可能性の高い吉野川中・上流域から得られた五標本群に判別分析法を適用し混合率を推定したところ、対立遺伝子頻度による推定値とほぼ同様の結果が得られた（**表8−1**）。また、混合率に偏りのある集団においては、アリル頻度に依存しない個体判別分析法がより正確に推定できることがわかった（**図8−5**）。ここで採用したクラスター法と判別分析法以外にも、ある個体が特定タイプに属する確率を基準にして判定する最尤法（Likelihood）という判定法があるが、その結果に大差はなかった。

両型の個体判別を実施すれば、産卵場における混在と交配の実態調査や、近年深刻な被害をもたらしている冷水病の発生実態などの究明において、重要な情報を得ることが可能となり、その意義はたいへん大きいと考えられる。

らしさ（尤度比）にもとづく個体判別

最尤法による個体判別は、次の式で示されるように、二つの集団A、Bの対立遺伝子頻度を用いて、各個体のそれぞれの集団である確率の比をとり、当該個体がどちらの集団に属するかを判定する方法である。その判定基準はそれらしさ（尤度）の比LA／LBが一〇〇倍以上となった場合にどちらかに決定される。データが大きいので、計算は個体判別ソフトを使用して実行する。

LA／LB＝Pr（genotype｜θA）／Pr（genotype｜θB）

調査の事例

人工種苗の対立遺伝子頻度は、野生集団に比べ大きな偏りがみられる。複数の高感度マーカーを利用できる場合、たとえば、アユでは、群馬県水産試験場の人工種苗や徳島県栽培漁業協会の継代集団を放流した場合には、個体判別分析法により在来集団との区別をつけることは可能と考えられる。しかし、野生集団との遺伝的混合と、その後代への遺伝的影響を評価することは労力とコスト面ともに困難であり、これを通常の調査として実施するか否かは十分な事前検討が必要と考えられる。

吉野川の調査事例で、天然の海産アユの遡上が期待できない最上流域Q6－1、Q6－2で琵琶湖産アユの混合率は低く、海産系の混合率が高いという結果が得られた。この場合は、最上流部（高知県境より上流域）において海産系と評価されたサンプルは、Ｑ６地点で放流された海産系の人工種苗が活着して生育していたためと考えられる。

しかし、これらのアユが天然遡上なのか高知県産の海系人工種苗なのかは、ＤＮＡマーカーでは区別がつかない。この場合は、両品種の生活履歴を反映した特徴で両者を鑑定する方法が採用された。天然海産アユは、海洋生活期に耳石の中心部にストロンチュームが蓄積することが知られている。人工種苗の生産においては海水中で飼育する期間はごく短いので、ストロンチュームの蓄積量は天然海産アユに比べ明らかに少ないはずだ。Ｑ６サンプルの個体の耳石のストロンチューム蓄積量と海産アユの尤度（らしさ）の関係をプロットしたところ、Ｑ６のサンプルが高知県産人工種（Ｈ４）の分布と見事に重なり合うという結果が得られた（**図8‒6**）。

親子鑑定法による個体判別

親個体の遺伝子型情報を利用できる場合、種苗生産に用いた親魚集団の遺伝子型情報を使って、子どもの遺伝子型を予測することが可能である。海産魚の種苗生産に使用する親魚数は五〇～二〇〇尾程度なので、すべての親魚の遺伝子型情報を検出することは不可能ではない。マダイやヒラメでは、このような親子鑑定法が利用され、種苗放流海域において放流魚の再捕が確認され、放流の効果判定に使われている。しかし、アユの場合は、人工種苗生産において使用する親魚の数は通常五〇〇個体以上なので、この手法は労力面とコスト面を考慮すると、実験的研究では利用できても追跡調査法としては現実的で

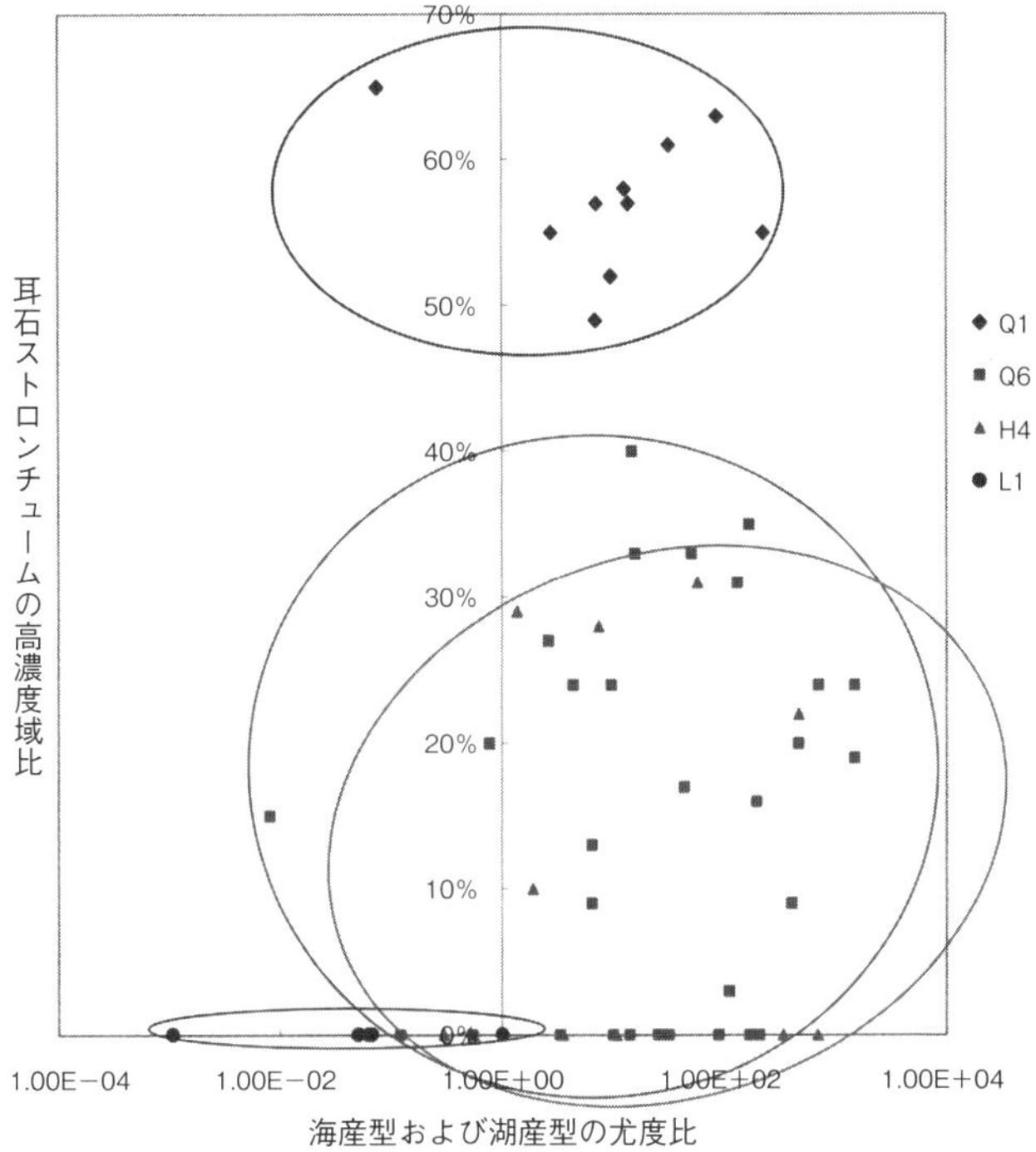

図 8-6　耳石ストロンチューム高濃度域比と尤度比による海産型（Q1）、湖産型（L1）、人工種苗（Q6、H4）の分離（近藤他、2006）

はないと思われる。

放流種苗の追跡調査は有用か

　アユの放流事業において、琵琶湖産種苗は河川漁業関係者の間では放流効果と釣果においてすこぶる評価が高く、大量の琵琶湖産種苗が長年にわたって全国の河川へ輸送・放流されつづけてきた。湖産アユと海産アユは産卵期が明らかに異なることから、放流河川で両者が遺伝的に混合する可能性は低いと考えられる。しかし、交雑の可能性が小さいだけで、交雑の可能性が全くないわけではない。アユの河川生産における種苗放流の効果や自然遡上群の貢献度を的確に評価するには、両型の個体レベルの識別だけでなく、交雑の有無とその割合を推定することは重要な課題と思われる。

　最近、ダム湖に出現する陸封集団には、海産アユと琵琶湖産アユの浸透交雑集団と査定される事例がみつかっている。浸透交雑集団は、利用方法によっては海産や琵琶湖産の天然集団に遺伝的撹乱をもたらす可能性が懸念されている。海産および琵琶湖産の交雑の有無については、核ＤＮＡ多型マーカーによる個体レベルの系統判別調査を実施することにより、的確な情報が提供されるものと考えられる。

第9章　人工種苗の健苗性

自然水域で発生した稚魚を採捕したものを天然種苗というのに対して、人為的条件下で稚魚まで育てたものを人工種苗と呼ぶ。当初、アユの種苗生産は技術的に容易ではなかった。近年、仔稚魚のための生餌や仔稚魚用配合飼料（マイクロペレット）などの開発によって繁殖技術が進歩し、種苗の大量生産が可能となった。

健苗性とは

人工採苗した稚魚は、野生の稚魚とは生理・生態的性質において、大なり小なり違いがあることは関係者の認めるところである。それらの違いは、自然環境下での生活力や再生産能力が野生に比べ劣っているという評価につながる原因と思われる。

元九州大学の北島力教授は、健苗性については形態的・生理的・生化学的・行動学的な健全性をそなえることと定義している。しかし、飼育目標となると、養殖用か放流事業用かといった利用目的によって、形態的・生理的・生化学的・行動学的な健全性のほかに、目的に対応した形質を付け加える必要がある。

たとえば、養殖漁業であれば、成長と生残率のほかに、体色、体形、肉質などにおいても生産目的に合致していることが求められる。また、種苗放流事業であれば、成長と生残率のほかに、釣られやすさ釣られにくさ、放流後の移動・拡散の距離と範囲、繁殖能力など、放流効果にかかわる形質がすぐれていなくてはならない。したがって、健苗性の定義には、成長と発育のすぐれた元気のよい種苗ということに加えて、使用目的にかなった生物特性をそなえた種苗という一項が加わり、相対的な基準となる。

ここでは、放流用人工種苗の特性と野生魚の特性とを比較検討するとともに、健苗性の改善手法について考えてみたい。

人工種苗の健苗性と問題の背景

近年、アユの放流事業は河川環境の悪化と魚病の蔓延により、かつて経験したことのないような危機的状況に見舞われている。二〇〇六年時点でも、天然遡上魚まで冷水病に羅病するという最悪の事態が好転する気配はなく、アユ資源の復活までの道のりは険しいと考えざるを得ない。とはいえ、冷水病に対する疫学的措置がとられたところでは、やや小康状態にいたっているところもあり、また、冷水病に対する耐性が相対的に強いといわれる海産系の天然種苗に依存するところでは、資源が徐々に回復しつつあるという情報も得られ、一縷の光明が感じられる状態にいたっている。このようなアユ資源の動向が続くなかで、種苗放流事業では保菌検査により冷水病菌を保菌していないこと（冷水病フリー）が確かめられた種苗を使用する、という合意がとりあえず得られつつある。

アユ人工種苗生産施設では冷水病フリーの種苗を生産することが可能と考えられるので、アユ放流事業において、人工種苗が大きな役割を担うことになりそうである。しかしながら、人工種苗はこれまで放流効果がよくないと関係者の指摘を受けることが多かった。つまり、人工種苗の諸特性については、まだまだ解決すべき課題が残されているということだ。このことは、アユの放流効果の研究を行なってきた水産庁の中央水産研究所の石田力三氏がかなり以前に指摘しているが、現在でも依然として未解決といわざるを得ない。畜産関係のすぐれた飼育管理技術が、その背景に五〇〇〇年から一万年もの歴史的飼育経験を有し、それを基盤につくりあげられてきたことを思うと、アユの人工種苗の生産は、まだ、軌道に乗りはじめたばかりで、未解決な問題があるのは無理のないことと思われる。

最近、私たちは人工種苗の健苗性にかかわる遺伝と環境の二つの要因について研究を実施してきた。本章では、その研究で得られた知見を中心にまとめ、人工種苗の健苗性の向上のための方策について紹介したい。

天然種苗の魅力

アユの放流事業において、琵琶湖産アユ種苗（陸封型）は、なわばり習性が相対的に強く、河川生産力を十分引き出してくれる種苗として、友釣り愛好者はもとより、内水面漁業関係者の間で根強い人気を誇ってきた。石田力三氏は、種苗放流の効果について、種苗の放流量を一トンとすれば、シーズンの終わりには一〇～一五倍の漁獲生産を期待できると評価している。ただし、琵琶湖産アユは、秋になると放流河川で産卵活動を行ない、孵化仔魚が海へ流下するところまでは確かめられているが、翌年の河川への資源添加に貢献するという証拠が得られていない。むしろ、私たちの遺伝マーカーによる調査によれば、再生産に寄与していないとする結果が出ているのである（第2章参照）。したがって、放流の目的が翌年の資源添加効果を期待する場合には、琵琶湖産アユ種苗では不十分だという問題をはらんでいるのである。

他方、全国の河川に広く自然分布する海産アユ（両側回遊型）は、日本のアユ資源を維持するためのカギを握る、再生産の責任集団としてたいへん重要な役割を担っている。しかし、毎年の資源添加量がその前年の産卵期の気象条件や稚魚期の海況により大きく左右されることを石田力三氏は指摘している。これに加え、最近は河川環境の悪化がすすみ、資源量水準そのものが低下しているのである。

人工種苗の泣きどころ

天然アユ資源の後退を背景に、資源水準のさらなる低下を防止し、天然アユ資源を復活させるため、各地のアユの種苗生産センターでは、海産系アユを親魚として種苗生産を実施するようになった。それを反映して、人工種苗の放流量は、一九九三年に二〇〇〇トン程度であったものが、二〇〇四年にはおよそ六五〇〇トン、一一・三億尾（五グラム／尾）にまで増加している。

アユ種苗生産センターでは、多くの場合、天然のアユ資源の復活をめざすという趣旨にそって、人工種苗生産の開始にあたっては、創始集団として天然親魚を確保し、海産系人工種苗を生産している。ただ、人工種苗は継代的に採卵が行なわれるので、近親交配による遺伝的劣化が懸念される。このため、種苗生産の作業課程において、育種的もしくは非育種的な選択が働かないように努め、天然の海産アユと遺伝的に同じ性質（同質性）をそなえた種苗を作出できるよう配慮している種苗生産場もある。

しかしながら、天然の海産アユと遺伝的に同質な種苗を放流したとしても、遊漁者側から、なわばり性が弱くあまり友釣りに向かない、流れの緩やかな場所に群れるといったクレームがつくことが多々ある。また、出水によって下流へ流されやすいなどといった事実をとらえた調査研究もある。これらの問題は、遺伝的な要因によるものではなく、むしろ飼育技術に起因する性質と考えられる（ただし、最近しばしば起きている放流種苗の流下消失は、冷水病などの細菌感染などが疑われる場合が多く、飼育技術のめざましい改善が認められる人工種苗であることが原因とは考えられない）。

また、解禁当初は、海産系アユは琵琶湖産アユ種苗と比べて友釣りでは釣果がすぐれない、といった指摘がある。これは海産アユの適正水温がやや高水温側に偏っているためであって、なわばり性の発現がやや遅れるというだけのことである。ところが、シーズン終了までにトータルして同じような釣果をもたらす湖産系に比べれば、海産系種苗は友釣りで掛けるのがやや難しい面があるが、釣り方の難しさをいかに克服するかを楽しむという釣り人も少なくはない。産卵期まで親魚として生き残るという再生産面での長所もある。

このような指摘は、人工種苗の特性が遺伝的要因だけでなく、飼育環境条件（育て方）などに影響されて決まることを考慮すれば、予想できなかったことではない。これらの問題を解決するためには、種々の条件で飼育された人工種苗の遺伝特性および生態関連特性などを、天然遡上種苗と比較検討しながら解明する必要があると思われる。

なお、人工種苗の健苗性を評価するにあたって、人工種苗の特徴を的確にとらえることができる形質（特質）を調べておく必要がある。一般に、健苗性にかかわる特性は、形態学的、生理学的、生化学的、生態学的、習性学的、遺伝学的など諸特性に分けることができる。

どのような形質（特徴）を、どのように測定するとよいかについて、アユの放流用種苗生産を想定して、**表9−1**に整理してみた。

私たちは、このような見地からアユの健苗性に関する遺伝・生態的調査研究をすすめてきたので、それらを第10章と第11章で紹介しようと思う。

表9-1　高知県内水面種苗センターの人工種苗アユの健苗性の総合的評価

外的・内的要因	種苗の特性	天然遡上アユ	高知県内水面種苗センター産人工種苗アユ
遺伝学的要因	遺伝的多様性	マーカーアリル数、異型接合体率ともに高く、野生集団の平均的レベル	土佐湾産野生集団と同じレベル
	遺伝子組成	西日本太平洋岸の集団	土佐湾産と同一のグループに属する
	近交係数	きわめて低い	きわめて低い
	適応値	高いと推定される	土佐湾産と同じ
生態学的要因	持続的遊泳力	赤筋が小さいので持続的遊泳力は必ずしも強くない	赤筋が大きく持続的遊泳力はすぐれている
	瞬発的遊泳力	筋繊維は細く、俊敏で機動的運動にすぐれている	筋繊維がやや太く、俊敏な運動力はすぐれていない
	群れ性	なわばりを確保できないアユは群れアユとなる	群れをつくる性質が強い
	なわばり性	大型魚からなわばりを確保する傾向がある	放流後、しだいになわばりを確保する個体が増加する
	遡上性	稚魚期は特に強い	飼育条件や発育の程度により異なる
	跳躍力	稚魚期は特に強い	飼育条件や発育の程度により異なる
生理学的要因	肥満度	河川の餌生物の量に影響され、変動する	通常は飽食給餌で、肥満傾向がある
	成長速度	餌の量により変化、なわばり保有アユは早い。個体差が顕著	飽和給餌なので成長は早く、個体差は小さい
	血液性状	運動量を反映して酸素要求の高さに対応した変化がみられる	赤血球数が少なく、放流後に赤血球あたりのヘモグロビン量は回復するものの貧血状態が続いている。血小板数も少ないままである
	筋繊維の数と太さ	白筋が発達し、赤筋の発達はみられない	赤筋が発達し、白筋の発達が抑制される
	体色異常	ほとんどない	非常に多い
	鰓の油滴、鰓のカール	ほとんどない	多い
	内臓脂肪塊の蓄積	ない	非常に多い
	脂肪肝	ない	多い

第10章　健苗性にかかわる遺伝的な要因

種苗特性に影響をおよぼす要因は、遺伝的要因と非遺伝的要因（環境要因）に大きく分けられる。遺伝的要因の中身は、遺伝的多様性、近親交配、適応度であり、非遺伝的要因（環境要因）は生態的要因と生理的要因に大別される。種苗生産機関にもちこまれるクレームのうち、遊泳力、なわばり性、遡上性など健苗性にかかわる生態的・習性的特性は、主として環境要因の影響を受けるが、ほかの多くの形質がそうであるように遺伝的要因の影響が全くないわけではない。そこで、最初にもっぱら遺伝的要因だけで決まる形質（DNA多型など）に焦点をあて、人工種苗の人為的操作がもたらす遺伝的多様性への影響についてその実態をみることにする。

人工種苗の遺伝的多様性の変化

遺伝的多様性

増養殖技術の飛躍的な発展を背景として、アユ種苗の大量生産が可能となった。多くの孵化場では、比較的少数の親魚を用いて採卵する傾向があり、そのような種苗においては、継代過程で生じる遺伝子型の変動や無意識的選択により遺伝的多様性の減退現象がみられた。また、このようなアユ人工種苗を自然河川に放流するさいには、野生集団にどのような遺伝的影響を与えるのか、放流後の影響評価を実施することが必要となる。私たちは、日本各地の孵化場（水産研究機関または民間の種苗生産場）において継代維持されている人工種苗の遺伝的変異性を調べることにした。

天然集団と継代種苗の比較

調べた人工種苗アユの履歴と採集データを表10−1に示す。ここでは日本各地の孵化場で継代されている一代目（F1）から三一代目（F31）の一〇標本集団を調査対象とした。これら人工種苗アユの比較対象として、関川（新潟県）、江の川（島根県）、吉野川（徳島県）、土佐湾（高知県）、天降川（鹿児島県）の野生集団の海産系五標本集団および琵琶湖産の一標本集団の計六標本群を用いた。

表 10-1　本調査で使用した人工種苗アユの採集データと履歴

種苗	継代数	サンプル数（マイクロ/mtDNA）	起源	創始集団の個体数	世代更新に使用された親魚数
H-KM	1	48/24	海産	122（♀65、♂57）	122
H-KS	2	48/24	海産	590（♀380、♂210）	187
H-FS	4	48/23	海産	663（♀593、♂70）	約 800
H-FU	4	45/22	海産	81（♀56、♂25）	約 400
H-WA	10	48/19	海産	不明	約 5000
H-TH	10	50/24	海産	不明	約 200
H-TY	12	43/22	海産	不明	約 200
H-I **	13	45/21	海産	約 600	約 600
H-G	31	47/20	雑種(海産+湖産)	約 100（♀64）	約 1000
H-FG ***	31	47/23	雑種(海産+湖産)	163（♀118、♂45）	約 100

マイクロサテライトDNAマーカーによる分析

人工種苗アユのマイクロサテライトDNA分析には7ローカス（*Pal-1*〜*Pal-7*）を使用し、主にケミルミネッセンス法*によりバンドイメージの検出とアリルサイズの判定を行なった（**図10-1**）。

*以前はラジオアイソトープにより検出していたが、最近は、安全性がよりすぐれている、普通の実験室で検出可能な蛍光物質による検出法に変更した。

マイクロサテライトDNAの変異性（**表10-2**）を各標本集団間で比較すると、継代初期のF1からF4の四種苗集団（H-KM、H-KS、H-FS、H-FU）の変異性は、野生集団と大きな隔たりは認められなかった。しかし、継代のさらにすすんだほかの六種苗集団ではいずれも野生集団に比べてアリル数、ヘテロ接合体率ともに明らかに低く、最も継代のすすんだH-GとH-FGでは、野生集団に比べ平均アリル数で約三分の一、平均ヘテロ接合体率で約二分の一と、顕著な遺伝的多様性の低下が認められた。

表 10-2　アユ野生集団と人工種苗のマイクロサテライト DNA の変異性

標本集団		*Pal-1*	*Pal-2*	*Pal-3*	*Pal-4*	*Pal-5*	*Pal-6*	*Pal-7*	平均
土佐湾	N	50	50	50	50	50	50	50	50.0
	A	16	17	18	30	2	8	6	13.8
	H_o	0.940	0.900	0.940	0.880	0.340	0.720	0.760	0.783
	H_e	0.907	0.907	0.920	0.938	0.379	0.714	0.723	0.784
琵琶湖	N	50	50	50	50	50	50	50	50.0
	A	17	17	12	37	3	4	5	13.6
	H_o	0.800	0.800	0.700	0.860	0.440	0.560	0.780	0.706
	H_e	0.896	0.874	0.804 *	0.927 *	0.503	0.563 *	0.724	0.756 **
H-KM	N	44	46	47	48	48	47	48	46.9
(F1)	A	14	12	16	18	2	6	7	10.7
	H_o	0.659	0.587	0.830	0.833	0.333	0.894	0.729	0.695
	H_e	0.906 *	0.846 **	0.898 **	0.905 **	0.399	0.766	0.754	0.782 **
H-KS	N	47	47	47	47	48	48	48	47.4
(F2)	A	16	12	18	23	2	7	6	12.0
	H_o	0.766	0.809	0.872	0.702	0.333	0.833	0.688	0.715
	H_e	0.908 **	0.826	0.910	0.937 **	0.308	0.796	0.709	0.771 **
H-FS	N	48	48	48	48	48	48	48	48.0
(F4)	A	13	9	18	16	2	6	5	9.9
	H_o	0.708	0.625	1.000	0.833	0.188	0.979	0.708	0.719
	H_e	0.877 **	0.815 *	0.892 *	0.889 *	0.205	0.821 *	0.654	0.736 **
H-FU	N	45	45	45	45	45	45	45	45.0
(F4)	A	15	5	16	19	3	7	5	10.0
	H_o	0.766	0.511	0.778	0.800	0.356	0.556	0.600	0.624
	H_e	0.868 **	0.672 *	0.904 *	0.909	0.345	0.719 *	0.729	0.735 **
H-WA	N	48	48	48	48	48	48	48	48.0
(F10)	A	10	11	8	14	3	4	6	8.0
	H_o	0.708	0.313	0.792	0.667	0.458	0.521	0.583	0.577
	H_e	0.792	0.802 **	0.780	0.745	0.512	0.512	0.588	0.676 **
H-TH	N	50	50	50	50	50	50	50	50.0
(F10)	A	6	5	7	4	3	3	4	4.6
	H_o	0.620	0.500	0.880	0.600	0.480	0.600	0.280	0.566
	H_e	0.723	0.641 *	0.820	0.688	0.465	0.614	0.283	0.605 *
H-TY	N	43	43	43	43	43	43	43	43.0
(F12)	A	4	5	7	9	3	4	5	5.3
	H_o	0.674	0.349	0.744	0.628	0.558	0.558	0.558	0.581
	H_e	0.676	0.476 *	0.799	0.672	0.522	0.538	0.594	0.611
H-I	N	45	45	45	45	45	45	45	45.0
(F13)	A	6	4	6	6	2	3	4	4.4
	H_o	0.289	0.667	0.622	0.644	0.021	0.489	0.667	0.486
	H_e	0.457 **	0.621	0.630	0.598	0.021	0.518	0.609	0.493 **
H-G	N	47	47	47	47	47	47	47	47.0
(F31)	A	3	5	3	6	1	4	3	3.6
	H_o	0.574	0.553	0.596	0.383	0.000	0.710	0.404	0.460
	H_e	0.572	0.584 *	0.578	0.456	0.000	0.710	0.488 *	0.484 *
H-FG	N	47	47	47	47	47	47	47	47.0
(F31)	A	2	4	4	8	2	3	3	3.7
	H_o	0.426	0.319	0.234	0.404	0.021	0.277	0.617	0.328
	H_e	0.505	0.334	0.267 *	0.500 *	0.042	0.328	0.511	0.355 **

N：サンプル数；A：アリル数；H_o：ヘテロ接合体率（観察値）；H_e：ヘテロ接合体率（期待値）
アスタリスクはハーディー・ワインベルグ平衡を仮定したときのアリル型の分布から有意に逸脱していることを示す
（* $P<0.05$、** $P<0.001$）

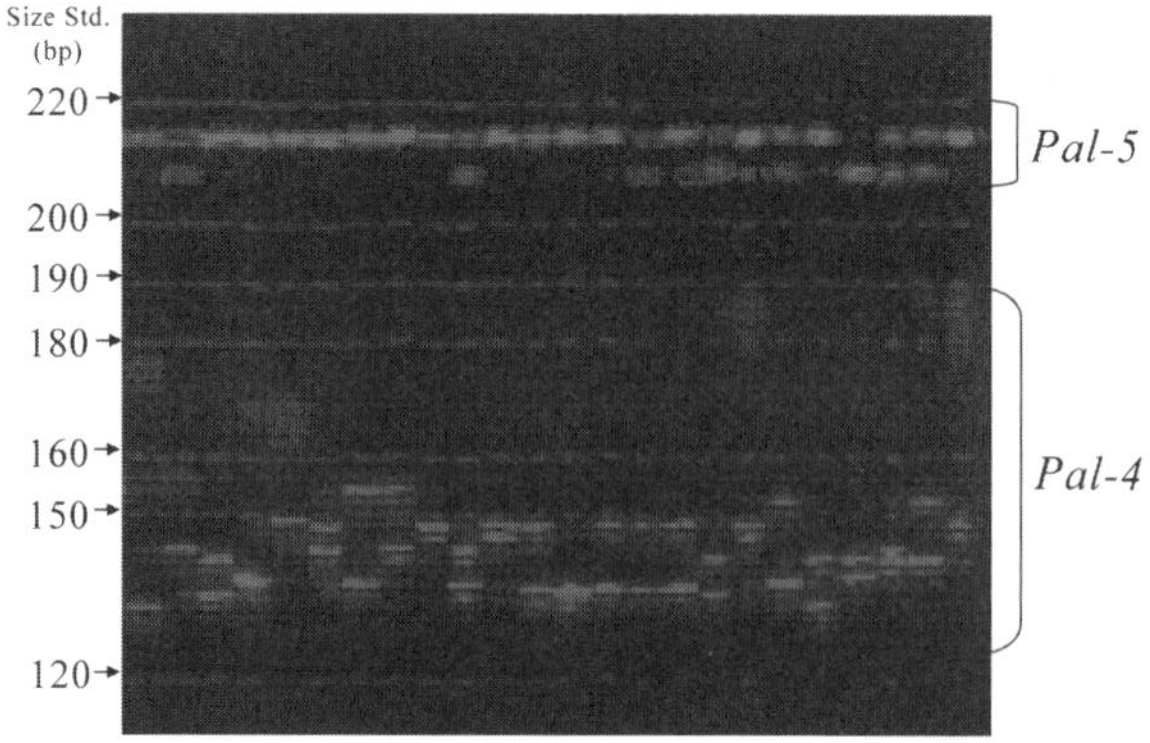

図 10−1　高知産人工種苗アユ（1代目）におけるマイクロサテライトDNA多型
上のバンド：*Pal−5* マーカー座、下のバンド：*Pal−4* マーカー座

次に、人工種苗と野生集団の遺伝的類縁関係図を、遺伝的距離にもとづく近隣接合法によって作成した（図10−2）。野生集団では、琵琶湖系集団が海系集団のグループと明確に分かれた。人工種苗では、大きな継代数の種苗ほど野生集団から離れていく傾向がみられた。しかし、海産を起源とする八種苗はすべて海産の野生集団のグループから派生しており、海産と湖産の雑種を起源とする二種苗（H−GとH−FG）は、海系と琵琶湖系の両野生集団の間から派生する関係がみられ、それぞれの種苗の遺伝的背景をよく反映していた。

継代数と遺伝的多様性レベルの関係

継代数と遺伝的変異性の関係を検討するため、継代数をx軸（野生集団を継代数0とする）にとり、平均アリル数およびヘテロ接合体率を変異性の指数としてy軸にとり、各標本をプロットした。その結果、平均アリル数

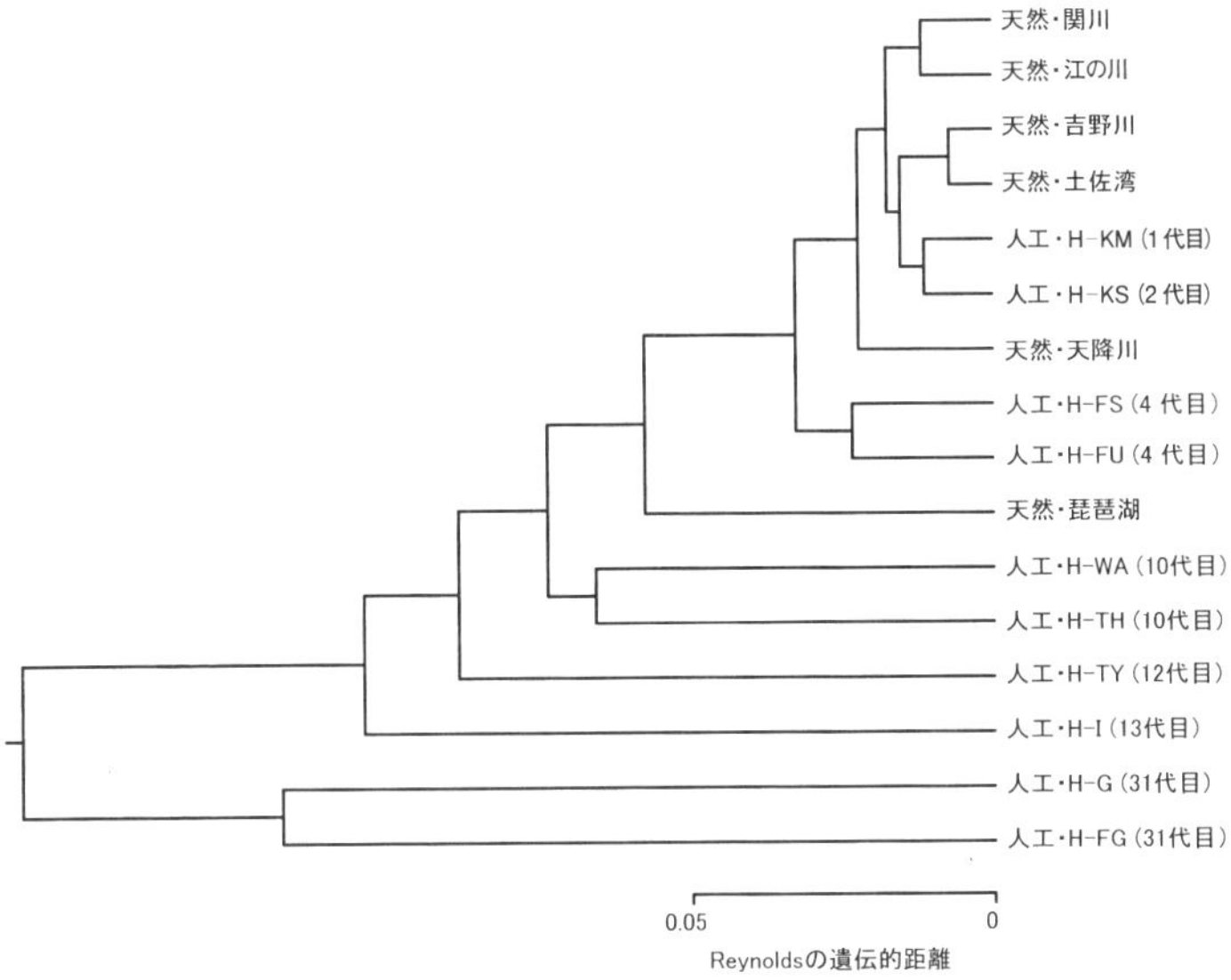

図 10-2　マイクロサテライト DNA 分析によるアユ野生集団と人工種苗の遺伝的類縁関係

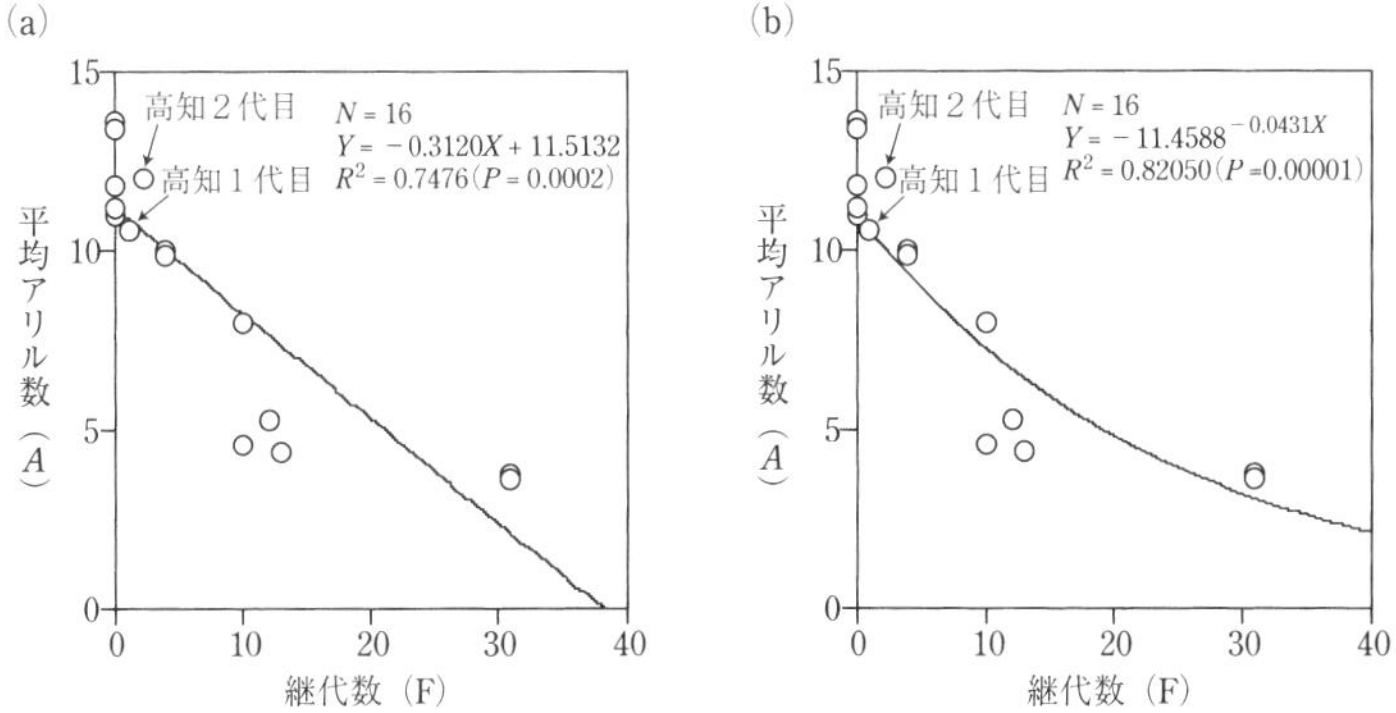

図 10-3　高知県種苗センター産アユ種苗の遺伝的多様性

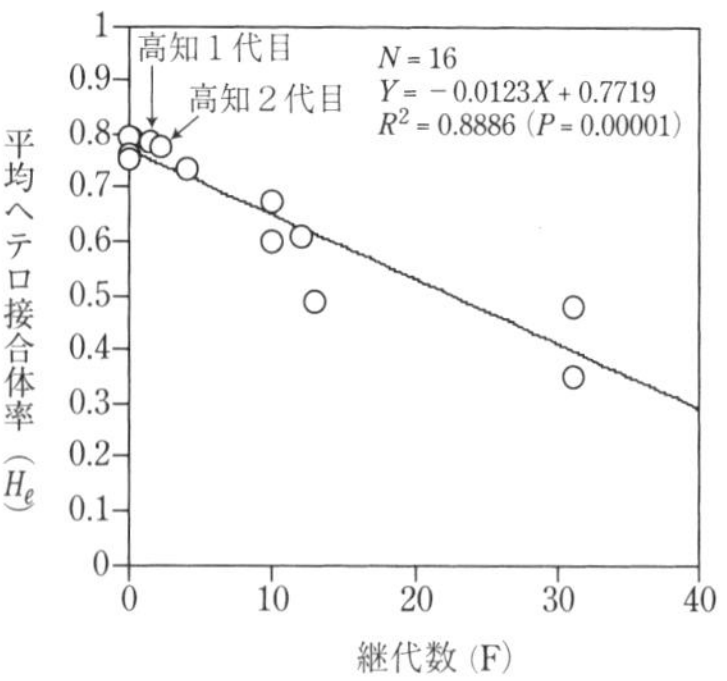

図10−4　高知県種苗センター産アユ種苗の遺伝的多様性

においても継代数との間に強い負の相関関係がみられた。さらに、プロットの分布に合わせて指数回帰を行なったところ、直線による回帰より高い相関係数を示した（図10―3）。ヘテロ接合体率でも継代数との間に強い負の相関関係がみられた（図10―4）。

　さまざまな継代履歴をもつ人工種苗アユの遺伝的変異性と分化について、野生集団との比較のもとに検討した結果、継代数と遺伝的変異性には強い負の相関が認められ、また、人工種苗集団間の継代数の差と遺伝的分化との間にも強い正の相関がみられた。人工集団全体の遺伝的変異性のうち、人工集団間の差異によって生じている変異性の割合は二一・六八%となった。

　このような遺伝的分化の要因としては、それぞれの種苗の起源となった野生集団間の遺伝的差異が含まれている可能性も否定できない。しかし、その大部分が継代の過程における遺伝的変異性の低下によって引き起こされたことを物語っている。

懸念される継代による近親交配の影響

ほとんどの種苗内のアリル型の分布は、ランダム交配から期待される理論分布（ハーディー・ワイン

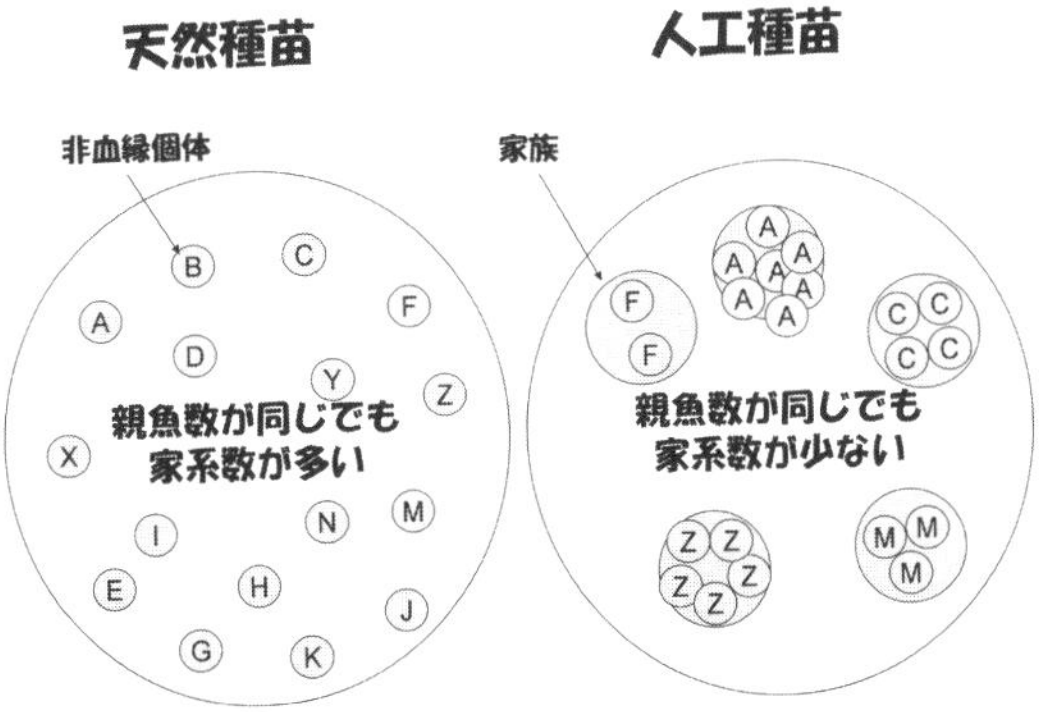

図10-5　天然集団と人工集団では同じ数の親魚を選んでもそれに含まれる家系の数が大きく異なる。このため、継代的種苗生産を行なうと次世代集団において遺伝子頻度および変異性が大きく変化する

ベルグ平衡）から著しく逸脱していた（表10−2）。その主要な原因は、ホモ接合体の過剰によるものであった。一般に、ホモ接合体過剰が生じる要因として近親交配が第一に考えられる。海産アユの野生集団では、ホモ接合体過剰によるハーディー・ワインベルグ平衡からの逸脱は全く観察されなかった（表10−2）。このことを考慮すると、人工種苗集団内で近親交配が生じている原因は、継代により親魚集団の個体が互いに近縁関係にあったこと、または限られた数の家系のみが飼育環境に適応して生残しているという可能性が考えられた（図10−5）。

種苗生産関係者に対する聞き取りによれば、いずれの孵化場においても、野生集団との遺伝的同質性を確保する目標があるので、次世代生産用の親魚について、特定の形質に着目した明らかな選択的交配は行なわれていない。しかし実際の現場では、成熟段階のそろった親魚や大型の雌個体の意識的または無意識的な選択が行なわれたり、短期集中型の採卵（産卵期の選択を行なったのと同じ意味がある）が実施されるようなことがあっても不思議ではない。成熟期や体サイズといった形質に関して遺伝要因の寄与度が大きければ、成熟程度のそろった個体または一定の体サイズの個体を親魚として用いることで、種苗内の遺伝的多様性は継代にともない気がつかない間に減少していくことが予測される。

野生集団添加による継代親魚集団の遺伝的補強の試み

調べた種苗のうち二種苗（H－WAおよびH－I）は、継代の途中で野生から採集した個体を親魚として加えて再生産を行なっている集団である。いずれの孵化場においても、一〇〇～一五〇〇個体程度の野生個体が、数世代にわたって親魚のストックに添加されているが（聞き取りによる）、どちらも野生集団の遺伝的変異性より顕著に低くなっていることが判明した。

このことは、継代の途中で親魚のストックに野生個体を加えただけでは、変異性の回復という目的は必ずしも達成されないことを示唆している。その要因については、今回の結果からだけでは結論することはできないが、継代によって減少した変異性を回復させることの困難さを端的に示していると考えられる。今後、孵化場内における野生個体の再生産への寄与度を、直接マイクロサテライトDNAなどで検証するなどの詳細な知見の収集が望まれる。

採卵方法および種苗放流において留意すべき事項

マイクロサテライトDNAおよびミトコンドリアDNA分析では、継代初期（F1〜F4）の人工集団でさえ野生集団との間に明確な遺伝的分化が認められた。これらの種苗の創始者数は、多くのケースで一〇〇個体以上で、毎世代の親魚数が変異性を維持するうえで少なすぎるとは考えにくい。しかし、変異性レベルに明らかな低下とホモ接合体過剰が観察されたことは、親魚の無意識的選択や特定の個体または家系が多く生き残っていることを示唆している。

したがって、野生集団と遺伝的に異ならない人工種苗集団を放流するという立場に立つと、継代数にかかわりなく、このような変異性の低い種苗の河川への放流は慎重であるべきである。一方で、異なる創始集団に由来するF2を混合させたH-KSでは、F1であるH-KMよりも高い変異性を示していた。このことは、遺伝的変異性の低下した継代初期の種苗であっても創始集団の異なる人工集団同士を交配することで、変異性のレベルを野生集団に近づけられることを示唆している。

この研究の結果は、人工種苗アユの変異性が継代にともなって明らかに低下し、人工種苗集団間の遺伝的分化も増加していることを示している。さらに、人工種苗集団の内部では近親交配が生じている可能性があることも、マイクロサテライトDNA分析によって初めて示すことができた。このような継代飼育と近親交配にともなって、適応度の低下（近交弱勢）が生じることが、多くの動植物で報告されている。アユの人工種苗集団内で、具体的にどのような形質において近交弱勢が現われるのかということについてはいまだ明らかになっていないが、継代飼育が行なわれている実験魚のグッピー集団ではさまざまな形質において近交弱勢現象が観察されている。アユの人工種苗集団においても、なんらかの影響が表われないという保証はない。

遺伝的多様性を維持するために、ただちに対応すべきこと

一般に、種苗生産にかかわる親の数が五〇〇個体以上であれば、継代による遺伝的変化が起こらないことは理論的に証明できる。アユの採苗においては、通常五〇〇個体以上の親魚が用いられていると考えても不自然ではない。にもかかわらず、前節で述べたような顕著な変化が確認されたのには、なんらかの理由があるはずである。一つ考えられるのは、次世代生産にかかわる親の数として五〇〇個体以上使用しているけれども、卵質によっては全く子どもを残せない交配があるため、結果として再生産に貢献した親の数が見かけに比べ著しく少なくなるというケースである。

私たちの実施した遺伝的多様性の評価の結果では、遺伝的多様性が維持され、かつ野生集団と遺伝的にほぼ同質と判定された種苗センターにおいて、実際どのような種苗生産管理方式がとられているのか聞き取り調査を行なったところ、次のような答えが確認できた。

①基本的に、県内で採捕された海産稚アユの育成魚を親魚として用いている。

②海産稚アユは毎年漁獲される保証はないので、数代の継代を前提とし、有効親魚数は五〇〇個体以上となるよう配慮している。

③毎年の採卵に用いる親魚はすべて鰭の組織サンプルを保存し、なんらかの異常（遺伝的要因だけではない）があった場合、ただちに検査できるようにしている。

④継代数が多いものについては、数十個体を無作為に選び、マイクロサテライト多型による多様性の評価試験を行なっている。

⑤以上のような項目の実施を原則としながらも、具体的には、二〇〇一～二〇〇三年の採卵で用いた親魚数は約一四五〇～二〇五〇尾と、非常に多くの親を使用している。ただし、一つの仔魚水槽あたりの使用有効親魚数の平均は約九〇～一二〇尾であった。これらから親魚候補として、仔魚水槽から網選別によって得られた稚魚を採捕した。このさい、各仔魚水槽の記録を参考にしながら、親魚候補池の有効親魚数（有効集団サイズ）が500以上になるように配慮して親魚候補を採集した。

⑥当該施設では、DNAマーカーによる遺伝的多様性の評価試験は、継代数が五代以上に達した場合に行なうようにしている。しかし、実際は、継代数が五代に達する前に、創始者（天然種苗）の入れ替えを実施している。

以上のように、同センターにおいては遺伝的管理に関する基本的手法が徹底されており、このことを通じて遺伝的多様性の保全基準をクリアーできたものと考えられる。ただし、当該の県では、近年、海産稚鮎が全く採捕できない年もあり、二〇〇五年からは採捕業者が自主的に採捕を中止しているという事情もあり、新たな天然親魚の確保手段や、継代のさいの有効親魚数の維持など、今後も注意を払わねばならないことが多々ある。

第11章

健苗性にかかわる環境要因

種苗特性に影響をもたらす環境要因

第10章では、健苗性にかかわる遺伝的要因について考察してきた。ここでは、健苗形質におよぼす非遺伝的要因（環境要因）の影響についての研究成果を紹介する。非遺伝的要因は生態的要因と生理的要因に大別される（表9−1）。

生態的要因によって影響を受ける健苗形質（特性）としては、遊泳力、群れ性、なわばり性、遡上性、跳躍力などをあげることができる。遊泳力については、持続的遊泳力（比較的安定した下流域や平瀬の流れのなかを持続的に遊泳する力）と瞬発的遊泳力（中流域より上部の川底において、岩によって流れが乱され不安定になっているところでの機動的な遊泳能力）に分けることができる（表9−1）。

ここであげた遊泳力、なわばり性、遡上性などの生態的特性は、放流される人工種苗がそなえているべき、もしくは放流後に河川環境に適応しながら獲得していく重要な特性である。種苗を放流した後、このような性質の発現が不十分な場合、放流種苗の健苗性が低いと判断され、種苗生産機関および施設側は、漁協関係者をはじめとする利用者側から厳しい批判をあびることになる。

生理的形質（特性）としては、肥満度、成長速度、酸素消費量（血液性状）、筋肉組織の発達（筋繊維の数と太さ）、健常な内臓形成などをあげることができる。これらの生理形質が正常に発現できないときは、水温や流量などの河川環境要因の変動に対する適応性が弱く、病原菌や寄生虫に対する耐病性、抵抗性が低くなり、ひいては生残率（歩留まり）が悪くなると考えられる。結果として健苗性が低い種苗と評価され、これもクレームの原因となる。

放流用種苗の性質のなかで、生殖能力が高く次世代に多くの子どもを残す能力（適応値）が高いことは、きわめて重要である。人工種苗アユであっても、それらを親魚にまで養成すれば、良質の卵を産み、高い受精能力をそなえることが確認されている。また、孵化した仔魚は、人為的環境下でも十分成育し、大量生産に耐えるということも確認されている。兵庫県水産試験場の田畑和男氏は、放流された人工種苗アユが自然環境下で再生産に寄与していることを、DNAマーカーを利用した研究において確認している（田畑、二〇〇五）。

放流魚の繁殖能力（適応値）を翌年の遡上アユにおいて的確に判定する方法があれば、放流種苗の最も直接的な評価方法となる。DNA鑑定を採用して翌年の春に遡上する野生集団のなかで、放流種苗由来の親魚の子どもがどの程度含まれているかを判断できれば、理想的で確実な方法と考えられる。この方法は、マダイやヒラメの種苗放流において実験レベルで実施したことがあるが、実際応用するとなると、これにともなう労力や調査費用などの問題があり、現実性に乏しい。

そこで、私たちは、人工種苗アユの生産目標が主として河川放流用の種苗生産であることに鑑み、人工種苗アユの健苗性を評価するにあたって、天然遡上アユの諸特性を基準とする相対的な健康度として評価を行なうことを試みたのである。人工種苗における健苗性の基本的問題は、過剰給餌による肥満体質とそれによる運動能力低下とその悪循環にあると考えられる。そこで、その影響が形態、解剖所見、血液性状、行動・習性などに発現するものと考え、天然遡上魚と養殖魚の比較研究を実施した。放流事業において決定的に重要な魚病の感染と防除については、防疫システムとリスク管理の問題として解決されるべき課題なので、本調査の課題には含まないことにした。

天然遡上アユと人工種苗アユの生理的特性の比較

人工種苗アユの健苗性の評価事例

供試魚として用いた継代的人工種苗は、海産系天然遡上アユを起源とし、前章で遺伝的多様性レベルはほぼ同じであることが確認された。したがって、供試魚とした人工種苗と天然遡上アユは遺伝的にほぼ同質と考えられる。この人工種苗と天然遡上アユの生理的特性を比較して、なんらかの違いが認められれば、両者は遺伝的背景が同じであるので、その差の原因は遺伝以外の要因、すなわち生理的・生態的要因にあるということになる。

この人工種苗はもっぱら放流用だから、それらの生理・生態的健苗性の基準は天然遡上アユの生理・生態的特性に置くことになる。この人工種苗アユの生理学的特性を、筋肉性状、脂肪蓄積量、血液性状および解剖所見などから検討を行なったところ、筋肉性状に関しては、人工種苗アユは天然遡上アユに比べ赤筋《せっきん》をより多く保持していること、赤筋部分の筋繊維が天然遡上アユに比べやや太いことが観察された。また、脂肪蓄積量に関しては、人工種苗アユが、天然遡上アユに比べ脂肪をより多く蓄積していることが示された。

赤筋は有酸素運動に関係して発達が促されると考えられており、一般論としては、比較的安定なスピードで持続的な遊泳をする魚種で、赤筋の割合が相対的に高いことが観察されている。一方、水流のさまざまな変化を与えると、瞬発的運動に適した白筋とミトコンドリア量が多くなるといわれている。このような赤筋と白筋の違いは、アユを材料とするATPaseやNADH脱水素酵素活性の検査でも確認されている。

人工種苗アユの筋肉性状

軀幹部の断面をデジタルカメラにより撮影し（**図11−1**）、稚魚期のサンプルにおける断面積に対する赤筋面積の割合を**表11−1**に示した。稚魚期一期（三月採集）のサンプルにおいて、軀幹中部の断面積

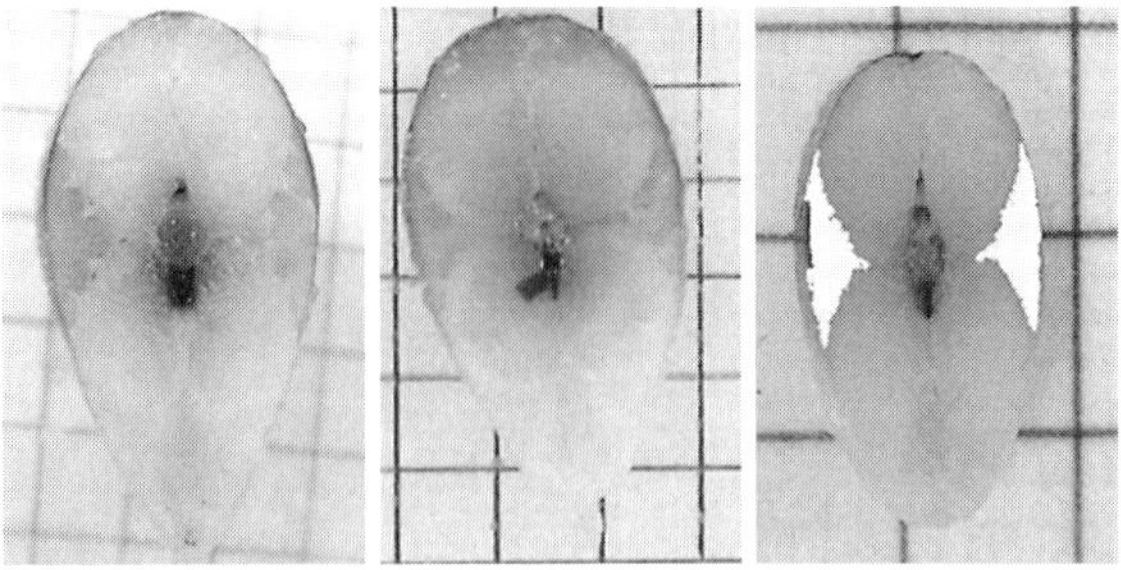

人工種苗成魚　　天然遡上成魚　　白色の部分は画像処理後の赤筋

図 11-1　赤筋の割合の比較（肉眼での割合の比較）

表 11-1　人工種苗アユと天然遡上魚との赤筋割合の比較

		稚魚期（1）	稚魚期（2）	成魚期
躯幹中部	天然遡上	11.3 ± 1.2	9.6 ± 1.2	9.6 ± 0.6
	人工種苗	16.3 ± 2.9	10.7 ± 0.6	11.3 ± 1.5
躯幹後部	天然遡上	17.1 ± 0.1	14.4 ± 1.8	14.3 ± 1.1
	人工種苗	18.4 ± 2.5	15.7 ± 0.5	15.8 ± 1.1

についてみると、赤筋割合は天然遡上では一一・三±一・二%、人工種苗では一六・三±二・九%となり、天然遡上のほうが赤筋の割合が小さく、その差は統計的に有意であった。躯幹後部においては、天然遡上魚は一七・一±〇・一%、人工種苗は一八・四±二・五%となり、両標本群の差は有意ではなかった。

稚魚期二期（四月採集）のサンプルで、躯幹中部の断面積に対する赤筋面積割合は、天然遡上が九・六±一・二%、人工種苗が一〇・七±〇・六%、躯幹後部で、天然遡上は一四・四±一・八%、人工種苗は一五・七±〇・五%となり、両方の部位においてその差は有意ではなくなった。

成魚期のサンプルでは、躯幹中部の断面積に対する赤筋面積割合は、天然遡上で九・六±〇・六%、人工種苗は一一・三±一・五%、躯幹後部では、天然遡上は一四・三±一・一%、人工種苗は一五・八

±一・一％となり、両方の部位においてその差は有意ではなかった。

以上のように、人工種苗アユと天然遡上アユの赤筋部分の割合について三つの時期において比較した結果、赤筋面積割合は天然魚に比べ人工種苗養成アユのほうがより高い値を示し、稚魚期にはその差は統計的有意であるケースが認められた。これらの事実は、赤筋部分の割合は生息環境や飼育条件などの非遺伝的要因の影響を受けて変化すること、赤筋割合の差異は稚魚期だけなく成魚期においても維持される傾向が示された。

赤筋の相対量が異なる理由については、次のように考えられる。

アユ養殖においては、一定のスピードの流れのなかで持続的に遊泳する条件で飼育されている。つまり持続的運動を要求されるため、養殖飼育環境下では赤筋の発達が促された可能性が示唆される。また、天然河川に生息するアユについては、なわばりの維持、外敵からの逃避、餌の獲得などのため、変化に富んだ河床と不安定な流れのなかで、それに機敏に対応しながら瞬発力の必要な運動を行なうことが多くなり、白筋が人工種苗アユに比べ相対的に発達したのではないだろうか。

筋組織中の脂肪蓄積

次に、筋組織中の脂肪蓄積状態を調べるため、背鰭基部付近の軀幹断面をオイルレッドという脂肪を染色する試薬により可視化し、デジタルカメラで撮影して、その面積の測定を行なった（**図11-2**）。このような脂肪染色を、人工種苗アユと天然遡上アユの稚魚期と成魚期の供試魚に施し、それぞれについ

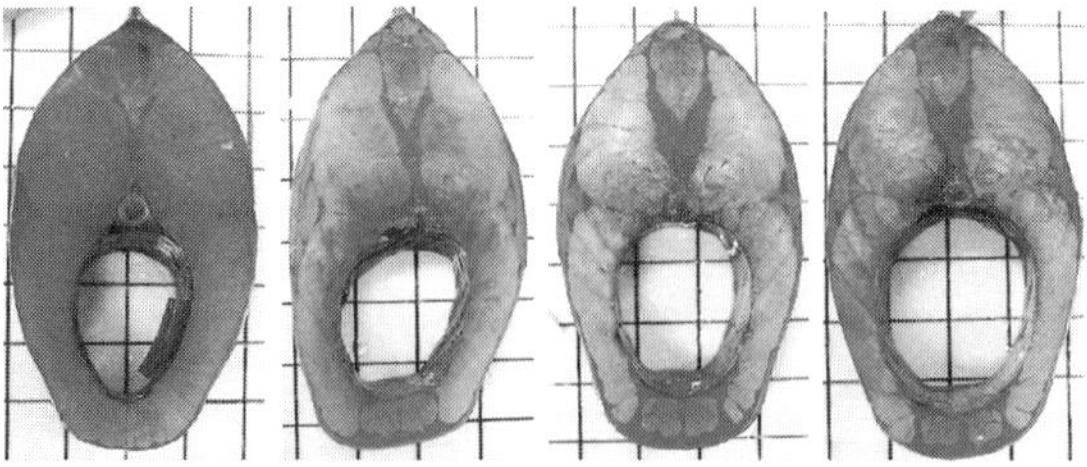

図 11-2　アユ成魚の断面図。オイルレッド染色により骨格筋の結合組織に蓄積した中性脂肪が赤く染まっている。中性脂肪の蓄積量は天然アユで少なく、人工種苗養成アユで多いことがわかる

表 11-2　稚魚期と成魚期の脂肪の蓄積量の違いについて

	供試魚	断面積	脂肪面積	脂肪面積／断面積（%）
稚魚期	天然遡上	106.5 ± 1.5	0.9 ± 0.2	0.8 ± 0.2
	人工種苗	118.0 ± 3.5	5.8 ± 2.1	4.8 ± 0.5
	供試魚	断面積	脂肪面積	脂肪面積／断面積（%）
成魚期	天然遡上	415.8 ± 35.5	18.1 ± 2.5	4.3 ± 0.3
	人工種苗	430.5 ± 15.5	30.8 ± 1.8	7.1 ± 1.0

て脂肪蓄積の状態を比較検討した。

人工種苗アユでは、筋肉組織内の結合組織に大量の脂肪が蓄積されていることがわかった（**図11−2**）。稚魚期（後期）と成魚期の観察結果を**表11−2**に示す。躯幹断面積あたりの脂肪面積は天然遡上が〇・八±〇・二%、人工種苗が四・八±〇・五%となり、成魚期では天然遡上が四・三±〇・三、人工種苗が七・一±一・〇であった。以上のように、稚魚期と成魚期にかかわりなく、両方の時期において、人工種苗は天然遡上魚に比べて脂肪を顕著に多く蓄積していることが明らかになった。

また、人工種苗を成魚まで養成した群れでは、稚魚期と比べて脂肪蓄積量がより顕著となることも示された。

人工種苗アユにおけるこのような脂肪蓄積の理由については、人工種苗を養成する過程における過剰給餌の可能性が高いと考えられる。これは、養殖用種苗ほどではないにしても、放流用種苗の生産事業において短期養成と早期出荷が至上命題となり、過剰給餌に落ち入りやすくなり、結果としてこのような脂肪蓄積が生起したのではないかと考えられる。今後、天然遡上アユにより近づけるため、人工種苗アユの種苗生産システムにおいて、エネルギーの摂取と消費のバランスついて研究をすすめる必要があると考えられる。

解剖学的な調査

さらに、人工種苗アユの問題点を明らかにするため、解剖調査を行ない、天然遡上アユとの比較を行なった。この解剖と観察については、私の専門分野ではないので、長年、水産試験場で魚病診断と養魚指導を担当し、多くの知見を蓄積してきた専門家の協力を得ることとした。

調べた天然遡上アユは、なんらかの感染症にかかっている可能性が高いと思われる個体も認められたが、ほとんどの個体が健康と判断される状態であった。一方、人工種苗アユについては外観、鰓、腸、胃、幽門垂《ゆうもんすい》、肝臓などほとんどの部位においてなんらかの異常が認められた。主な症状は鰓薄板《さいはくばん》（毛細血管の多い部分）の点状出血、先端カール（本来まっすぐな鰓の先端が曲がっている状態）、油滴（液状の脂肪）、そして、腸、胃、幽門垂への脂肪塊蓄積、肝臓の脂肪変成であった。これらの症状は脂肪代謝異常、パントテン酸欠乏、水質異常などが原因と考えられるもので、鰓薄板や肝臓の状態から判断して、一カ月間程度の処置で回復可能と判断される状態であった。低密度の中間育成池（大量生産した種苗や稚魚を分養して、放流可能なサイズまで育てるための池）で飼育された人工種苗アユでも、脂肪代謝異常、パントテン酸欠乏、水質異常の症状はみられたがその程度は軽微であった。

この調査で、採卵作業と種苗生産を行なったのは同じ生産機関であり、飼育担当や飼料など基本的な飼育管理方法が同じであっても、飼育水や飼育密度など飼育条件が多少とも良好な中間育成池で飼育された人工種苗では、症状はより軽く、異常を示す個体の数も少ないことがわかった。これらのことから、人工種苗における中間飼育池の状態を改良することにより、内臓の解剖所見にみられた諸症状を改善できる可能性は高いと考えられる。

一般に、内水面種苗センターで生産される人工種苗アユは、防疫対策の励行により、無病性を確保している。しかし、アユ放流関係者や釣り愛好家からは「人工種苗は出水に流されやすい、いつまでも群れアユのままでいる、友釣りをした場合に追いが弱い」などの問題点が指摘されてきた。その原因を探るべく人工種苗アユと天然遡上アユを外観および解剖所見から比較した結果、人工種苗アユは内臓周辺に多くの脂肪塊が蓄積し、しかも、いわゆる脂肪肝の状態にある個体が多く、鰓に異常を認められる個体が多くあった。このうち、肝臓と鰓の異常はアユの活力に大いに影響する。人工種苗アユで指摘されている上記の問題点の原因として、これらが関与している可能性は大きいと考えられる。

幸い、調査した放流期の人工種苗アユの状態は、飼育方法の改善により一カ月程度で改善がみこまれる状態であった。飼育途中で外部ならびに解剖調査を時折実施することによりアユの状態をこまめに把握し、症状に応じて投餌量の調節や脂肪代謝改善剤、強肝剤の投与を行なえば天然遡上アユに劣らないアユを生産することも不可能ではないと考えられる。

高知県の試験研究機関には、天然遡上アユと混同されるほどに活力のある人工種苗アユを生産した実績がある。技術的には克服されている問題ではあるが、経済活動をともなった場合、必要最小限の経費で理想に近いアユを生産しなければならない、という別の課題がある。この課題を克服するためにも今回行なったような解剖調査を今後も継続的に実施し、必要と考えられる事項に関して飼育方法の改善をその都度行なっていくことで、天然遡上に近いアユの生産が可能となるのではないかと考えられる。

自然河川に放流した後の変化

人工種苗アユの生理特性が自然河川へ放流された後、どのように変化・回復するのかを知る手がかりを得るため、成魚期の天然遡上アユと人工種苗アユとの間で形質の比較を行なった。サンプルとして、物部川永瀬ダム上流域へ放流された人工種苗がおよそ三カ月間天然条件で育った後、七月中旬に友釣りにより再捕されたアユ（人工種苗放流成魚）、および人工種苗を種苗生産施設のコンクリート池で三カ月間継続飼育したアユ（人工種苗池中養成魚）を供試標本として用いた。比較対照として、物部川下流部で七月に友釣りにより捕獲されたアユ（天然遡上成魚）を基準標本として用いた（**図11-3**）。

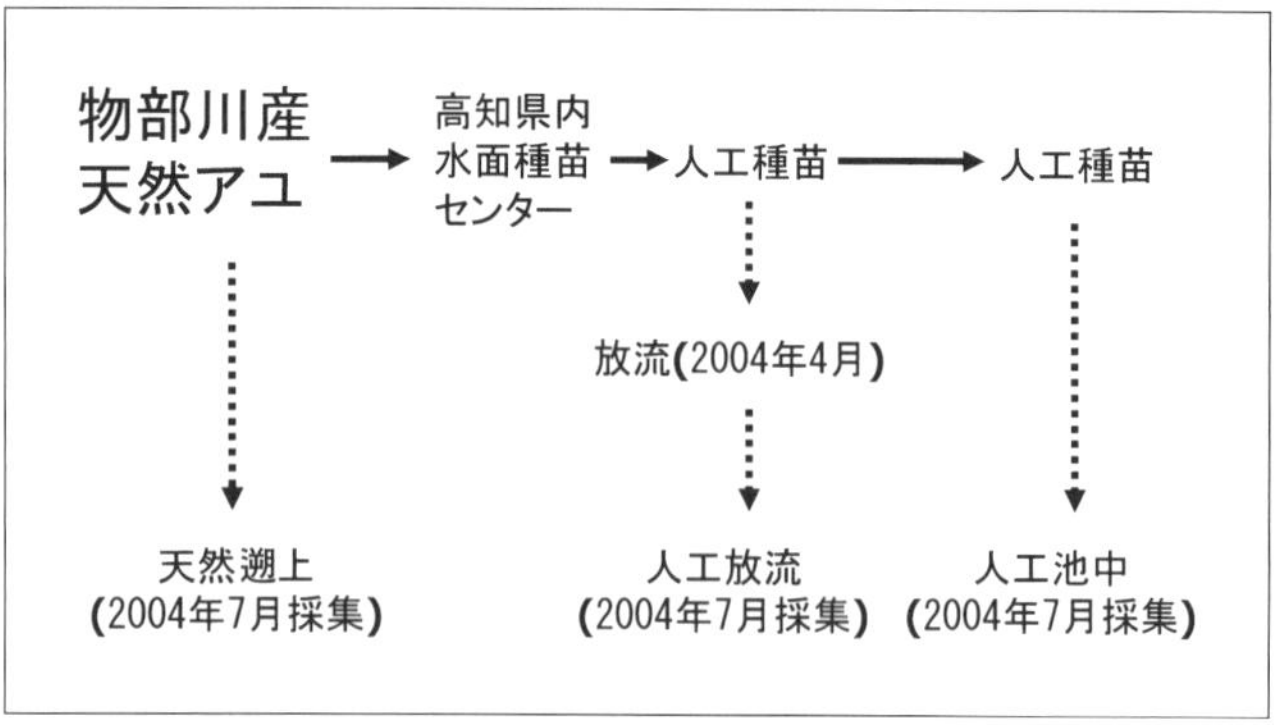

図 11−3　サンプルとして用いたアユの相互関係

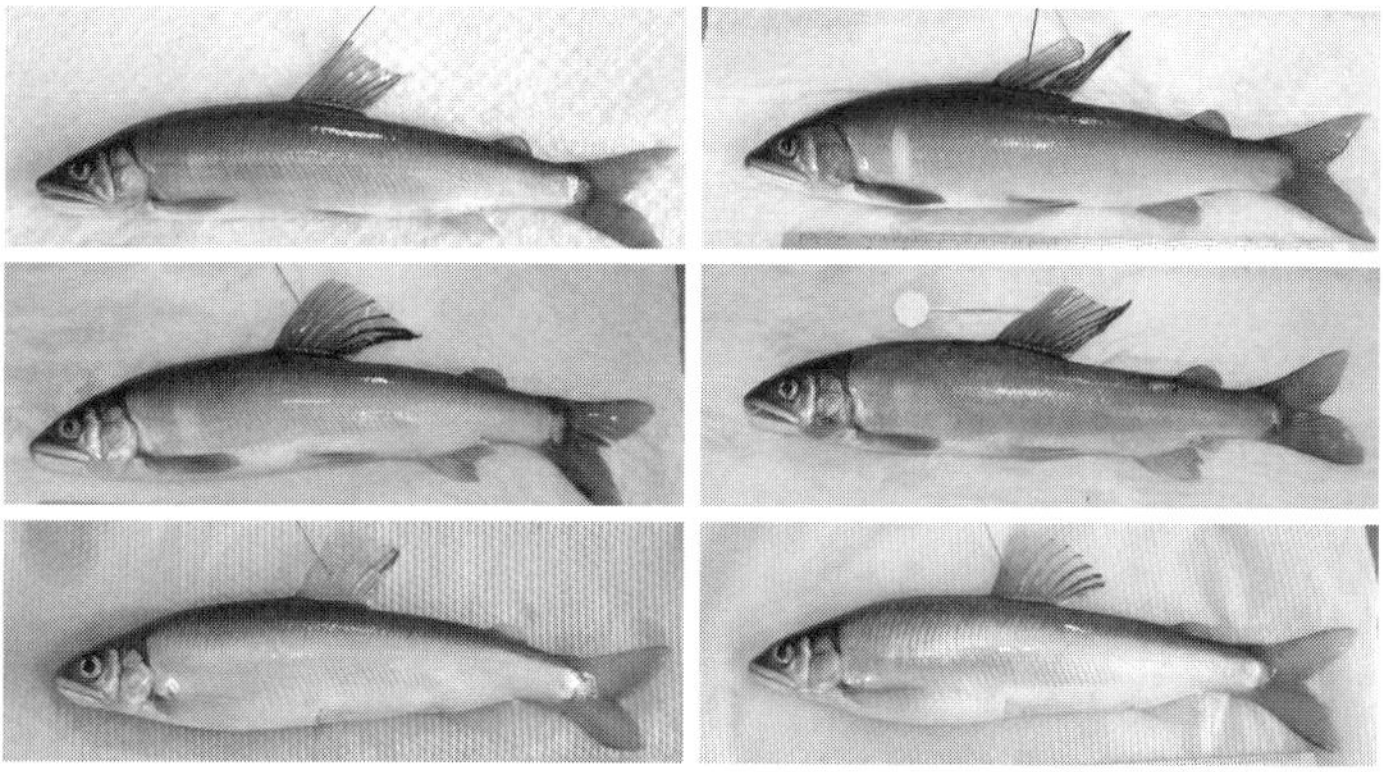

図 11−4　天然遡上成魚（上）、人工種苗放流成魚（中）、人工種苗池中養成魚（下）の外観。天然遡上魚および人工種苗放流成魚の体色はオリーブ色を帯び、頭部および胸部には黄色の斑紋が認められる。池中養殖魚の体色は銀白色で、頭部・胸部の黄色斑紋はほとんど表われない

筋繊維の太さ

赤筋部分と白筋部分の筋繊維の断面積をH．E．染色とPAS染色により観察した結果、天然遡上アユの赤筋部分の筋繊維は、池中養成魚に比べ、相対的に細くその数も多いことが判明した。一方、人工種苗アユの場合、そのまま成魚まで養殖されると筋繊維は相対的に太いままだが、物部川の永瀬ダム上流に放流されたものでは、放流後三カ月程度で天然遡上アユの筋繊維のように相対的に細くなることが確認された（**表11―3**）。このような筋繊維の太さの変化は、この形質が遊泳能力になんらかの関係があることを示唆するものと考えられる。今後、このような筋繊維の性状変化を引き起こす事実を手がかりとして、人工種苗アユを天然遡上アユに近づけるための手法開発に結びつけることができると思われる。

血液性状

次に、健康状態や酸素運搬能力にかかわる知見を得る目的で、血液性状を調べてみた。測定項目は、赤血球数（RBC）、ヘモグロビン量（HGB）、赤血球の割合（HCT）、赤血球容積（MCV）、赤血球色素量（MCH）、赤血球色素濃度（MCHC）、血小板量（PLT）の七項目である。RBCやHGBは、遊泳性が大きい活発な魚種で高い値を示し、あまり活発に動き回らない魚種では少ない傾向にあることが知られている。したがって、これらの項目は運動能力に関連する一つの形質と考えられる。

調べた多くの項目で、天然遡上成魚と人工種苗池中養成魚との間には明瞭な差異が観察され、人工種苗放流成魚は天然遡上成魚にやや類似した値となっている（**表11―4**）。天然遡上成魚のRBC、HGB、

ＭＣＨ、ＨＣＴで表わされるヘモグロビン量にかかわる特性において、人工種苗池中養成魚より有意に高い値であった（表11－4、図11－5）。これらの項目が酸素運搬能力に関連する形質なので、このような差異は、天然遡上成魚と人工種苗池中養成魚の運動能力の差の原因となっているものと判断した。

一方、人工種苗放流成魚については、個体別にみると、天然遡上に近い特性を示す個体から人工種苗池中養成魚に近い特性を示す個体まで、特性はばらついていた。放流後三カ月を経過した人工種苗放流成魚の血液性状は天然遡上成魚の値に近づく傾向を示したが、自然環境下で天然遡上アユなみになるまでの時間は、個体や生理形質によって異なり、三カ月ではすべての個体が回復しきれていないことが明らかとなった。

特に、人工種苗放流成魚のＲＢＣが少なく、放流後にＭＣＨＣは回復するものの貧血状態が続いていると判断された。また、ＰＬＴも少ないままであった。ＲＢＣやＨＧＢでは、人工種苗池中養成魚に近い個体が多いことから、これらの形質は改善に時間がかかるものと考えられた。ただし、調査時点（二〇〇三年）では、人工種苗放流成魚は上流域で再捕されたとはいえ、冷水病の影響が全くなかったとは言い難く、その影響は否定できない。

前節で述べたように、人工種苗放流成魚の筋繊維は、放流後三カ月間で天然遡上成魚にほぼ近い性状を示すまでになっている。人工種苗放流成魚が天然遡上アユに匹敵する活力ある動きをするためには、酸素輸送力に深く関係するＲＢＣやＨＧＢの性状を、放流前もしくは放流後の早い段階で天然遡上なみにしておく必要があると考えられる。そのためには、人工種苗アユの育成法、放流時期などを含む放流

表 11-3　サンプル間の筋繊維の太さの比較

		サンプル数	赤筋繊維部分 (μm^2)	白筋繊維部分 (μm^2)
人工種苗池中養成魚		4	3714.74 ± 478.04	12052.24 ± 3398.53
人工種苗放流成魚	上流	3	1984.22 ± 123.66	10131.18 ± 819.76
天然遡上成魚	下流	3	1903.03 ± 104.01	10019.99 ± 1612.34

表 11-4　物部川産アユにおける採集水域間での血液性状の比較

採集水域	RBC $\times 10^6$cells/μL	HGB g/dL	HCT %	MCV μm^3	MCH pg	MCHC %	PLT $\times 10^3$cells/μL
人工放流・上流 2	412.7 ± 36.3a	16.4 ± 1.5b	38.2 ± 3.1	92.7 ± 3.8	39.8 ± 2.1b	43.0 ± 2.1b	5.6 ± 3.8
天然遡上・下流 3	465.2 ± 44.3b	18.1 ± 1.4c	40.7 ± 3.4	87.7 ± 4.1	39.1 ± 2.0b	44.6 ± 1.8b	7.4 ± 3.4
人工池中養成	425.1 ± 32.4a	14.7 ± 1.3a	39.9 ± 5.4	93.6 ± 10.1	34.6 ± 1.4a	37.3 ± 3.9a	5.9 ± 2.6
	*	*			*	*	

*：集団間で危険率 5%で有意差が観察された形質

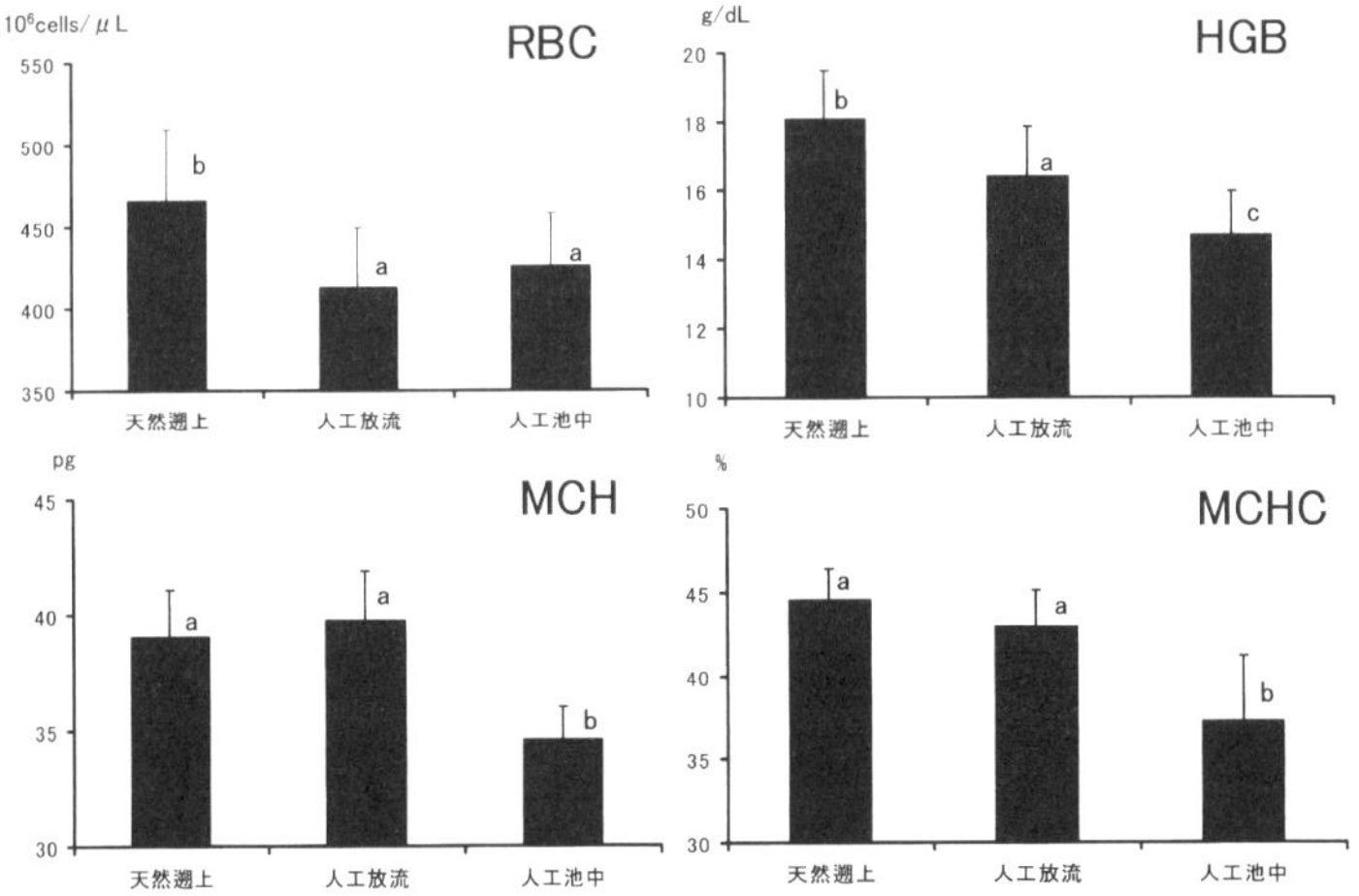

図 11-5　各形質の異なる生息環境間での血液性状比較。a、b、c は危険率 5%での有意差を示す（中嶋他、2008）

技術と血液性状の関係を解明し、天然アユに近づけるための方策を明らかにすることが求められる。なかでも赤血球数とヘモグロビン量を増加させること、すなわち、貧血を改善することはアユの健苗性を確保するうえでの一つの重要課題と考えられる。

解剖学的性状

物部川の永瀬ダム上流に放流された人工種苗放流成魚については、下顎部や鰭基部の発赤、穴アキなど細菌性疾病の症状を呈している個体が、ほかのサンプル群に比べ多くみられた。鰓弁、鰓薄板についてでは放流前の人工種苗アユや人工種苗池中養成魚よりも悪い状態がみられ、河川に放流された後に症状が悪化したか、新たな疾病にかかった可能性が考えられた。しかし、物部川下流の天然遡上成魚と比較すると、鰓弁の外観にはほとんど差が認められないものの、鰓薄板と血管については人工種苗放流成魚のほうが良好であった。内臓脂肪塊の蓄積については、天然遡上成魚および人工種苗池中養成魚と比較して脂肪蓄積の程度が最も少なく、放流後に脂肪代謝の状態が改善されていたことがうかがえた。

しかし、肝臓の色調が良好な個体は五尾中二尾にとどまり、肝組織の脂肪変性が残っている個体が五尾中三尾認められた。物部川下流天然アユは五尾とも透明な赤色を呈し、肝臓の脂肪変性が全く認められていないので、人工種苗放流成魚の脂肪肝は回復傾向にあるものの、十分には回復したとは言い難い状態にあったと考えられる（図11−6A）。

また、人工種苗放流成魚の腸壁の発赤、胃周辺の脂肪塊の発赤、幽門垂周辺の脂肪塊の血管充血など、

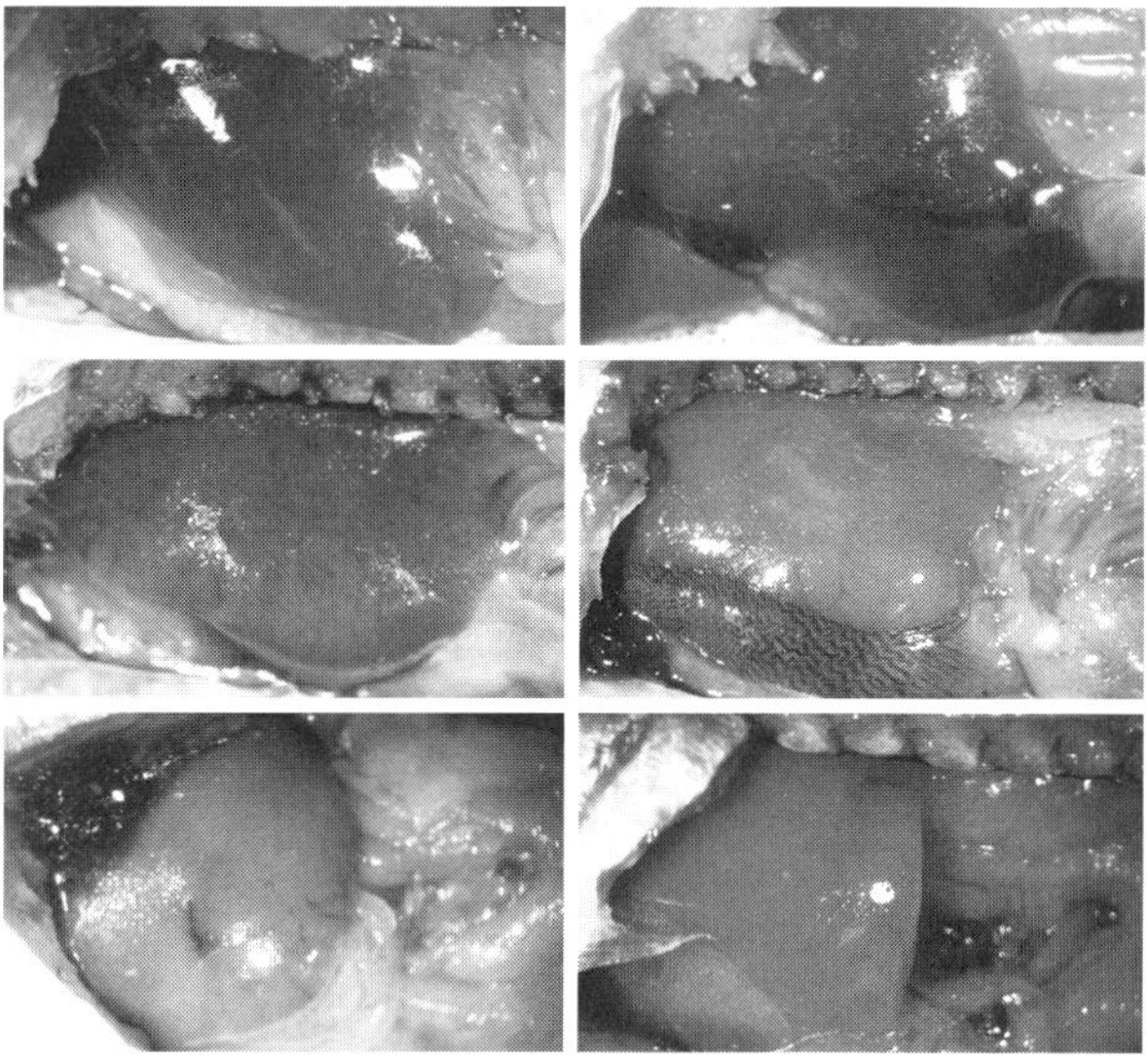

図11-6A　アユの肝臓外観。天然遡上成魚（上）、人工種苗放流成魚（中）、人工種苗池中養成魚（下）。天然遡上魚および人工種苗放流成魚の肝臓は赤色が強く表われ、池中養成は肝臓組織に脂肪が蓄積し桃色を帯びている。放流魚は両区の中間的色調を呈している

ほかの二カ所のアユに比較して内臓の発赤が目立った。特に脂肪塊の発赤、充血は、ほかの二カ所のアユでは全く認められず、出血性の感染症にかかっている可能性も考えられた。

総合的にまとめると、人工種苗放流成魚はほかの二群の中間的状態にあり、放流後の天然河川環境下で脂肪代謝異常が改善されつつあるものの、逆に感染症などの罹患により鰓や内臓の悪化が進行していると推認された。

人工種苗池中養成魚の外観は、鰭には外傷、スレなどの異常が認められず、全体としてかなりよい状態と判断された。ただし、調査したすべての体色が銀白色であり、胃、腸、幽門垂は厚く脂肪塊にとりまかれ、肝臓においてもすべてに色

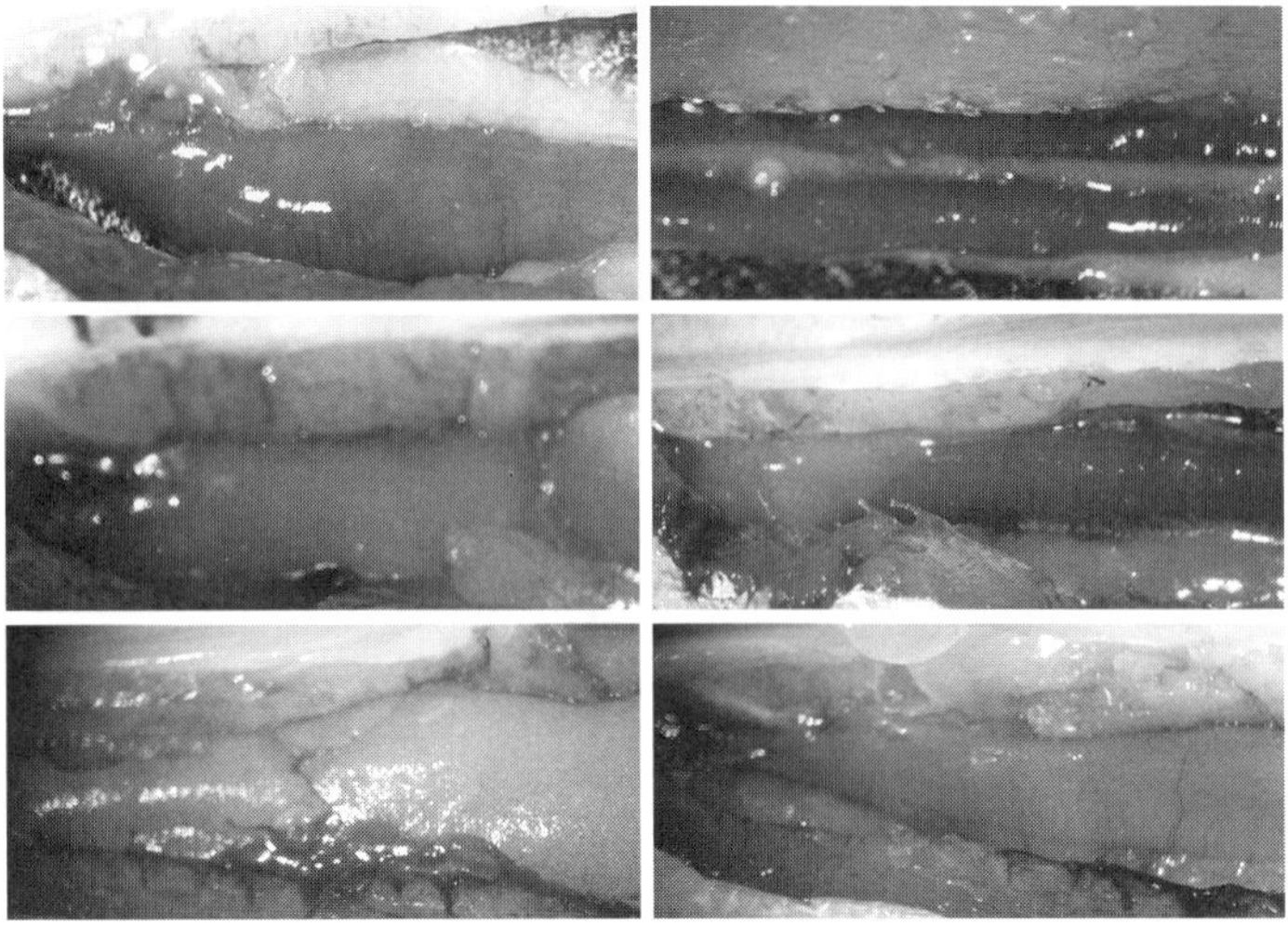

図 11-6 B　アユの消化管（腸）の外観。天然遡上成魚（上）、人工種苗放流成魚（中）、人工種苗池中養成魚（下）。池中養成魚の消化管には脂肪塊が覆っているのに対し、天然遡上および放流魚では脂肪塊がほとんどみられない

調の異常が認められた（図11－6B）。この色調異常の原因は肝組織の脂肪変成によるものであり、脂肪代謝異常が重篤であると判断された。内臓脂肪蓄積の要因として運動不足なども考えられた。体色青変、鰓薄板の癒着が生じており、パントテン酸欠乏症状の発現の可能性が強く示唆された。

人工種苗の健苗性をいかにして向上させるか

この調査で用いた人工種苗の生理的性質については、筋肉組織の性状、筋繊維の太さ、筋肉組織中の脂肪蓄積量、血中へモグロビン量などにおいて、天然遡上アユと著しく違っていることが明らかとなった。一方、鰓、内臓などの解剖所見においても大きな差が認め

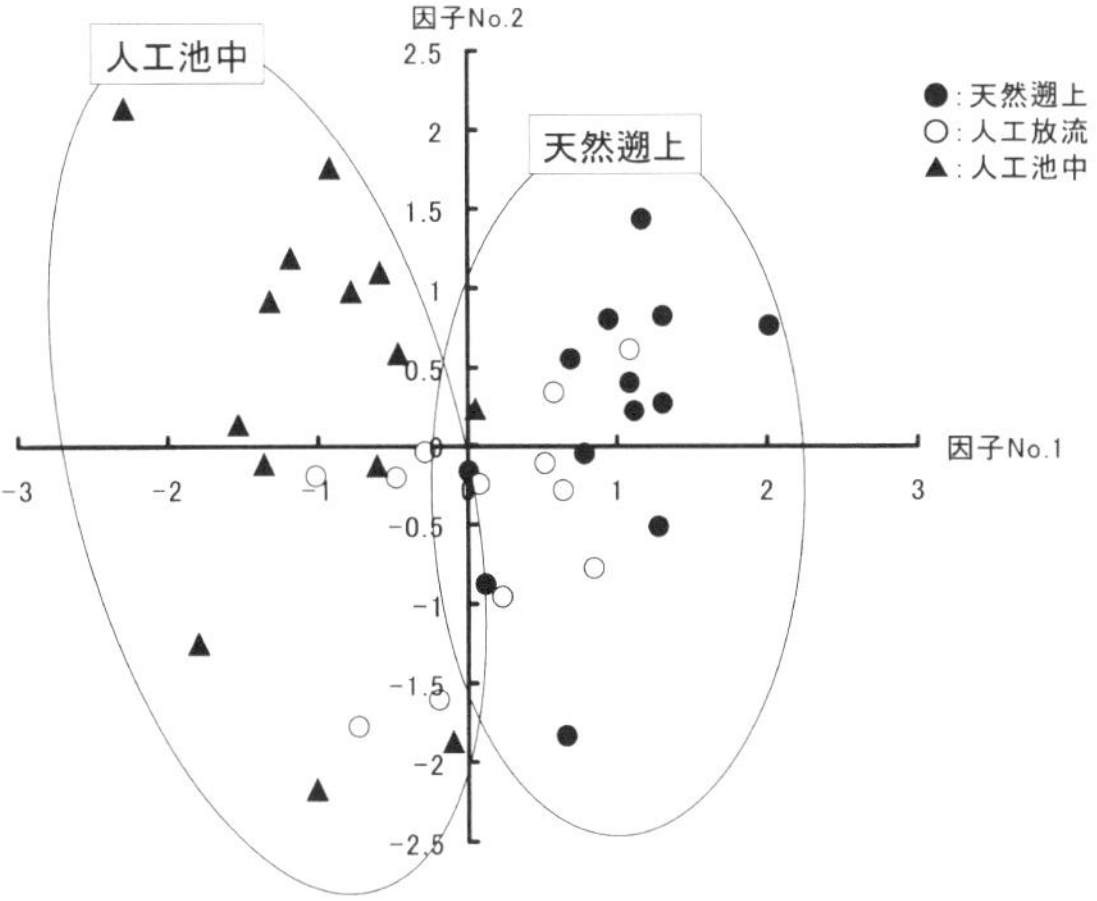

図 11-7　血液性状の因子得点による各個体の分布。天然遡上成魚群と人工種苗池中養成魚群が分離され、人工種苗放流成魚群は両群の中間的位置に出現する。このことから、人工種苗放流魚群は体質面では放流前に池中で養成された時期の性質が残存していると考えられる（中嶋他、2008）

られた。

人工種苗アユにおけるこのような違いは、それらが河川放流され自然水域で十分成長をとげた後には小さくなり、特性によっては天然遡上アユとほとんど差がなくなるまで改善される場合もあった。しかし、河川放流後一部は改善されるものの、三カ月経過後も赤血球数、ヘモグロビン量などの血液性状、および脂肪代謝異常やそれに起因する肝臓、鰓の異常が認められる個体がかなり残っていることが判明した。人工種苗アユの活性が低く、友釣りの対象として適さないといわれる原因が、これらのことと密接に関係していると考えられる。逆の見方をすれば、育成期間中に生じた貧血や脂肪代謝異常など、生理的疾病も、放流時点までに十分に改善しておく必要があることが今回の調査から明らかになったといえる。

検討すべき課題

健苗性確保の視点から人工種苗アユの飼育条件を種々検討し、放流までに少しでも天然遡上アユの特性に近づけるよう工夫する必要があるであろう。前述したような人工種苗アユに表われた生理的諸特徴は、なわばり習性や生息場に関する人工種苗アユの放流後の不自然さの原因になっていると思われる。したがって、以下の飼育環境条件を洗い直す必要がある。飼育池内でどのような流れのなかをどのように遊泳させるか、どのような餌をどのように与えるか、飼育水温を河川水温との関連においてどのように設定すればよいのかなどである。

たとえば、遊泳に関しては、これまでのように一定の流速において持続的運動をさせるだけでなく、池内になんらかの障壁となる構造物を立てることによって複雑な流れをつくり、より自然に近い条件下で摂餌行動を行なわせ、複雑な遊泳行動を誘導することなどである。少なくとも放流に先立ちこのような訓練的飼育を実施することも効果があるかもしれない。また、水槽内の壁面や構造物に付着する水苔（藻類）の自然な摂餌によって、摂取栄養の改善につながる可能性がある。水温は高く設定しがちだが、自然河川に習って早春は早春らしく、あまり早期から高くしないほうがよいと考えられる。自然環境を参考にしながら、飼育水温管理システムを見直すことも必要と思われる。

人工種苗アユのなかでも、わずかながらも良質なアユに近づいた中間育成池があることを手がかりにし、種苗生産の折々に解剖調査を実施し、それにもとづく必要な処置を早期に講じれば、経費と手間を最小限に抑えつつ良質の種苗を生産することも不可能ではないと考えられる。

代謝異常に対して

なお、天然遡上成魚については、人工種苗放流成魚と比較すると冷水病など細菌性疾病の症状を呈する個体も少なく、軽度の脂肪代謝異常のほかは良好であった。しかし、天然遡上成魚に軽度とはいえ脂肪代謝異常が認められることに関しては、物部川下流の河川環境が富栄養状態になっていること、および水温変化が大きいことが原因ではないかと考えられた。

人工種苗池中養成魚については、七月の調査の結果、脂肪代謝異常が三月時点よりも進行しており、採卵用親魚として用いる場合には、良質卵を得るという目的で脂肪代謝を改善することが重要である。治療方策としては、運動量の改善に加えてパントテン酸の投与を検討する必要があると考えられる。

今後の課題

この調査研究では、耐病性の向上および繁殖（再生産）能力については対象としなかった。耐病性については、河川放流後に感染して大量斃死《へいし》するのは環境側の汚染に起因するものと考えられる。環境中の感染条件をそのままにして、耐病性に関する遺伝的要因を改良するという試みがあるとすれば、これは放流種苗の無意識的な遺伝的改変（改良）につながり、野生集団との接点にある放流用種苗の生産システムにはなじまない。これが養殖生産用の種苗の場合は、野生集団との接点がないので、耐病性に関する品種改良は是非とも実施したいところだが、慎重に行なう必要があると考えられる。

繁殖能力については、マイクロサテライトDNAマーカーの分析結果として、兵庫県の千種《ちくさ》川において、人工種苗アユ由来の親魚に由来する仔魚の流下、および翌年の稚魚の遡上を示唆する結果が得られている。

内水面種苗センターによっては、人工種苗の遺伝的多様性について、野生集団との同質性が維持されているか否かの確認試験を実施している。この場合は、産卵場の河床状態、水温、親の成熟などの条件が整っているならば、天然のものと同じ繁殖能力を潜在的にそなえていると想定される。しかし、どのような飼育方法をとったとしても、産卵、受精、孵化、海への流下、川への遡上といった繁殖行動のどこかで、条件が満たされなければ、次世代の生産が成功するという保証はない。

高知県下の川漁師が、「放流後、人工種苗放流アユの姿がみえないので、今年は定着しなかったとあきらめていたところ、晩夏から産卵期になると中流や下流から産卵場付近にかけて必ず出現する」といっているのを何度も耳にしている。しかし、下流域へ現われたこれらのアユが、どの程度産卵したのかを詳細に調べた調査報告はほとんどない。近年の環境条件と現在の人工種苗生産技術から、放流魚の繁殖能力がどの程度のものなのかについて、調査研究をさらにすすめる必要があると思われる。

第12章　これからの人工種苗アユの使い方

前章までは、アユという遺伝資源の諸特性について解説したが、本章ではアユの地理的品種および人工種苗などの特性を比較しながら、適正な利用法について考えたい。

アユの経済的な価値

成魚生産

漁業・養殖業生産統計年報によれば、アユの河川漁業生産量は、冷水病が蔓延する以前の一九九三年頃まで、長い間一・八万トン程度で安定していたが、一九九六年には一・三万トンに低下し、その後二〇〇五年までは一万トンを維持していたが、二〇〇七年には三二〇〇トンにまで急低下している（図12-1）。河川漁業生産金額も漁獲量の低迷を反映して、一九九六年の三五〇億円から二〇〇七年の八〇億円にまで急低下している（図12-2）。一九九六年と二〇〇七年間の減産量はおよそ一万トン、天然アユのキログラム単価を三〇〇〇～五〇〇〇円とすると、その生産金額の低下は年間三〇〇億～五〇〇〇億円程度と推定される。天然アユが豊富で、河川漁業が順調であった一九九三年までの河川の活気ある姿を経験した者にとっては、天然アユの減産により失った価値の大きさを今さらながら思い知らされ

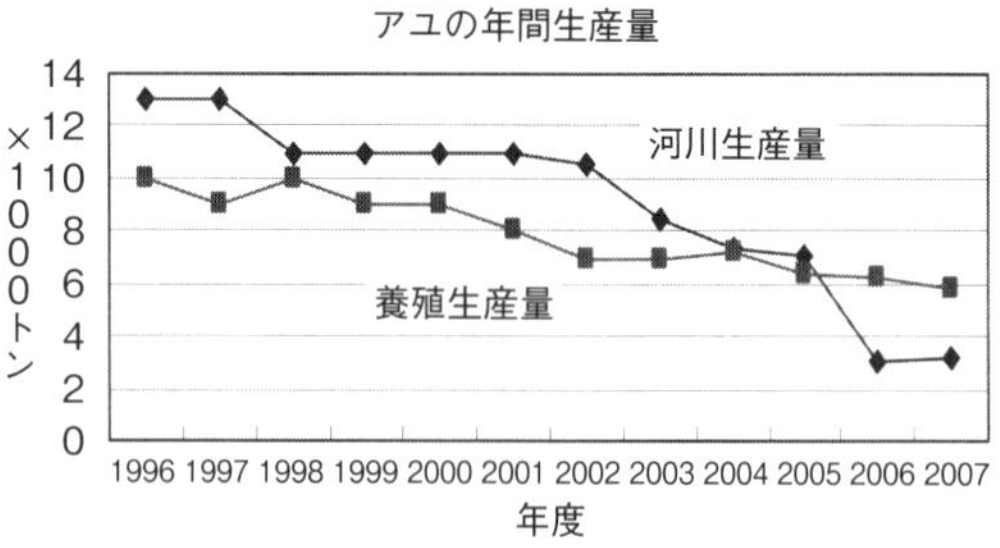

図12-1　アユの生産量の年間推移（千トン）（農林水産統計より）

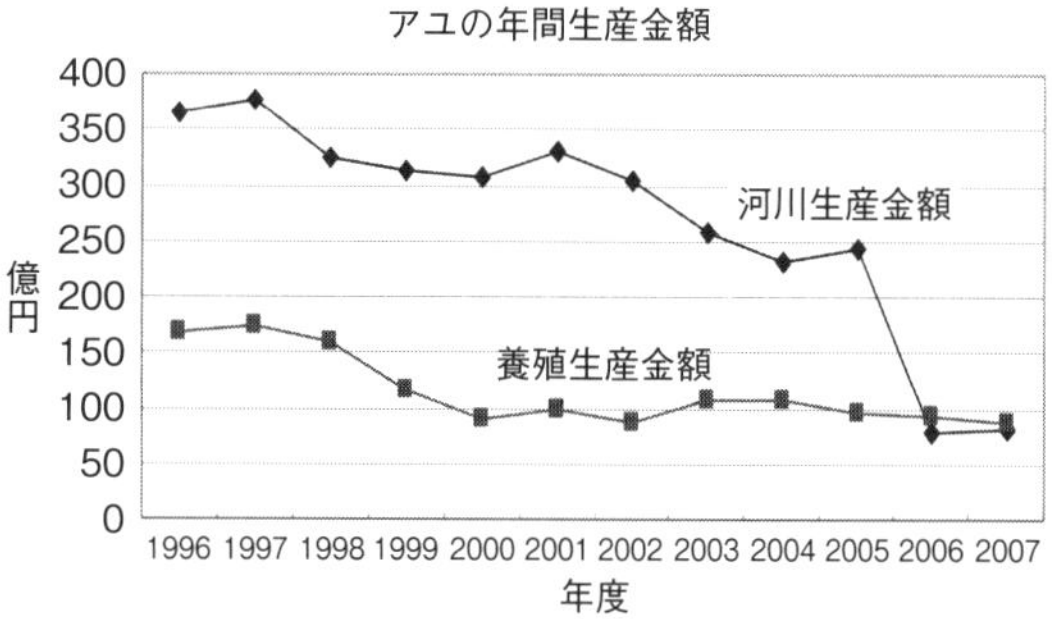

図12-2　アユの生産金額の年間推移（億円）（農林水産統計より）

る感が強い。

これまで、長期低落傾向が続きながらも、天然アユ資源は一定の水準を保ってきた。近年のような資源量の激減は、過去に誰も経験したことのないひどさである。冷水病禍に関しては峠を越え、回復基調に転じたとする楽観論も聞かれるが、今でも冷水病の疑いのある種苗が流通している。今後、河川漁業関係者、遊漁者団体、NPO、学術経験者などが、この危機的状況を正視し、アユ資源の回復のために打つべき対策を考案し、協力してその実行に臨みたいものである。

放流種苗

北海道をのぞく国内の大多数の河川漁業協同組合では、アユが資源管理の中心的存在であり、そのなかで、アユの種苗放流事業は最も重要な地位を占めている。放流種苗の価格は変動するが、一尾あたり五グラムサイズで二〇円程度、一トンあたり（五グラムサイズで二〇万尾）に換算すると四〇〇万～五〇〇万円というのが現在の相場である。全国の年間総放流量はおよそ一〇〇〇～一二〇〇トン程度といわれている（全内漁連資料）。キロ単価を五〇〇〇円とすると、種苗代の総額は単純に計算して五〇億～六〇億円ということになる。この数字は実感より過小評価の感が強いが、資料に含まれないものが多くあるためと思われる。このうち琵琶湖産アユのシェアは最盛期の一九七〇年には七五％を占め、その後、海産系人工種苗が生産されるようになってからしだいに低下し、最近では五〇％程度に下がっているといわれている。さらに近年の冷水病禍により追い打ちがかけられ、三〇％程度に低下したともいわれている（滋賀県のインターネット情報）。

養殖生産

アユの養殖は、種苗の供給と消費量における安定性を背景に、一九九〇年代にはおよそ一・二万トン（キロ単価六〇〇〇円としておよそ七〇億円）で安定していたが、その後、一九九六年には一万トンを割り、近年依然として低下を続け、二〇〇七年には五八〇〇トン程度に低下している。外国から高級海産魚の輸入量が年々増加しているのがその原因なのかもしれない。アユの養殖生産には、食品としては肉質や風味に関する品質向上の課題がある。また、友釣りの囮《おとり》として販売されるアユの量も無視できないものがあり、これについても元気に遊泳する魚をつくるという品質向上の課題がある。

アユの経済的な波及効果

アユが生息するようなきれいな川には、河川の自然環境にひかれて、釣り好きの人たちだけでなく、多様な目的をもった人々が集まってくる。アユ釣りとなると、竿、仕掛け、玉網、囮鮎、川靴（足袋）、防寒用タイツなど、さまざまな物品が必要となり、なかには非常に高くつくものもある。釣行にふさわしい車も必要になる。高速道路も走る。経済学者の試算によると、一つの流域のアユの生産量が一〇〇トンとすれば、その生産金額は三億円にすぎないが、その波及効果は一〇〇億円におよぶということである（『土佐のアユ』一九八九）。

種苗放流事業についても、近年まで天然種苗に依存してきたのだが、人工種苗を生産するようになり、最近では年間生産量が五〇〇トンをはるかに超えるところまで成長した。各県の種苗生産施設の建設費は一〇億円をはるかに超えている。種苗生産には人件費も必要で、また、餌会社は稚魚用のマイクロペレットや成魚用の配合飼料を開発して販売している。養殖アユは、最近はしだいに高品質のものが生産されており、日本の食文化を背景に料亭用の食材としても珍重される。それだけでなく、子持ちアユ、昆布巻き、あめ煮といった加工食材として、一般家庭にも普及するようになった。

以上のように、アユ資源の価値を使用価値という側面からみるだけでも、きわめて大きいものがあることがわかる。しかし、使用価値からみるだけなく、さまざまな波及効果を視野に入れて評価すると、想像以上の価値をそなえていることがわかる。

アユの種苗特性と使い分け

河川放流に適した海産アユ

海へ注ぐ河川への種苗放流の目的は、漁獲のためだけでなく資源の保全という意味が含まれている。この場合、放流種苗は、海へ注ぐ河川においても再生産力がある海産系（両側回遊型）のアユであることが望ましい（第2章参照）。

海産アユは産卵期が遅く、西日本では一〇月中旬以降に始まるため、漁期が長く河川の生産力を十分引き出すことができるという利点がある。産卵アユを保護するために、一〇月から一一月にかけての約一カ月間を禁漁としているところが多い。しかし、孵化した仔魚は海へ流下し、晩秋から春にかけておよそ五カ月間の稚魚期を沿岸域で過ごすため、いろいろな減耗要因が働き、自然遡上量の年変動が激しく、産卵魚の保護だけに頼っていたのでは、河川の生産量の不安定さを解決することはできない。

漁獲量を安定させるためには人工種苗生産が必要となるが、そのさい親魚は海産系を使用することが望ましく、日本の河川環境によく適合した海産系種苗を放流することには合理性がある。

琵琶湖産アユは上流域に放流することで力を発揮

一九八九年の我々の研究結果から明らかになったのだが、琵琶湖産アユ（陸封型）は最後の氷河期に琵琶湖へ閉じこめられて形成された新しい集団と考えられる。そのことは生理的特性にも表われている。まず、産卵魚が早く、やや低い温度でも活動性が高く、よく成長することである。そのため、放流種苗として用いる場合は、一つの水系のより上流域に放流することにより、種苗の特性をよりよく発揮できると思われる。

また、海産アユが多数遡上する年は、繁殖の主役を担う海産アユの住み処を確保するために、湖産アユを下流域に放流するのは避けるべきである。海産系との交配といった遺伝的リスクを防止するという観点からも、天然海産の遡上が期待できないダム上流域に放流するのが好ましい。しかし、海産アユの遡上が減少しており、現実的には下流域へ琵琶湖産種苗を放流せざるを得なくなっている河川があることも事実である。

水温特性

琵琶湖系アユと海系アユの性質の違いを表12−1にまとめた。これらのうち、最も重要な点は水温特性の違いと考えられる。受精から孵化までの時間や遊泳持続性、なわばり性などの実験結果から、琵琶湖系の最適水温は海系より二〜三度低いことがわかっている。琵琶湖系は放流すると、やや低い温度でも活動性が高く、よく成長し、よく釣れる。このような琵琶湖系の水温特性は、約一〇万年前の日本が寒冷期であった時代に琵琶湖に封じこめられた結果、発生したとする仮説（第2章）とよく符合するのである。

成長と産卵

それぞれの最適水温条件下では、両系統はすぐれた成長を示し大差はみられない。琵琶湖系は低水温下でもよく成長するが、高水温下では海系のほうがすぐれている。自然条件下では、琵琶湖系の産卵盛期がやや早く、九月上旬であるのに対し、海系の産卵最盛期は緯度により多少異なるが、北日本ではやや早く、南日本ではやや遅く、一〇月から一一月にかけて産卵する。

表 12－1　海系アユと琵琶湖系アユとの種苗特性の比較

形質	両系の特性比較
形態	琵琶湖系が海系より体高がやや高く、背鰭がやや大きいなどの相対的違いがみられるが、いずれも経歴や生息環境により変化する。鱗の隆起線の配列状態にも違いがみられる
水温特性	琵琶湖系はやや低水温性、海系はやや高水温性。遊泳能力試験や卵の発生速度からみた最適水温は海系が琵琶湖系より２～３度高い。このような水温特性の違いはそのほかの形質における琵琶湖系と海系の違いに関連
成長	養殖条件下では成長に大差はないが、琵琶湖系は低水温でも成長が早いのに対して、海系は低水温では成長が遅れる傾向がある
成熟	自然条件下では琵琶湖系は海系より１～２カ月早く９月に成熟する。海系は成熟が遅く、北で早く、南で遅く、10 月～ 12 月。孵化後満１年で産卵するが、同一日に採卵しても翌年琵琶湖系が海系より約２週間早く産卵する
受精卵のサイズ	琵琶湖系は平均 0.982mm、海系は平均 1.023mm で、琵琶湖系がやや小型
孵化日数	水温 20 度のとき、琵琶湖系は 11 日、海系は 13 日である
孵化仔魚のサイズ	琵琶湖系は平均 5.56mm、海系は平均 6.08mm で、琵琶湖系がやや小さい
なわばり性	シーズン当初は、友釣りで琵琶湖系が海系よりよく掛かる。海系は川の水温が上昇すると琵琶湖系と同様友釣りでよく釣れるようになる。闘争性の実験では、最もよくなわばりを形成する水温は海系が琵琶湖系より２～３度高いことがわかっている

習性

琵琶湖系は放流河川で早くからなわばりを形成し、シーズン当初は特に友釣りでよく掛かる。一方、海系はシーズン当初は掛かりにくく、水温が上昇するおよそ一カ月遅れで掛かるようになる。なわばりを最も形成しやすい水温は琵琶湖系が海系より二〜三度低いことが飼育実験で判明している。

人工種苗をつくる場合は、種苗の使用目的を考慮して、親魚にどちらの系統を使用すべきかよく考える必要がある。

なお、近年、せっかく放流したのに解禁時にアユの姿がみえないとか、成長が悪いといった問題が毎年のように起きている。アユは付着藻類食性であるため、成長期の日照量、雨量、河川流量、密度効果などに敏感に反応する。また、多雨であったり寡雨であったり、気候条件が成育に適切でなかったり、河床の汚れにより栄養状態がすぐれていなかったり、奇形があったり、グルギア症、ギロダクチルス症、細菌性鰓病、冷水病などの魚病に罹患して健康状態がすぐれないなど、環境や種苗そのものに問題がある場合、品種特性が発揮されないことになる。

ダム湖産アユ種苗

近年、九州地方のダム湖で繁殖しているアユ種苗が、放流用として流通している。鶴田ダム湖産や岩瀬ダム湖産のアユの由来を調べたところ、いずれもそのルーツは海系であることが判明した。これらは、海系アユの種苗の供給量の少ない年に、地域によっては、代用として用いることが多いようである。

鶴田ダム湖産アユについては、一九八六年にアイソザイムマーカーにより、二〇〇〇年にはDNAマーカーにより系統の鑑定が実施されており、いずれの場合も海系と判定された。しかし、詳細な個体鑑定を実施すると琵琶湖産より、または交雑と考えられる個体が混合していることが判明している。

このところ西日本のダム湖でも自然繁殖するケースが増えている。四国の肱川の野村ダム湖産アユは海系アユと琵琶湖系アユの遺伝的混合集団（交雑でできた集団が何代にもわたって継続的に再生産している集団）ということが最近の調査でわかってきた。野村ダム湖の創始集団が鶴田ダム湖産だといわれているが、最近の調査でも鶴田ダム湖産は海系と判断され、野村ダム湖の系統のルーツが単純に鶴田ダム湖産ということにはならない。海系と琵琶湖系の遺伝的混合集団の様相を呈するようになった過程についてはさらなる研究が必要である。

中国地方のダム湖産アユについては、高木基裕・愛媛大学助教授が、山口県の阿武川ダムの陸封アユが海系であることを確認している。

二〇〇七年に、福山大学で調べた広島県の八田原ダム湖の陸封集団は、DNA鑑定の結果、野村ダム湖産と同じく海系アユと琵琶湖系アユの遺伝的混合集団であることがわかった。このアユは九月下旬の短期間に集中的に産卵することがわかっている。

このようなダム湖産アユが種苗の流通を経て各地へ移動することにより、天然の在来系統に遺伝的攪乱が生じ、それぞれの特性を消失させるようなことが起こらないよう慎重な選択が求められる。

人工種苗

人工種苗の特徴は、用いた親魚の系統により異なると考えるのが普通である。たとえば、高知県のアユ種苗センターでは海産系人工種苗を生産しており、再生産可能な種苗として同県内の各河川に放流されている。当該海域において採捕した海産系アユを親魚として種苗生産すれば、再生産用種苗として重宝されるであろう。また、古い話ではあるが、水産試験場で作出された人工種苗には海産系と湖産系の雑種であるものがみられた。群馬県内水面水産試験場の作出している種苗は、およそ三〇代にわたって継代された琵琶湖系の改良種苗と考えられている。

人工種苗の特徴は、創始集団の系統的特性によってほぼ決まると考えることができる。このほかに人為的管理下で飼育されたことに由来すると思われる特異的性質がある。

飼育技術が未完成であったときは、短椎症（短軀症）などの奇形が発生したが、現在はほぼ解決されている。現在、残されている問題は、群れの作り方、泳ぎ方、放流後の移動・分布などの習性において、天然種苗よりしばしば劣っていることだ。河川放流用種苗の生産については、遺伝的な項目だけでなく、第11章で述べたように、種苗の育て方（飼育条件）を適正化することにより、自然遡上魚と同じような生態的・生理的特性をそなえたものが作出できる可能性があり、最近は、生産機関によっては性質のすぐれた種苗を生産するというチャレンジが行なわれている。

人工種苗の稚魚は、野生の稚魚とは生理・生態的性質において大なり小なり違いがみられ、しばしば自然環境下での生活力や再生産能力において劣っているという疑いをかけられる。人工種苗アユの利用目的が養殖なのか放流用なのかによって、評価基準が異なるのは自明のことである。

また、人工種苗の健苗性を評価するには、人工種苗の特徴を的確にとらえることができる形質を把握する必要がある。一般に、健苗性の指標は形態学的特性、生理学的特性、生化学的特性、生態学的特性、習性学的特性、遺伝学的特性などに分けることができる。どのような形質（特徴）をどのようにして評価するかということについては、群れ性やなわばり性、生息場所に対する指向性、生残性、再生産能力など放流効果の良否につながる性質が重視されることになるが、これらについては第11章で詳しく述べた。

どの種苗をどこへどのように放流するか

現在、日本で使用されているアユの種苗には、野生集団由来の海系アユ（両側回遊型）、琵琶湖系アユ（陸封型）および各県水産試験場やアユ種苗センターで生産されている人工種苗などがある。それら種苗の生理・生態的特性はさまざまであることはすでに述べた。これらのうち、海系アユは、これまで太平洋側と日本海側を含めて単一集団ということになっていたが、DNAマーカーによる今回の調査において、それぞれの海域に特有の地方集団が存在する可能性が示唆された（第5章参照）。

日本の野生集団のなかで、隣接海域の河川集団で遺伝的に同質と判断できる海産稚アユについては、近隣河川にもちこむことは可能と考えられる。また、南西日本または東北日本のそれぞれの県と県、または海域間でも、系統鑑定の結果、遺伝的同質と判断できる場合は、輸送してきた種苗を放流すること、それらを親魚に養成して採卵することは一つのあり方と考えられる。しかし、地理的に比較的近い集団でも、異集団の境界線で仕切られる石川県と富山県の場合のように、遺伝的に遠い関係にある場合は、それらの地域間または海域間の移出入は中止すべきと考えられる。

それでは、琵琶湖産アユを海産アユの生息する各県の河川へもちこむことについてはどうであろうか。琵琶湖産種苗は海産アユとは産卵期がはっきりと異なり、両者が交配することは考えられない。実際に、遺伝マーカーによる調査を長年実施してきたが、遺伝的混合（交配）の証拠は、今のところみつかっていない。したがって、琵琶湖で採捕したアユ種苗をそのままの状態で、各県の河川にもちこみ放流することは問題とはならないだろう。ダムより上流の冷水域において、琵琶湖産アユはその能力を存分に発揮して好成績を残すことが期待できる。しかし、琵琶湖産アユ種苗を、産卵期を遅延させる処理をして放流すると、海産アユと容易に交雑すると考えられるので注意を要する。

次に、奄美大島に残存しているリュウキュウアユが少なくなったので、本州のアユを奄美大島へ導入して放流するとどうなるであろうか（移植をしたいという話を実際に聞いたことがある）。多分、両者には亜種レベルの違いがあり、産卵期が異なるので、交雑は免れると思われる。しかし、両亜種間で交雑が起これば、リュウキュウアユの本来の特性は攪乱され、この絶滅危惧種の運命はひとたまりもなく崩壊すると考えられる。

アユの種々の種苗を河川放流するさいには、以上に述べた潜在的利点と有害性について総合的な評価が求められる。また、種苗放流になんらかのリスクが予測される場合には、その事実確認のための調査を継続的に実施し、リスクを適切に予測し、管理（防止）できるようにする必要がある。なお、この問題については、巻末付録にある水産庁養殖研究所発行の「アユの遺伝的多様性保全から見た種苗放流指針」を参照されたい。

各地のアユ集団の遺伝的管理指針

マイクロサテライトDNAとミトコンドリアDNAを併用した解析により、日本列島を中心としたアユ集団の遺伝的多様性について、これまで以上に詳細な評価を行なうことができるようになった。その結果にもとづく提言と今後の課題について以下にまとめた。

「日本列島のアユ集団」

◎**遺伝的変異性**：日本列島における海産アユ集団の遺伝的変異性は高い値を示した。このことは、近い過去も含めて海産アユ集団の集団有効サイズが十分に大きく保たれてきたことを意味している。得られた値を基準値として、今後、変異性のレベルが現状以下に下がらないような資源管理を実施することが望まれる。

◎**琵琶湖産アユとの遺伝子浸透**：海産と湖産との間には、マイクロサテライトDNAおよびミトコンドリアＤＮＡともに大きな遺伝的分化がみられ、海産と湖産の間に大規模な遺伝子浸透は全国レベルでも生じていないことが明らかとなった。ただし、一部には交雑個体の存在が示唆されており、海産と湖産の遺伝子浸透の実態について解明する必要がある。

◎集団構造と種苗の移動に関する指針：マイクロサテライトＤＮＡ分析から、従来均質と考えられていた海産集団にも有意な地理的分化が存在しており、遺伝的分化が隔離によってもたらされている可能性や、ほかとは隔離された地域集団の存在が示唆されている。したがって、種苗の移動は近傍の河川間、あるいは海洋生活期の仔稚魚によって連結されていると考えられる湾内の河川間にとどめておくことが妥当と考えられる。海産集団の遺伝子流動の実態については、今後それぞれの地域内および地域間の長期的かつ組織的な集団遺伝学的モニタリングが必要と考えられる。

「中国と朝鮮半島の集団」

◎遺伝的変異性：朝鮮半島と中国南部の集団は、日本列島のアユ集団内の遺伝的分化よりも大きな分化程度を示した。このことは、朝鮮半島と中国南部の集団を、日本列島の海産集団と湖産集団ならびにリュウキュウアユとならぶ大きなレベルでの保全単位の一つとして、それぞれ独立して取り扱う必要性のあることを意味している。

また、中国に関しては南部の数河川のみの分析にとどまっているが、同じ大陸の朝鮮半島集団との遺伝的差異や大陸沿岸での不連続な分布状況を考え合わせると、遺伝的に異なる地域集団がさらに発見される可能性がある。今後、中国各地の研究者との連携により詳細な集団遺伝学的調査をすすめていくことが望まれる。

◎**種苗の移動指針**：現在の段階では、韓国や中国の種苗が日本にもちこまれて放流されたり、逆に日本の種苗が韓国や中国本土に放流されたという公式記録はみあたらない。しかし、各地域で独自性をもった遺伝資源として維持していくためには、三国間の連携によって種苗の移動を厳しく制限する必要があると考えられる。また、進化的独自性の高いと考えられる中国南部の集団にも、日本列島と同一のミトコンドリアDNAハプロタイプが少数ながら検出されている。日本からの移植の公式記録はないが、民間レベルでの移植がなかったとは断言できない。

「島嶼集団」

◎**遺伝的変異性**：対馬、済州島、屋久島の集団の変異性については、日本列島や朝鮮半島の集団の変異性に比べて明らかに低いことが再確認できた。これらの島嶼集団がすぐに絶滅する状態にあるかどうかは、DNAマーカーによる結果だけでは判断できないが、島嶼集団の特性として、常に高い絶滅リスクに曝されていることに留意し、各島嶼での生息環境の保全を徹底する必要があると考えられる。

◎**修復対策**：遺伝的類縁関係を検討した結果から、島嶼集団の回復がみこめない場合の修復方策として、佐渡島、隠岐島、屋久島の三島嶼については近傍の日本列島の集団からの導入を図ることが適切と考えられる。また対馬と済州島については朝鮮半島からの導入が適切と考えられた。

しかし、島嶼独自の適応的形質が存在する場合には、導入集団の定着につながらない可能性がある。また、外部からの導入を行なうことで在来の河川生態系に負の影響を与えることも危惧される。したがって、この方策はあくまでも一時的手段の一つとしてとらえ、現存集団の維持を図ることが最優先課題となる。

「人工種苗」

◎**遺伝的変異性**：さまざまな継代履歴をもった人工種苗の遺伝的変異性と分化について、野生集団との比較のもとに検討した結果、人工種苗の変異性は継代にともなって低下し、種苗間の遺伝的分化は増大していることが示された（第10章参照）。変異量を表わす指標のうち、アリル（ハプロタイプ）数がより鋭敏に遺伝的多様性の低下をモニターできる指標であることが示された。

◎**生産様式**：継代的種苗生産の過程で、親魚群に野生個体を加えるだけでは変異性の回復は必ずしも十分に達成されないことが調査によって示された。また、親魚数を比較的多く用いている継代初期（F１～F４）の種苗においても、野生集団との間に明確な遺伝的差異が認められた。これらの要因については、孵化場内における採卵用親魚の再生産への寄与度を、直接マイクロサテライトDNAマーカーなどで検証するなど、詳細な知見を収集することが望まれる。また、親魚の成熟期や体サイズといった形質と、生産された種苗の遺伝的変異性との関係についても、今後着目していく必要があると考えられる。

◎**近交弱勢**：継代的人工種苗の集団内部に、近親交配の可能性を示唆するホモ接合体過剰の特徴がみられた。具体的にどのような形質に近交弱勢が現われるのかについてはいまだ明らかにされておらず、今後、実験的なアプローチを展開していく必要がある。野生集団との遺伝的同質性を確保した種苗を生産し、放流するという視点からみれば、継代人工種苗集団の評価は低くならざるを得ない。しかし、育種素材または実験集団としての価値を見出すことも重要と考えられる。

◎**放流指針：**野生集団と遺伝的に同質の種苗を放流するという観点に立てば、継代初期であっても無制限に河川へ放流することは慎むべきである。ただし、同じ地方集団に由来する異なる継代的人工種苗を混合させた場合には、野生集団に近い、高い変異性を示すことが想定される。このことは、遺伝的変異性の低下した継代初期の種苗であっても、創始集団の異なる種苗を混合することで、変異性のレベルを野生集団に近づけることができることを意味している。

第13章　アユの恵みを享受しつづけるために

多様性保全の意義

生物は、ライフサイクルが順調に回っているかぎり、毎年とぎれることなく確実に果実をもたらしてくれる無限の再生産資源である。石炭や石油のような化石資源は、それを採掘し消費すれば減少の一途をたどり、ついにはなくなってしまう有限資源である。生物は、このような有限資源とは全く異なる価値をそなえるもので、その違いを際立たせた表現法として無限資源といったり、遺伝資源といったりする。アユのような有用な再生産資源は人間にとってたいへんありがたい存在である。しかし、それらの恩恵を受けつづけるためには、そのライフサイクルを切断し、それが原因となって絶滅させるようなことがないよう常々配慮する必要がある。

アユはその有用性ゆえに、濫獲や抱卵魚の再捕といった人為的ストレスを加えられる宿命を背負っており、その影響は、仔、稚魚期に特に顕著に表われる。水産資源としてのアユの生産量に顕著な低下が認められる現状に鑑み、遺伝資源としてのアユから恵みを受けている人間として、アユが現在どのような状態にあるのか研究・評価し、資源動向に対応するなんらかの保全策を実施することが求められる。

種が崩壊するとき

種集団の崩壊は、最初は、生活の場の喪失や生態的攪乱などにより、種内の分集団における個体数の減少から始まる。その後、種の絶滅までのシナリオは、以下の経過をたどるものと考えられる。

①分集団の資源水準の低下と再生産（産卵）集団の縮小
②分集団内の個体変異の低下と近交係数の上昇
③集団および個体レベルの適応値の低下
遺伝子レベルの多様性が低下することにより、環境変化に対応するための能力（行動的能力、生理的能力、再生産能力などの適応能力）が低下し、生活能力が弱くなること。
④分集団の消滅と集団構造の崩壊
一部の分集団が危なくなっても、周辺の分集団から個体および遺伝子が供給され、集団全体の崩壊を免れるという集団の仕組みをメタ集団構造というが、これが壊れることを指す。
⑤種集団の完全な崩壊

集団構造が壊れ、分集団間の遺伝子と個体の流動が阻止されることにより、分集団の崩壊に弾みがつき、ついにはすべての種集団つまり種が消滅する。

最近は、DNAマーカーにより、絶滅危惧種における遺伝的単純化の状況を評価・確認する手法が開発されている。奄美大島に生息する絶滅危惧種リュウキュウアユ集団におけるマーカーアリル構成に、著しい遺伝的単純化が確認されているのはその典型的事例である（第3章参照）。

遺伝資源の保存から保全へ

遺伝資源が危うくなったとき、植物の場合ならば、種子を保存すればひとまず当座の危機を免れることが可能となる。動物ならば、精子を凍結保存すれば長い年月の保存が可能であろう。しかし、未受精卵や受精卵の凍結保存はきわめて困難で、事実上長期保存は不可能に近い。

もしそのような保存が可能であったとしても、遺伝的多様性はもとより生物集団や群集の保全には無力に近いと考えられる。したがって、単に配偶子を冷凍するといった一時的な保存ではなく、野生状態での現場の保存をめざすことが必要と考え、これを保存と区別して保全という言葉で言い表わしている。

保存（Preservation）の定義は、個体や集団を維持することを意味し、この言葉には進化の可能性を保証することは含まれていない。たとえば動物園や植物園、水族館などで個体を飼育・継代したり、種子や精子を保存したりすることを指している。

保全（Conservation）の定義は、将来の進化の可能性を提供するような自然群集の長期的維持を目的として生物を現場において保存する施策と計画を指している。たとえば自然保護区、聖域などを設定することなどがそれにあたる。

ただし、自然集団では、最少生存集団サイズ（minimum viable population size）として、再生産にかかわる非血縁個体数（N_e）を50～100維持する必要があるといわれる。集団サイズが50以下になると、しだいに再生産個体数が少なくなり、集団を維持することが困難となり、ついには種の絶滅にいたるという最悪のストーリーに見舞われる。

佐渡島のトキが極端に減少した時期（およそ四〇年前）に、保存のための対策が講じられることになった。しかし、この集団を自律的繁殖集団として維持することはできなくなった。これにより少集団の再生事業の困難さを思い知らされる結果となった。最悪のシナリオを防止するために、しかるべき時期に、適正な方法を講じることの重要性を学び取る必要がある。

また、生態系は栄養段階の異なる多数の生物種によって構成されている。多様な生物種の相互関係によって成り立つ社会構造は、長い時間をかけて形成されてきたものであり、生態系がいったん崩壊すると、修復するには甚大なコスト（経費、人力）および時間が必要となり、場合によっては再生することが不可能となる。したがって、崩壊の危険性が指摘された生態系と対象生物の生物多様性の保全を目的として、早めに保全のための施策を実施することが求められ、そうすることがより合理的で、効果的と考えられるわけである。

リスク評価とリスク管理の考え方

人間の諸活動が質・量ともに発達して、文明と呼ばれる一つの形になったとき、新しいシステムの利便性に付随するさまざまなリスクが発生することは避けられない。種々の技術が未発達な時代は、リスクが発生した後で、それをあと追いする形でリスク管理法が編み出されるというのが普通であった。しかし、技術レベルが高くなるとリスクもしだいに大きくなり、起こってからでは取り返しのつかない深刻な問題が発生しかねない。そのため最近では、新しい技術の実用化にさいして、顕在的・潜在的リスクの事前評価（risk evaluation）と、それにもとづくリスク査定（risk assessment）、コンセンサスの形成、リスクの管理とモニターといった系統的な取り組みが求められるようになってきた。

水産業界の養殖漁業や放流事業も生物生産技術の一つと考えれば、それにより発生するリスクに対する評価と管理システムを確立することが急務の課題となる。放流事業や養殖漁業は、多様な生物種が生息している自然の生態系、いわゆる解放系のなかでの生産活動なのだから、それによりもたらされる利益の評価はもとより、当該生態系の生物群集および個々の種集団に対する顕在的・潜在的リスクの評価と査定を実施する必要性が今まで以上に高くなっている。

さらに、リスク査定にもとづき、しかるべき方法により採否が決定され、実施が可決された場合には、実施後もリスク管理指針にもとづいたリスク回避のための措置をとり、さらにその影響についてモニターを実施することが求められる。

放流事業や養殖漁業は古い時代から行なわれてきた産業的営みであるためか、日本では、リスク査定を事前に実施したという話を聞いたことがない。しかし、先進国（ノルウェー、米国、オーストラリアなど）では、魚介類養殖計画が立案されれば、リスク査定の作業が付随的に浮上し、相当の時間をかけて調査研究がすすめられている事例がみられる。

解放系に生存する野生集団は、進化的時間のなかで長期にわたる自然淘汰圧に曝されながら、自然環境への適応性を獲得してきたものと考えられる。放流事業においては、非継代的または継代的種苗生産が行なわれ、意識的または無意識的淘汰により野生集団とは遺伝的に異質な集団が形成されることはめずらしいことではない。特に、養殖漁業用の人工種苗は、しかるべき育種目標にそって継代的な人為淘汰に曝され、特定形質における遺伝的優良性と人為的環境への適応性を獲得していると考えられる（第10章参照）。

放流事業や養殖漁業で用いられるさまざまな品種や人工種苗が放流された場合、その水域に生息する野生集団に対し、なんらかの影響を生じる可能性が考えられる。したがって、生態的攪乱または遺伝的攪乱などのリスクの有無を評価・査定し、リスク回避の方法と措置について検討を重ねる必要がある。

放流用の種苗に対して事前に査定すべき一般的な生物学的検査項目は以下の通りであり、アユの種苗放流事業の場合に当てはめて考察してみた。

①放流種苗の分類学的位置関係（種名鑑定または品種名）

アユの種苗の場合は、海系（両側回遊型）、琵琶湖系（陸封型）、継代人工種苗などがあるが、海系アユについては、それに含まれる地方集団の存在とそれらの分布に関する情報が不足している。

②生物学的・生態学的・生理学的特性の調査および検査

海系、琵琶湖系、リュウキュウアユなどの生理・生態学的特性に関する調査研究がなされているが、未解明の項目が多く残されている。

③病原性微生物検査（寄生虫、病原菌、病原ウイルスなど）

アユでは種苗放流を通じてグルギア症、ビブリオ病、細菌性鰓病、冷水病、エドワルドジエラ症などが蔓延したことがあり、自然環境中でのこれら魚病に対する防疫対策が未確立のものが多くある。

④遺伝的多様性検査

アユではＤＮＡマーカーによる検査法の実用化がすすみ、遺伝的多様性レベルの評価、在来近縁種または品種との遺伝的類縁性の査定、当該魚種の集団構造の解明などの研究が試みられている。

⑤対象種苗の最適養殖法および種苗生産法の調査・検討

⑥放流によるリスクの査定と放流の可否決定

⑦持続可能な放流事業を行なうための管理法の策定

種苗の流通経路と魚病の拡大の問題

生産者と販売者の責任

種苗に病気はつきものだ。魚類の放流事業においては、保菌検査技術が未発達な時期にはやむを得なかったかもしれない。しかし、病原菌を保菌していたり寄生虫を保持していることが判明している場合には、本来、生産者責任または販売者責任の観点から、種苗をそのまま販売したり、放流のために移動することは、厳に慎まなければならない。被害が深刻な場合は移動を禁止すべきだが、行政的に実施されないことが多く、河川資源管理の見地から河川漁業協同組合などの側で自主的に実施せざるを得ないというのが実態ではないだろうか。

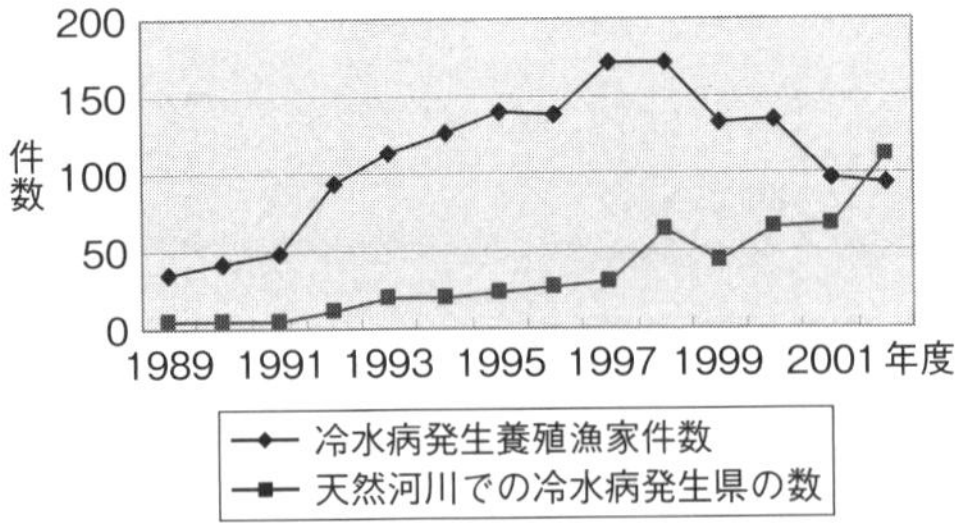

図 13-1　アユの冷水病の発生件数の増加傾向（水産庁資料より）

アユには細菌性鰓病や冷水病など恐ろしい病気がいくつもある。琵琶湖産種苗は、河川での放流種苗として使用しても、養殖種苗として使用してもたいへん評判がよく、受け入れ先から喜ばれていた。しかしこれまで、順調にすすめられてきたアユの放流事業は、一九九三年頃から発生しはじめた冷水病の蔓延により急激に状況が悪化してきた

（図13—1）。この病気の鑑定はDNAマーカーによる方法が確立されているが、病魚には明らかな共通の病徴が認められたので、これが冷水病であることは魚病担当の専門家だけでなく、養殖業者や河川漁協関係者にも外見から判断できた。

琵琶湖産種苗の不調

水質汚染やダム建設による河川環境の悪化の影響がなかったわけではないが、これまでアユの放流事業は長年にわたり順調に推移し、河川生産量は、大きな変動もなく、急激な低下は認められなかった。これは、琵琶湖産アユ種苗の放流が成功裏に実施されてきたことによると思われる。これは、もともと変動の大きい海産アユの天然遡上量が最低レベルの年でさえ、河川生産量は比較的高く維持されてきたことからも推察できる。

ところが、一九九三年頃から主要な天然アユ生産県において、種苗放流量が年々増加しているにもかかわらず、河川生産量はそれとは逆に長期的な低落傾向を示すようになった。アユの河川生産量について、岐阜県、和歌山県の年次傾向を比較してみた（図13—2）。一九九〇～二〇〇〇年までの一〇年間に両県でほぼ半減するところまで低下しており、和歌山県以外の高知県や岡山県でも同じ傾向がみられている。

私が、徳島県のアユ養殖場において琵琶湖産種苗に冷水病が発生し、大量斃死が発生している現場をみたのは一九九三年の夏であった。冷水病による被害が各地のアユ養殖場で発生したが、加温処理と薬

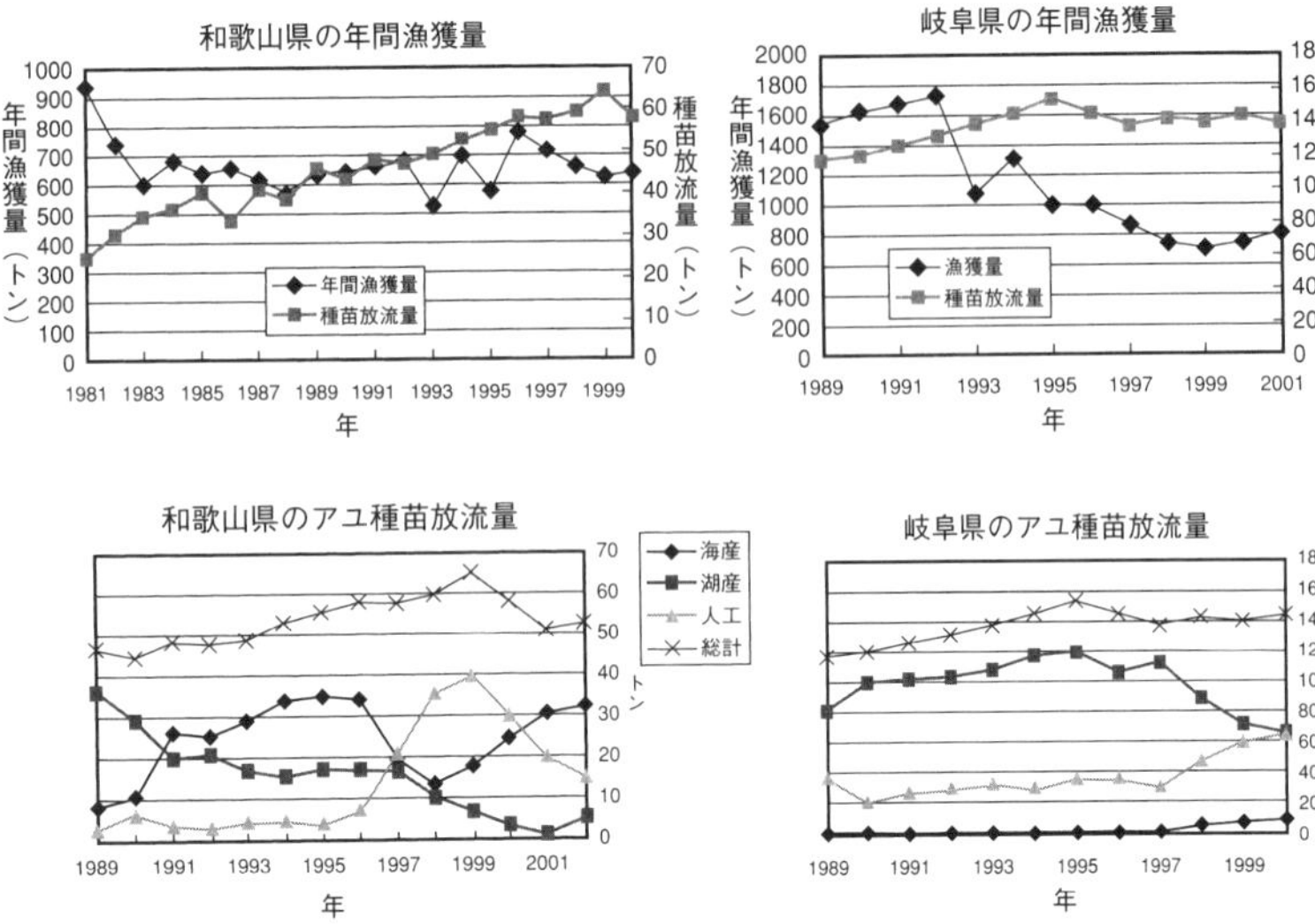

図 13-2　和歌山県と岐阜県におけるアユの年間漁獲量（上段）と種苗放流量（下段）

剤により小康を得ることができた。

同じころ河川漁業関係者から、放流した琵琶湖産種苗が活着せず解禁日に魚がみえない、釣れないといった、今まであまり聞いたことがない苦情をたびたび耳にするようになった。二〇〇〇年以降は、全国の多くの河川でアユが釣れなくなり、関連業界にも影響が出はじめている。

それまで、琵琶湖産種苗については、再生産に貢献しないという問題点はあった。ところが、琵琶湖産種苗には、新たに冷水病感染の問題が加わり、各県のアユ資源の低迷傾向に追い打ちをかけることとなった。各県のデータを比較すると、過去一〇年にわたって琵琶湖産種苗の放流量が多かった岐阜県、高知県、岡山県で被害が大きく、これとは逆に、その放流量が少なく、近年放流中止に近い状態であった和歌山県ではその被害が少ないということを読み取ることが

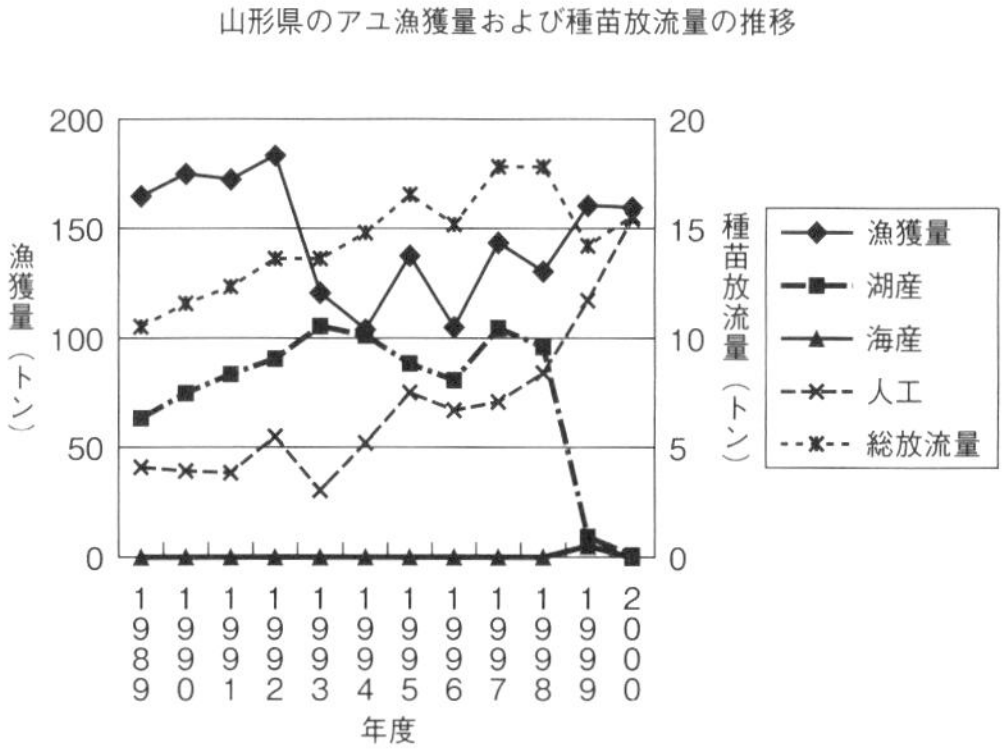

図 13-3　山形県では 1999 年から冷水病対策として琵琶湖産アユ放流を中止し、現在では河川での冷水病の発生はほぼおさまっている（農林水産統計より）

できる。

最近、琵琶湖産種苗を放流しつづけてきた河川で、放流された冷水病菌を保菌していない人工種苗の罹患・大量斃死がみられるようになった。さらに悪いことに、冷水病の感染は海から遡上してきた天然アユにも広がってきた。このような状況は、河川環境全体が冷水病菌により汚染されていることを示唆しており、アユの河川生産に決定的な打撃を与える事態にいたったと考えられる。このような状況を受けて、高知県では、二〇〇二年から、冷水病被害の原因とみられた琵琶湖産種苗の放流を全面的に中止し、現在にいたっている。

高知県のアユ冷水病防疫対策共同研究チームの報告書（二〇〇五）によると、琵琶湖産種苗の放流を中止した後、河川では被害が減少しはじめ、河川とアユの健康状態が回復に向かっているということである。東北地方でも、山形県や岩手県では、比較的早期に琵琶湖産種苗の放流を中止し、冷水病菌フリー種苗を作出し、その放流を実施している。これらの県では冷水病の発生件数は少なくなり、アユの河川生産は回復しつつある（図13-3）。ここにいたって、冷水病菌フリーの人工種苗の生産は、全国のアユ種苗生産センターに課された当面の重要な役割となり、同時に、高い健苗性をそなえた人工種苗の作出が新たに付与される重要課題となりつつある。

琵琶湖産のアユ種苗は、その後も全国の河川で放流されつづけた。このため、今やこの病気が発生しない河川は全国の川でみあたらないほど感染が広がった。やっかいなことに河川でも養殖池でも、一度この病気をもちこむと、毎年発生しつづけるという問題があった。さらにやっかいなことは、せっかく冷水病非保菌の人工種苗や海産の天然種苗を放流しても、放流後に河川環境や養殖環境下で感染して、大きな被害を出してしまうということである。

今、心配なことは、冷水病耐性の琵琶湖産アユが出現することである。そのようなアユは、病原菌のキャリアであることには変わりないので、それを河川に放流しつづけることで、遺伝資源として重要な位置を占める在来海産系アユに冷水病が伝播して、壊滅的被害が出る可能性が懸念される。

魚病学者が安全宣言を出すまで、当分の間、琵琶湖産アユの移動・放流を中止する必要があると考えられる。さらに、その判断が早ければ早いほど、被害を軽くすることができるとも考えられる。幸い、冷水病に対する防疫対策を早期から実施した県では、対策の遅れたところより一足早く回復の兆しがみえてきている。

河川環境の保全と資源管理にかかわる問題

アユの生活にかかわる中・下流域の河川環境は、ダム建設など上流域の開発や流域の人々の生活と生産活動の影響を受けやすく、現状は決して楽観できる状態ではない（このことについては『土佐のアユ』でも触れているので参照されたい）。河川の河口域からその周辺の沿岸域においても、人間の生活と生産活動や、埋め立て・護岸など種々の構造物、発電所の排水など、アユの生活史全般にわたって影響をおよぼす要因はあまりに多く、これらが、近年のアユ資源水準の低迷と無関係ではあり得ない。

他方、アユは、ほかの生物との相互関係においても、生態系のなかでは生物種間の食・被食をめぐる厳しい生存競争のなかを生き抜いている。漁獲は、アユをめぐる生物界の相互関係の枠外から、アユに対して選択的に圧力をかけることを意味している。

先にあげた環境汚染は産卵場の破壊をもたらし、その結果としてアユの繁殖に対して決定的ダメージを与える。人間は、有用性の高い魚種であるという理由で、漁獲を通じてアユに選択的ストレスをかけるわけであるから、アユの種苗放流には、河川漁協が実施する遊漁の施策というだけではなく、主要魚種の資源維持のための手当てをする、という意味が含まれているとの認識をもつことが重要と思われる。

急性的要因

一九八四年秋、西日本は晴天の日が続き異常渇水状態に見舞われ、河川では産卵期になっても産卵行動がなかなか観察されなかった。産卵期の禁漁が終わったとき、落ち鮎漁には未産卵魚が多数捕獲された。これは、渇水状態のため、親魚の下流への移動が遅れたことに加えて、河川水温の低下が遅かったことも相乗的に作用し、正常な産卵活動が大幅に遅れたものと推測された。

悪い予感は的中して、翌年の海産稚アユの発生量はきわめて少なく、それまで続いていた豊漁からは予想できないほど自然遡上量が低下してしまった。この年以降、西日本各県では河川生産量もしくは自然遡上量の低迷が続き、その後、なかなか回復の兆しが認められなかった。このような不漁の状況は、アユの漁獲統計に如実に表われていた。このことは和歌山のアユについても例外ではなかった。

もともとアユは年魚であるから、海産稚アユの発生量に顕著な年変動がみられてきたが、一九八五年以降、海産稚アユの採捕量レベルは長年にわたって回復することがなく、回復の兆しが認められるようになるまで長い年数を要した。

さらに一九九三年以降、冷水病の蔓延により種苗の放流効果が著しく低下した。それにともない、西日本各県の河川では、大きな打撃を受けている。しかし和歌山県では、すでに述べた通り、琵琶湖産アユへの依存度が小さく、比較的早期にその放流を止めたこと、さらにその代替として海産稚アユ種苗を放流してきたことが幸いして、ひどい冷水病被害に見舞われるのを免れている。岐阜県や高知県では、低下したアユの資源量はその後長年にわたって回復の兆しがみえなかった。

このようにいったん低下した資源がすぐに回復することはなく、低迷が続く理由として、年々進行する河川および沿岸海洋環境の慢性的悪化との関係が疑われている。近年、西日本の太平洋側のアユ資源の低迷とは裏腹に、東北地方の日本海側河川のアユ資源の増加が注目されている。地球温暖化による産卵期の水温や海洋生活期の海水温の上昇などがその要因かもしれないが、今後詳しく検討してみる必要があるだろう。

慢性的な要因

通常、河川環境が多少悪化しても、それによりすぐさまアユが棲めなくなるとか、繁殖できなくなるというわけではない。しかし、流域人口が増加し、工場排水および生活排水による下流域を中心とした富栄養化と水質悪化により産卵場は荒廃し、ついにはアユの姿がみえなくなることは、都市部の河川漁業関係者なら誰もが体験してきた確かなことと思われる。また、下流に灌漑用の取水堰が建設され、上流には発電と利水のためのダムが建設されれば、アユのような回遊魚は魚道があったとしても移動を制限され、結果として資源水準の低下を招くことは避けられない。

ダムによる湛水は、流量の平準化をもたらし、河床がリフレッシュされる機会が少なくなり、アユの産卵に適した河床が狭くなり、夏から秋の雨量が少ない年には産卵場が形成されなくなる。河床に産卵された受精卵はおよそ一〇日程度で孵化するが、孵化した仔魚が海へ下りその後沿岸域へどのように拡散するかということは、近年の調査研究でよくわかってきた。

孵化後間もない仔魚は遊泳力がないので、河川水とともに流下し海へ運ばれるが、その後、仔魚は河川水と沿岸海流に身をゆだねて輸送されることになる。河川流量が多ければ沖に向かって輸送される距離は長くなり、稚魚の着岸が確認される海岸と河口の間の距離は遠くなる。このように河川の流量と水質、流量の不足は、アユの孵卵条件や孵化条件、仔稚魚の餌となるプランクトンの発生条件、仔稚魚の移動・分散の条件、春の遡上期の回帰条件などに種々の影響をおよぼすと考えられる。

また、ダム湖の出現と河川改修工事による濁りの恒常化もまた、成魚の成長に影響を与えると思われる。

このように、河川内の建造物は、産卵場の汚濁を通じて繁殖阻害や沿岸域への仔魚の輸送と分布拡大の阻害要因となるであろう。河川水の拡散は、アユの海洋生活期の餌となる動植物プランクトンの繁殖を促進することが知られている。河川流量の平準化と濁りは、海洋の生物環境に影響をおよぼし、結局アユの生育条件と生き残りに、なにがしかの影響をもたらすことになると推察される。

以上にあげた河川環境悪化の二大要因、流域人口の増大とそれにともなう水質の富栄養化、およびダム、取水堰などによる流量の平準化と濁りなどは、アユの生息環境と繁殖のための河床条件と流量条件などに大きく影響し、資源水準を低下させ、自然遡上魚はいずれ姿を消すことにつながるものと考えられる。

流域の富栄養化の防止には、コストが相対的に小さい高性能合併浄化濜の使用が効果的と考えられる。四万十川流域では、地方自治体によっては水質の富栄養化防止のため、流域の下水道整備や高性能合併浄化漕の普及が活発に取り入れられ、汚染元で軽減を図るといった改善策がすすめられ、成果があがっている。

ダムの影響を少なくするため、出水後のダム湖の中層に貯まった濁り水を選択取水することにより、下流における濁りを短期化させる試みが実施されている。また、①稚魚の遡上促進、②秋季の親魚の流下促進、③産卵を促進、④孵化促進のための特別放水を漁業協同組合との協議のうえで試みるという事例も少なからずある。今後、アユをはじめとする河川の生物資源と生態系の保全を考慮したダムの運転（放水計画）を実施することは、それですべての問題が解決するわけではないが、資源の持続的利用の観点から必要不可欠と思われる。

資源の持続的利用と漁獲の適正管理

アユ漁においても、日本人は数々の資源保護策を法制化し、実行してきた。しかし、アユを漁獲するための道具と技術は近年大きく変わってきている。他方、アユの生態研究によって新たな知見が多数提供されるようになった。そこで、これまでの資源管理と保護策が現状に適合しているのかいないのか、よく検討する必要があると思われる。流域人口の増加やダム建設によって河川環境、河川形態、河川流量実態が大きく変化するなかで、アユの資源保護策も改変すべきことがあると思われる。北米のサケ・マス資源の保護・管理策に学ぶまでもなく、新しい科学的知見にもとづく資源の持続可能な利用と漁獲の適正管理システムの構築が求められている。

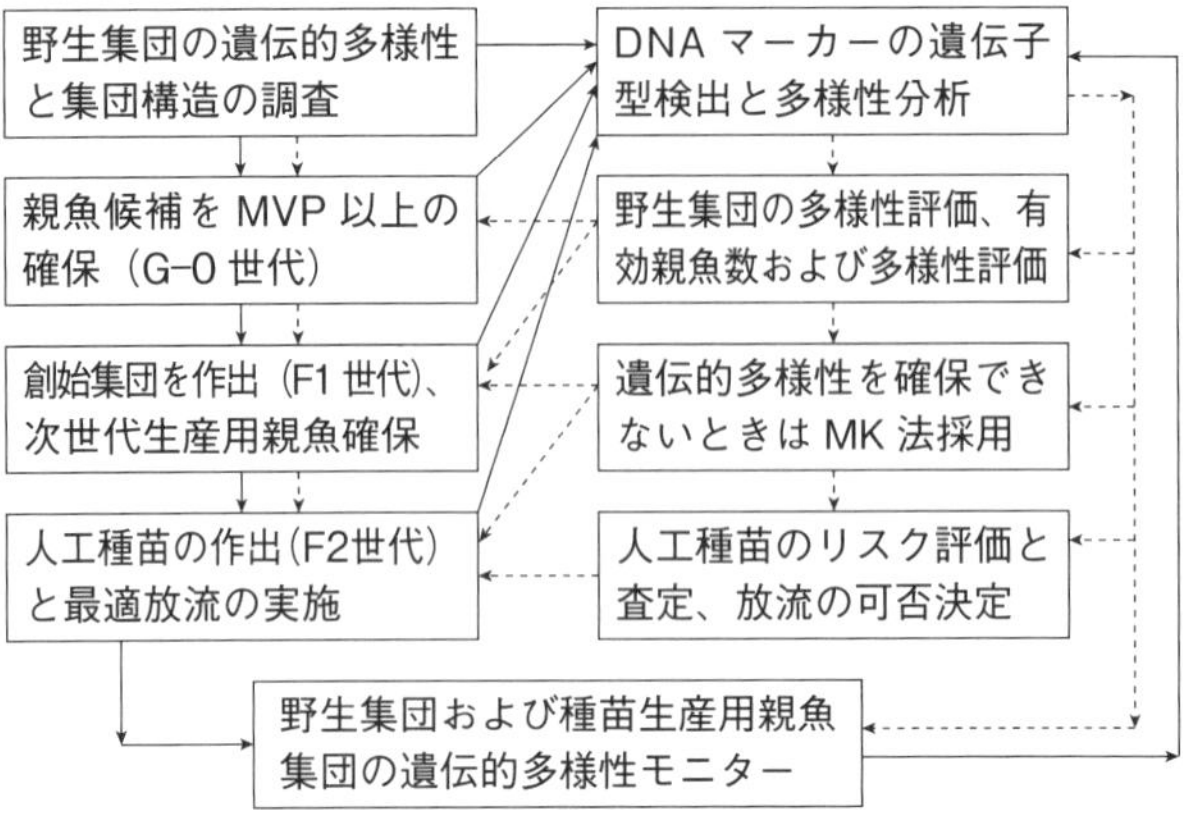
野生集団の遺伝的多様性と集団構造の調査
DNA マーカーの遺伝子型検出と多様性分析
親魚候補を MVP 以上の確保（G-0 世代）
野生集団の多様性評価、有効親魚数および多様性評価
創始集団を作出（F1 世代）、次世代生産用親魚確保
遺伝的多様性を確保できないときは MK 法採用
人工種苗の作出（F2世代）と最適放流の実施
人工種苗のリスク評価と査定、放流の可否決定
野生集団および種苗生産用親魚集団の遺伝的多様性モニター

図 13–4　魚介類の増養殖用親魚管理マニュアル
MK法とは最小血縁個体交配法のこと

アユの価値とダムの価値

アユ資源の有効利用をめざして

アユは川魚の女王といわれ、その姿や色合いは美しく、引きの強さは釣り人を魅了してやまない。また、この魚は、河川生態系のなかにあって一次消費者（植物食者）としての生態的地位を占めるため、川魚のなかでも圧倒的に高い生産力を誇り、全国のほとんどの主要河川で資源管理上の最重要魚種と位置づけられている。

また、アユのような生物資源は、石炭や石油のような有限資源と違って、人間がその生活環を断ち切るようなことをしなければ、毎年確実に恵みをもたらしてくれる無限資源（遺伝資源）と位置づけることができる。遺伝資源であるからこそ、資源量が一時的に枯渇したとしても、環境条件が整えばそれ自身の増殖力によって確実に資源を蘇生することが可能なのである。

現代社会では、自然環境のなかにダムのような大きい施設を建設しようとすれば、それから得られる便益（電力・利水など）とリスク（悪影響）をそれぞれ正当に評価し、リスクの適切な査定（総合的な損得勘定）を提示し、建設することが決まれば、予想されるリスクを最小限にとどめるための努力（リスク管理）をするというのがあるべきリスク管理の姿である。

高知県の四万十川の中流にある家地川ダムで、建設省（現国土交通省）はその水利権の更新にさいして維持流量の検討を実施した。そのさいに、私は分水によって発生するリスクがどの程度なのか測ってみたいと思い、高知県の専門家委員会で調査するよう提案したことがある。リスクは多岐にわたるので簡単に評価するには、四万十川のダムの影響を受ける減水区における、アユの潜在的生産能力を測るとわかりやすいと考えた。

家地川ダムの分水による便益の主なものは、幡多地方（高知県西部）へ供給するための電力で、現時点で毎年九三〇〇万キロワット／時、買電価格にしておよそ二〇億円を生み出している。一方、家地川ダムから土佐佐賀方面へ発電用水を分水すると、本流には、ダムから檮原《ゆすはら》川との合流点までの間、流程二三キロメートルにおよぶ減水区間が発生する。これによるリスクは、分水している流量をすべて本流に戻したときのアユの増産量（潜在生産量）で測ることができると考えた。

建設省のシミュレーションによれば、家地川ダムから土佐佐賀方面へ分水される水量を本流へ流した場合（その水量は低水時換算でおよそ毎秒七トンとしている）、ダム下流の減水区においてアユの生息可能水面の質的・量的拡大がもたらされる。これにより、減水区間のアユの生産量は減水時の約四・五倍に増えるという結果が得られた。この効果は、減水域より下流にも効果をもたらし、四万十川のアユ資源が過去最も多かった時代の生産量に換算すると、その区間のアユの増加量は約四六〇トンを下回らないものと見積もられ、金額に換算するとほぼ電力の買電価格に匹敵すると推定された。

分水を中止して本流の水量をもとに戻したときの効果はそれだけにとどまらない。家地川ダムの下流域で毎年発生する河川水温の異常な上昇が緩和され、全流域の河川環境が浄化され、アユ以外の水生生物の蘇生にも大いに効果を発揮することが期待される。

アユの増産による流域社会におよぼす経済効果については、アユそのものの県外販売やアユ釣り観光客の増加を含め、その大きさについてははかりしれないものがある。伊与木《いよき》川への分水によってつくられた電力二〇億円分や土佐佐賀方面の灌漑用水としての価値もさることながら、四万十川本流域で増産されるアユは、流域住民の生活をうるおし、地域社会の活性化に結びつく大きな力となり、価値のあるものと思われる。分水によってもたらされる便益とリスクを総合的に査定するとどのような結論が得られるのか、よく考えてみたいものである。

日本の各地の清流は、大都市からのアクセスがよく、多数の市民がそれぞれの思いを秘めて河川を訪れる。いずれもアユの生息環境を満足する清流というにふさわしい河川がそろっている。自然いっぱいの河川の価値はどの程度なのか、評価してみることも必要と思われる。また、河川の価値を正しく評価するためには、実体験を通じて川と生き物の関係をよく知ることが必要である。その意味において、次世代を担う子どもたちや若い世代を清流へ誘う試みが今こそ求められるときと思われる。

おわりに

人もまた生態系の一部であり、生態系の栄養段階のなかで最高次消費者の地位を占めている。人はあたかも生態系の枠外にあるかのように振る舞い、その知恵を駆使して次々と新しい道具を考案し、生態系のすべての段階の生物資源を欲しいままにしてきた。しかし、生態系において高次消費者は低次消費者に、低次消費者は基礎生産者（植物）に、その命運を握られていることを忘れてはならない。

北米では河川内のサケ・マス釣りについてはライセンス制を導入し、サイズ、尾数、漁区、漁期などの制限をきめ細かく実施している。同時に、昔から生存のための糧としてきた地域のネイティブ・アメリカンに対しては、ライセンスを必要としてもこれらの制限を緩和しているとのことである。ここに、経済活動としての水産業とは異なる、歴史的に続けられてきたネイティブ・アメリカンの持続可能な漁獲を是とする行政側の資源管理思想が働いていることをうかがい知ることができる。

私は、教育研究活動に携わったおよそ四〇年の間、多くの海産・淡水産魚類の生物学的研究をすすめてきた。そのなかで最も強いこだわりをもって研究に臨んだのが、高知大学に勤務していた時代に着手したアユであった。この間、高知大学、東北大学、福山大学において、私の研究室に配属された学生、大学院生、同僚とともに研究に取り組んだ。また、アユの遺伝・育種・保全などにかかわる科学研究費や農林水産省の研究費の支援による種々のプロジェクト研究では、学外の試験研究機関の諸氏とともに共同研究をすすめた。集団遺伝学、生態学、栽培漁業学、水産増殖学などの立場からすすめたアユに関する多くの研究成果のほとんどは、ご協力をいただいた諸氏との共著論文として日本水産学会誌、増殖学会誌、水産育種、そのほかの外国の雑誌などに投稿し、掲載されている。これらは巻末の参考文献にリストアップした。

本書は、我々の研究プロジェクトから生み出された研究業績を中心素材として「アユの遺伝資源の利用と保全」というテーマを設定してまとめあげたものである。まとめるなかで、多くのアユの遺伝育種および生態にかかわる研究論文を参考にさせていただいた。これらの論文も巻末の参考文献リストにアルファベット順に整理した。

アユの遺伝的多様性保全指針作成のための調査（二〇〇〇〜二〇〇四年）にあたっては、独立行政法人水産総合研究センター養殖研究所酒井保次所長、原素之研究員の多面的なご協力を賜った。また、岩手県、岐阜県の研究員の方々にはサンプル採取および関連情報の収集に関してご協力を賜った。水産庁からは、本書の末尾に、この調査の成果である「アユ種苗の放流指針」掲載のご許可をいただいた。ここに記して心から御礼申し上げる。

アユの健苗性に関する調査研究（二〇〇三〜二〇〇四年）をすすめるにあたって、高知県海洋局水産振興課、高知県内水面漁業協同組合連合会、物部川漁業協同組合他、関係各位のご協力をいただいた。

筋肉性状の観察などに関しては、東北大学大学院農学研究科の山口高広教授、解剖所見については、高知県内水面漁業センター特別研究員の谷口道子博士、血液性状の測定に関しては高知大学農学部の細川秀毅教授および東北大学大学院の中嶋正道博士に便宜とご指導を賜った。ここに記して心からお礼申しあげます。

おわりに、私が原著論文に執着したため、なかなか実現できなかった著書を著すことを、以前からお勧めいただだいていた恩師の落合明高知大学名誉教授に心からお礼申しあげます。落合明先生は私の京都大学の学生時代の指導教官で、論文の書き方を習い、ようよう書き上げた原稿を繰り返しご校閲いただいた。高知大学に奉職した後も、引きつづき所属講座の教授として懇切なご指導と温かい励ましを賜わった。

また、アユの生態に関する体感的経験を蓄積し、アユをより身近な友として愛着をもてるようになったのは、『土佐のアユ』の共著者でもあり、友釣りの師匠でもある高知大学名誉教授の依光良三氏に負うところが大きく、改めてお礼申しあげます。

二〇〇九年八月

谷口順彦

アユ学

アユの遺伝的多様性の利用と保全

2009年10月20日　初版発行

著者　谷口順彦＋池田実
発行者　土井二郎
発行所　築地書館株式会社
〒104-0045
東京都中央区築地7-4-4-201
☎03-3542-3731　FAX 03-3541-5799
http://www.tsukiji-shokan.co.jp/
振替00110-5-19057
印刷製本　シナノ印刷株式会社
装丁　小島トシノブ

 ISBN978-4-8067-1385-2

著者紹介

谷口順彦（たにぐち・のぶひこ）

1943 年、京都市生まれ。

京都大学大学院農学研究科博士課程修了（農学博士）。

高知大学農学部栽培漁業学科助手を経て、1985 年同大学教授、1999 年東北大学大学院農学研究科教授、2007 年より福山大学生命工学部海洋生物科学科教授。

専門は、魚類の増殖学、魚類の遺伝育種学。

アユ研究のきっかけは、高知で土佐のアユにふれたこと。このときに友釣りを覚え、アユの魅力にとりつかれる。転任地の東北では、水量の豊かな大河最上川の大アユ釣りを楽しみ、現在は広島の太田川や島根の高津川、鳥取の日野川の清流にアユを追っている。

池田　実（いけだ・みのる）

1964 年、広島県生まれ。東北大学大学院農学研究科博士後期課程修了（農学博士）。1993 年東北大学農学部教務職員として就職後、助手、助教を経て、現在、東北大学大学院農学研究科附属複合生態フィールド教育研究センター准教授。専門は、水圏生物の遺伝生態学。

いつのまにかアユ研究にひきずりこまれていた。夏の清流につかってアユを眺めるのが好き。

索引

太字は巻末付録のページを示す。

【カ行】

【サ行】

【マ行】

【ヤ行】

【ラ行】

【ワ行】

巻末付録

付章１　メンデル集団と集団研究法

生物の遺伝的多様性は、生物種の環境への適応力の源であるとともに、生物種の過去と未来にかかわりのある進化的素材ともいうべき基本的特性である。遺伝的多様性は集団内の個体変異と集団間の分化の両方を含むが、それらは自然集団のなかでは、変異の供給と消失のバランスのうえに、長期および短期の変動をとげている。野生集団に保持されているこのような遺伝変異は、個体および集団の生存能力（適応値）との関係において大きな意義があるものと考えられる。したがって、遺伝的多様性は種々の生物集団の健全度の指標ともなり得る。また、生物生産に依拠する農林水産業を長期にわたって持続可能にするという立場から、遺伝的多様性が重視されるのは当然のことと思われる。一方、遺伝的多様性は、水産養殖においては品種改良における育種素材として不可欠であり、その産業的意義ははかりしれない。

1. 遺伝子プールの考え方

個体は生存する能力をそなえてはいるが、生物種は個体では成立し得ない。通常、生物種は、共通の形態的、生理的、生態的特性を備えた多数の個体によって形成され、これを集団という言葉で表わす。集団遺伝学においては、特定の世代間で個体における遺伝子の伝わり方や表現を問題にするのではなく、個体の集まりである集団（population）を対象にして、集団中の遺伝変異の供給と消失の動態および生物種の進化機構を究明する学問である。また、集団遺伝学の諸法則は人間による生物生産活動における諸現象の解明とその効果（影響）の予測のため応用される。

集団遺伝学の基本概念である遺伝子プールは、生物種の１つの繁殖集団を構成する個体が次世代を生産するため供給する配偶子の集まりを想定したもので、ここでは、それを構成するすべての個体は次世代を生産するために等しく配偶子を pool のなかへ供給すると考える（**付図 1-1**）。このような１つの遺伝子給源（gene pool）を共有し他家受精の、有性生殖を行なう個体からなる集団のことを、メンデル集団と称している。

2. ハーディー・ワインベルグの法則

２項２乗の法則：　１つの遺伝子給源（gene pool）を共有し、他家受精の有

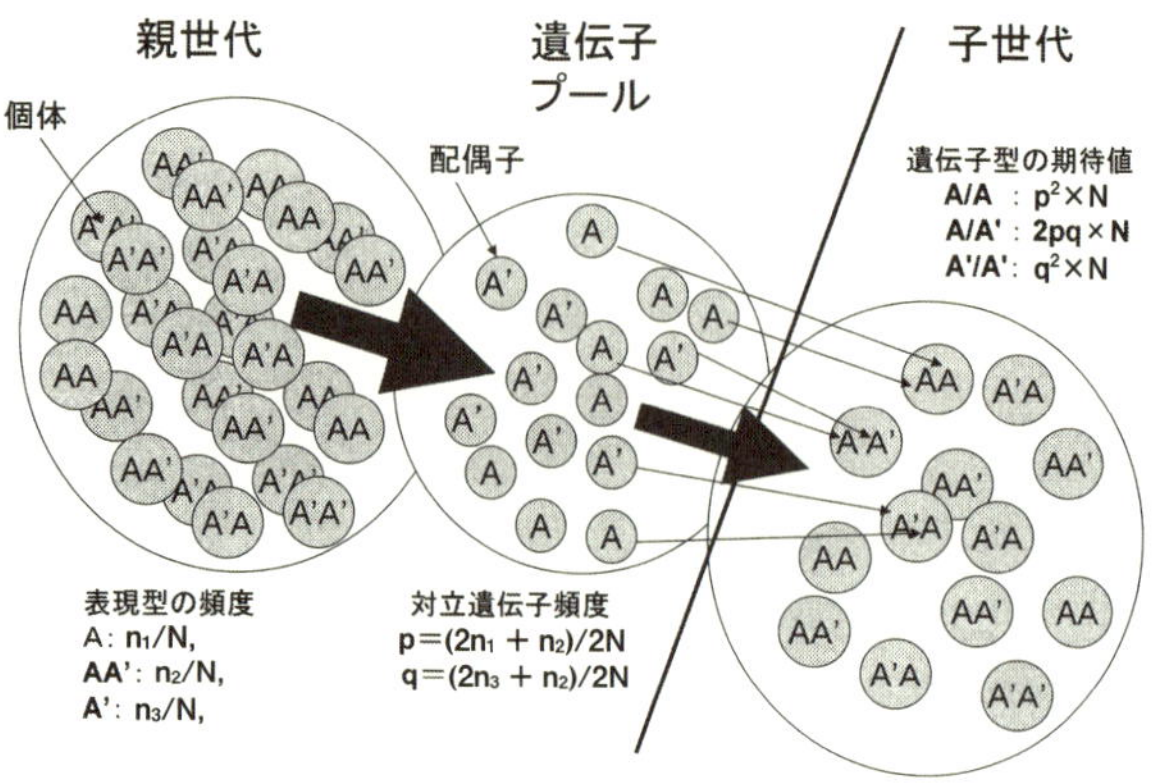

付図1-1　メンデル集団における遺伝子の伝達

性生殖を行なう個体からなる集団（メンデル集団）においては、ハーディー・ワインベルグの法則が成立する。この法則は、「任意交配（random mating）が続けられ、淘汰、突然変異が働かないという条件のもとで、遺伝子および遺伝子型頻度は毎代不変で、接合体系列は配偶子系列の2乗に等しい」というものである。この法則は下記の公式からわかるように、配偶子系列の遺伝子頻度と接合体系列の遺伝子型頻度のきわめて単純な関係を示すもので、2項2乗の法則とも呼ばれる。

ハーディー・ワインベルグの平衡式（法則）＝2項2乗の法則

$$(pA + qA')^2 = p^2AA + 2pqAA' + q^2A'A'$$

ここで、左側は配偶子系列の交配の状態を指し、A、A' は1つの遺伝子座の対立遺伝子を、p、q は集団中に含まれる A、A' の頻度を示している。右側は接合体系列であって、次世代における接合体 AA 型、AA' 型、A'A' 型とそれぞれの出現頻度が p^2、2pq、q^2 となることを示している。

この法則は集団遺伝学の基礎となる重要なものである。しかし、この法則は上記のような理想的条件下で成立するものである。通常、生物種はこのような条件を満たすことは少なく、種々の理由で、この法則からずれることがしばしば発生する。野生集団では、この法則が成立するケースが圧倒的に多いのだが、人工採苗集団や放流集団の混在集団、継代的近交集団においては遺伝子型頻度がそれらの期待値から大きく逸脱することはめずらしくなく、その原因についてさらに調査を進めることになる。

集団遺伝学は、この法則に依拠して生物進化における動態把握に努めるとと

付表 1−1 表現型、遺伝子型、観察値と遺伝子型頻度の推定

遺伝子型	AA	AA'	A'A'
観察値	N_1	N_2	N_3
表現型頻度	$P=N_1/N$	$Q=N_2/N$	$R=N_3/N$
対立遺伝子（アリル）頻度の推定値	$p=(2N_1+N)/2N=N_1/N+N_2/2N=P+Q/2$ $q=(2N_3+N_2)/2N=N_3/N+N_2/2N=R+Q/2$		

A の頻度 = p、A' の頻度 = q、p + q = 1、AA 型の数 = N_1、AA' 型の数 = N_2、A'A' 型の数 = N_3
ただし、(P + Q + R) = 1

もに、種間分化、種内集団の分化、近親交配の有無、異集団の混合の有無などの諸現象を解明することを目的とする。

3. メンデル集団では遺伝子および遺伝子型頻度は毎代不変

遺伝子型頻度の推定： 表現型、遺伝子型、観察値、遺伝子型頻度それぞれが**付表 1−1** のように表示されるとき、対立遺伝子頻度は表現型のホモ型頻度 (P) とそのヘテロ型頻度 (Q) の 1/2 の和で推定できる。

遺伝子型頻度の期待値および次世代の遺伝子頻度： 今、1 つの遺伝子座の対立遺伝子とそれらの頻度は A、A'、p、q で与えられるとき、それらの遺伝子型頻度の理論値または次世代での期待値は下記のように表わされる。

期待値（理論値）の計算：

A/A：$p^2 \times N$

A/A'：$2pq \times N$

A'/A'：$q^2 \times N$

次世代の遺伝子頻度 p'、q' を求める：

$$p' = (2p^2 + 2pq)N/2N = 2p(p+q)N/2N = p$$

$$q' = (2q^2 + 2pq)N/2N = 2q(p+q)N/2N = q$$

このようにして、A、A' の次世代における頻度 p'、q' は上記のような計算により、それぞれ p、q に等しくなることがわかる。メンデル集団において遺伝子および遺伝子型頻度は毎代不変であるというのはこのようにして証明されるのである。

4. ハーディー・ワインベルグ平衡の検定

任意交配集団： 通常いかなる集団も、任意交配（random mating）が続けられ、淘汰、突然変異が働かないという理想的条件を満足することはなく、遺伝子型の観察値と理論値の間には多少のズレが存在する。そのズレの大きさがどの程度までならば許せるのかという客観的判断が求められる。

前提条件が成立するならば、遺伝子および遺伝子型頻度は毎代不変で、接合体系列は配偶子系列の2乗に等しいが、生物集団ではこのような条件を満たさないので、この法則からずれることがしばしば発生する。

ハーディー・ワインベルグ平衡のカイ二乗検定： この検定の目的は、採集した標本群の表現型の頻度分布が2項2乗の法則によって予測される頻度分に一致しているか否かを判定することにある。両値が一致していると、その集団は均質なメンデル集団と判断され、一致しないとなると異集団の混合の可能性や近交の可能性が疑われる。

カイ二乗値： カイ二乗値は実測値と理論値の差の2乗を理論値で割った値を加えた値で、両値の差が大きいほど大きくなる。

$$\chi^2 = \Sigma(\mathrm{Obs} - \mathrm{Exp})^2/\mathrm{Exp}$$

$\mathrm{d.f.} = (n^2 - n)/2$　　n：対立遺伝子数、d.f.：自由度

χ^2（カイ二乗）分布： 母集団から繰り返し標本抽出し、実測値と理論値との差のχ^2値を計算して確率分布をとる。これがカイ二乗表である。

χ^2検定： 調査した標本の実測値と理論値の差のχ^2が危険率水準より大きくなったときは母集団と同一集団（メンデル集団）に由来したとみなすことはできない（帰無仮説の棄却）。言い換えると、ハーディー・ワインベルグの法則に合わない。すなわち、「サンプルを採集した集団はメンデル集団とはいえない」と結論される。

危険率： この判断は、経験的に5%、1%、0.1%などを基準とするが、基準はことの重大さの程度に応じて厳しくなる。

5. サンプル間の異質性検定

この検定の目的は、集団中に内在する複数の分集団からの複数の標本群を採集したとき、それらが同一の母集団から得られたものか否かを判定することにある。ここでは、基準値として1つの対立遺伝子頻度に関して全分集団の平均（p_T）各分集団の対立遺伝子頻度p_jの差の2乗を加えて$p_T(1 - p_T)$で割った数値を同質か異質かの判断基準とし、分集団間の差の異質性の判定、集団の分

布範囲などに関する情報を得る。

$$\chi^2 heterogeneity = \Sigma\, 2n_j(p_j - p_T)^2/p_T(1-p_T)$$

d.f. ＝Ns－1（Ns：比較する分集団数、標本群の数）

カイ二乗検定に関するメモ

(a) 母集団から採取した標本データから観測される度数分布が理論的な分布に当てはまるかどうかを検定するものである。

たとえば、サイコロを多数回振って出た目の回数が等しいかどうかは、一様分布に当てはまるかどうかの検定になる。

(b) カイ二乗値は観測度数と理論的な度数（期待値）との食い違いの指標である。

(c) 検定の帰無仮説は「観測度数は理論度数に等しい」である。

標本データから求める統計量は、比較される度数の対の数（級数）をk（サイコロの例では6）とするとき、自由度ϕは、均等分布では$\phi = k-1$、ポアソン分布では$\phi = k-2$、正規分布では$\phi = k-3$とする。

(d) カイ二乗統計表から検定の危険率（有意水準）α、自由度ϕにより仮説の棄却限界値を求める。統計量が棄却限界値より大の場合、帰無仮説を棄却する。すなわち、観測度数は理論分布にしたがっていないと判断する。

6. 集団構造解析法

実際の調査・研究の手順は以下の通りである。

遺伝的多型の探索：　現在では、DNAの多型マーカーを使用することが多く、検出に使用するマーカー領域の増幅用プライマーが必要となる。プライマーは、アユのように研究の進んでいる魚種の場合は、日本DNAデータバンク（DDBJ）のデータベースにすでに使用可能なプライマー情報が公開されているので、検索を行なってシクエンス情報を得ることができる。研究対象によっては、既往のマーカー情報が全くなくマイクロサテライトDNAやミトコンドリアDNAの検出用プライマーなどで自ら開発する。

標本採集サンプルの必要に迫られることがある。水産生物の場合は、DNAプライマー情報が利用できない場合のほうが多い数は、1地点50尾程度必要である。供試魚の商品価値を損なうことなく、若魚を殺すことなくDNA抽出用サンプルを採取する必要がある場合には、鰭や鱗などの一部から採集すると

付表 1-2　アユ集団の分析事例（GPI アイソザイム遺伝子座の対立遺伝子を想定。観察値は計算しやすいように架空の数値が入れてある）

集団		遺伝子型			供試魚数	遺伝子頻度		カイ二乗
		AA	AB	BB	N	p	q	χ^2
海産アユ	観察値	75	22	3	100	(0.860)	(0.140)	(0.7496)
	期待値	(73.96)	(24.08)	(1.96)				
湖産アユ	観察値	3	22	75	100	(0.140)	(0.860)	(0.7496)
	期待値	(1.96)	(24.08)	(73.96)				

海産アユおよび湖産アユのそれぞれの観察値が期待値によく対応しており、カイ二乗値は有意水準の 3.841（自由度＝1）に達しない。したがって、これらの標本を採集した集団は均質なメンデル集団と推定される

よい。これら組織の細胞から粗 DNA を抽出するのである。

マイクロサテライト DNA のマーカーを 10 座程度は開発・準備する必要がある。複数のマーカーを同時に検出するマルチプレックス法を採用すると、検出のための労力と時間を軽減できる可能性がある。また、必ずしも容易ではなかったアリル型判定も、シーケンサーによるマーカー型自動判定機能の導入により、アリル型判別作業は、大幅に軽減できるようになった。

マーカーアリルとの遺伝モデルの推定：　検出したマーカーアリル型を判別しこれらから遺伝子型を推定する。そしてそれらから遺伝子頻度を推定することになるが、型判別したのはあくまでも表現型であって、遺伝子型とはいえない。したがって、交配実験などにより表現型から推定した遺伝子型が適切か否か確認する必要がある。ところが、水産生物の多くはまだ、自由に子どもをつくることができない種類が多い。できたとしてもそれだけで、大きな経費と時間がかかってしまう。したがって、経験則により表現型から遺伝子型を推定して解析を先に進めることになる。多くの場合、推定した遺伝子型は間違っていない。しかし、表現型頻度が理論値と著しくずれることがある。このような場合、遺伝モデルが間違っていることがある。その最たる例はナル遺伝子である。この遺伝子は発現しないので、ヘテロ型でもホモ型と判定してしまい、ホモ型過剰現象ということになる。同じ現象が異種団の混合や近親交配によっても起きるので、まぎらわしい。ただし、ナルの影響は当該のマーカー座にだけ発生し、近親交配などの場合は調べてすべてのマーカー座に共通の現象となるので、区別できないことはない。

遺伝子頻度の推定とハーディー・ワインベルグ平衡の検定：　マーカーアリ

ハーディー・ワインベルグの法則と集団構造解析のマニュアル	
メンデル集団の解析 (単一のメンデル集団か否か、遺伝モデルの証明) 遺伝的多型の探索 ↓ 遺伝モデルの推定 ↓ 遺伝子頻度の推定 ↓ 遺伝的平衡の検定 $\chi^2 = \Sigma(Obs - Exp)^2/Exp$ $d.f. = (n^2 - n)/2$ (n：対立遺伝子数)	↓ サンプル間の差の検定 (異質集団の混合の有無、集団の規模、分布、範囲など) $\chi^2_{heterogeneity} = \Sigma 2nj(pj - pT)^2/pT(1 - pT)$ ↓ 各サンプル間の遺伝的分化の把握 ↓ 変異量指数の算出 ↓ 集団の遺伝学的評価 総合評価 1)集団の有効な大きさは？ 2)異集団の混合の有無は？ 3)集団間の遺伝子流動の程度は？ 4)近交集団か否か？

ルの表現型データを用いて遺伝子頻度を推定することができる。遺伝子頻度が推定できれば、それにより表現型頻度の理論値を推定できる。前述のように表現型の観察値と理論値のずれの有無はカイ二乗検定により判定できる。両値のズレが有意でなければ、サンプル採集を行なった集団はメンデル集団であって異集団の混合は疑われない。たとえば、琵琶湖産アユを放流した河川では在来集団との混合サンプルを調べることになるので、両値に有意産が認められることがめずらしくない。

遺伝子頻度におけるサンプル間の差の検定：　調べたサンプル間で遺伝子頻度に差異が認められる場合、その差が単なる測定誤差によるものか、質の異なる集団が存在するのか判定しなければならない。この場合は、異質性判定のためのカイ二乗検定を行なう。遺伝子頻度に地理的分化が認められる場合、そこにはそれらの集団を生殖的に隔離するためのなんらかの要因があることを示唆している。

集団間の遺伝的類似度（I）と遺伝的距離（D）：　集団間の遺伝的分化の程度を定量するため、各サンプルの遺伝子頻度を用いて遺伝的類似度（I）または遺伝的距離（D）を推定する。これらの数値を指標にしてサンプルとサンプルの関係図を作成すると、クラスター（集まり）がみえてくる。これらの集まりのあり方から自然集団中に存在する分集団の分布やそのあり方がみえる。

湖産アユ（X）と海産アユ（Y）の事例で遺伝的距離を計算してみよう。

遺伝的距離の近い者同士をグループ化することにより類縁図を作成することができる（UPGMA 法：Unweighted Pair Group Method with Arithmatic Mean）。このようにしてグループ化することをクラスタリングといい、それらのグループが統計的に異質な場合、これらを管理単位（management units）として保全の対象集団とすることになる。

管理単位の評価決定： クラスター解析により遺伝子プールを共有するメンデル集団の分布と大きさを特定することができる。このような集団は、水産業とのかかわりでは再生産の基本単位として、さらには希少集団の保全の観点からは、遺伝的管理の単位として重要な位置を占めることになる。このようにして解明された種内集団は、これらの対象種の生理的・生態的・資源学的研究を推進するうえで重要な情報を提供してくれる。

以上のような手順で調査をすすめ、最終的には総合評価を行なう。

①多様性の評価、②集団構造の解析、③集団の有効な大きさ、④種苗放流に関するリスク評価と遺伝的管理に関する提言、⑤集団遺伝学的分析と当該集団の遺伝的特性を判定し、⑥遺伝的多様性保全の見地から採卵用親魚の遺伝的管理などに関するあり方について考察・提言を行なう。

さらに、本調査研究により得られた集団構造などに関する情報を、種々の生態学的・資源生物学的情報に結びつけることにより、資源の利用と管理指針の有効性を高める。

7. 集団の有効な大きさの意義

集団遺伝学では、集団中の遺伝子頻度（q）の推定と変動予測が行なわれ、突然変異率（u）、淘汰圧（W）、移住率（m）および集団の有効な大きさ（N）という 4 つのパラメータにより集団の動態と将来予測が可能となる。集団の遺伝子頻度の変動に大きな影響を与えるのが、集団の有効な大きさであり、多産性の魚介類の種苗生産活動では特に重要な意味がある。

野生集団と人工種苗の集団の有効サイズ： 海産魚には、きわめて多数の卵を生む魚種が多いが、それらは子どもの世話をしないので一腹子の生残率が低く、このため多産性放任型と呼ばれている。このような生殖様式をとる魚種では、野生集団から 100 万尾を捕獲したとしても、そこにはきわめて多数の家系が含まれ、そのなかで兄弟姉妹関係にある個体を探し当てるのは困難と思われる。このような生殖様式の魚では、自然界で、近親交配が起こるといった心配はほとんどないと思われる。

一方、養殖漁業や栽培漁業では、養殖種苗や放流種苗を確保するため、仔稚

魚期の歩留まりを高くすることがその事業における至上命題となる。1962年に始まり、それ以降拡大の一途をたどっているマダイの人工種苗生産においては、多産性放任型の繁殖様式に真っ向から挑戦して、生残率を高めるための生産技術の向上が図られ、その結果、少数の家系からなる類縁集団をつくることになった。哺乳動物や鳥類では考えられないことだが、自分の周りはどっちをみてもみな兄妹ということなのだ。

県の栽培漁業センターでのある調査によれば、マダイの人工種苗生産においては、100万尾の種苗（体長5cm程度のものをそう称している）を生産したとき、その繁殖にかかわりをもった親魚（実際に遺伝子を次世代に渡すことができた親）の数はせいぜい50尾程度であるということである。平均的にみると、1ペアあたり4万尾の同胞を生み出したことになる。

集団の見かけの大きさと集団の有効な大きさ：　人工種苗生産で得られた100万尾も野生集団の100万尾も漁業資源的観点から数だけに注目すれば、どちらも大差ないかもしれない。これは“集団の見かけの大きさ”という観点での話だ。しかし、遺伝学的観点からみると、人工種苗の100万尾については、次世代に遺伝子を渡すことができた親の数、50尾に注目する。これは“集団の有効な大きさ”（Effective size of population, N_e と略記する）と呼ばれる。ただし、これら50尾の親には相互に遺伝的な類縁性がないことが前提となる。そこで、“集団の有効な大きさ”は、理論的には、任意交配を行なう理想集団に換算したときの集団のサイズと定義される。

ここで示した事例では、人工種苗における“集団の見かけの大きさ”は100万であっても、“集団の有効な大きさ”は50ということになる。つまり、N_e は見かけの大きさの2万分の1だったのである。

さらに、再生産にかかわった親魚数が実際に50尾であったとしても、雌親と雄親の比が1：1でなければ次式、$N_e=4\times Nm\times Nf/(Nm+Nf)$ により補正する必要がある。さらに、一腹からの子どもの数、つまり親魚1尾が次世代に残す子どもの数は大きく異なるので、そのゆがみを補正する必要がある。これらの補正を行なうと、N_e 値はさらに小さくなり50と推定された。

一方、野生集団では“集団の有効な大きさ”を推定することは事実上不可能に近いのだが、養殖集団に比べればはるかに大きい。一説によると、マダイの地方集団（相対的に独立した繁殖単位）の N_e は数万尾とみられている。

8. 集団の有効な大きさと近交係数

集団遺伝学的観点からみるとき、見かけの大きさより集団の有効な大きさが大切なのはなぜなのか。N_e の小さい集団があったとすると、まず、近交係数

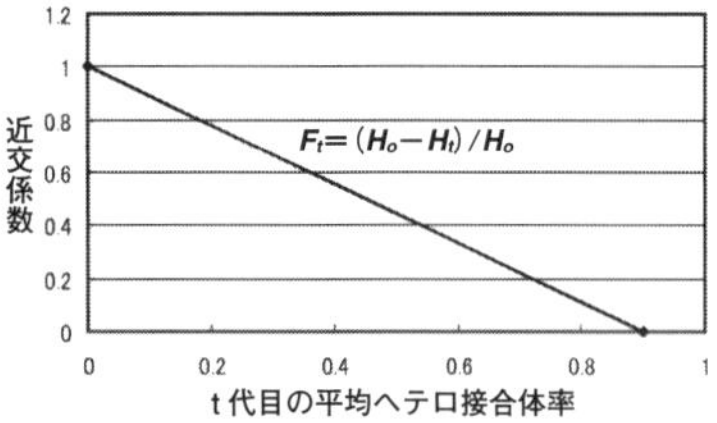

付図 1-2　近交係数の上昇とヘテロ接合体率の低下
人工採苗集団では近交係数が上昇し、t世代後の平均ヘテロ率（H_t）が導入した野生集団のヘテロ率（$H_o=0.9$）に比べ次第に低下する

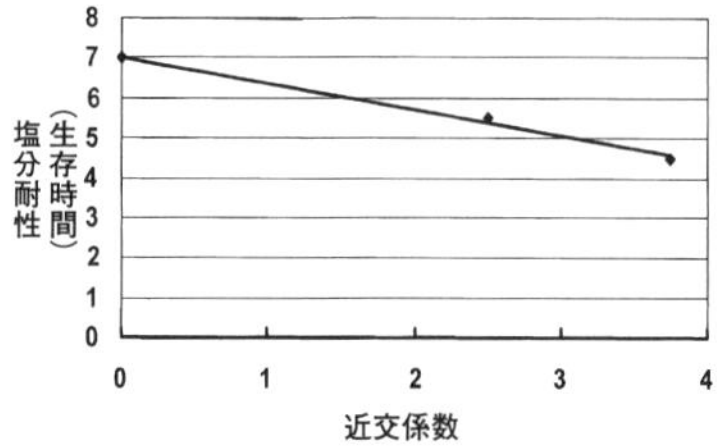

付図 1-3　グッピーでみられた近交によるストレス耐性の低下（Shikano *et al.*, 2001）。近交係数の上昇とともに塩分耐性が低下している

が上昇する。近交係数は集団中個体が祖先遺伝子をホモにもつ確率と定義される。1世代あたりの近交係数の上昇は$\Delta F=1/2N_e$となるが、t－1世代を起点とした場合はその世代の近交係数を勘案して、$F_t=1/2N+(1-1/2N)F_{t-1}$、または$F_t=(1-1/2N)(1-F_{t-1})$で表わされる（Hartle, 1981）（**付図 1-2**）。これらの公式から明らかなように、近交係数（F_t）は集団サイズNに反比例する。Nが小さくなるとF_tが上昇するということである。

人工種苗を親魚にまで養成して次世代の生産を行なったときには自然集団に比べ親の数が小さくなるのは避けられない。ここで、同胞交配が高率で起こり、近交係数が上昇することは確実で、それに起因する遺伝的単純化や近交弱勢の現象が発生することが予測される。また、近交が発生すると変異性の1つの指標である異型接合体率は低下する（$H_t=H_o\times(1-F)$）（**付図 1-3**）。ここで、H_tはt世代後の異型接合体率、H_oはもとの集団の異型接合体率、Fは近交係数である。わざわざ近親交配を実施して好ましくない近交集団を作出するというような実験は多くないので、どのような影響が表われるか評価することは容易ではない。しかし、実験的魚を用いた研究では確かにマイナス効果があることが確認されている（**付図 1-4**）。近親交配が実施されている家畜の世界では、しばしば血液病など生産に負の影響をもたらす形質が発現するといわれるが、それらは集団から除外されればすむことで、表には出てこない。

先にも述べたように人工種苗生産では、継代繁殖を実施することにより、見

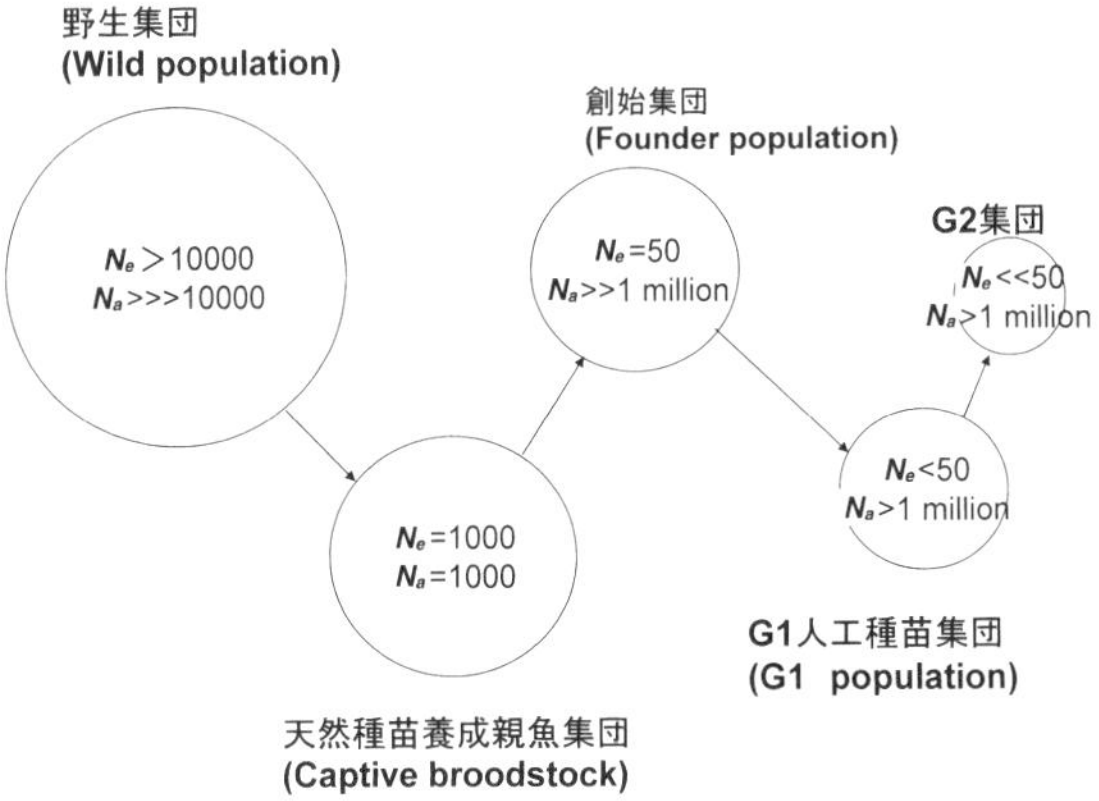

付図 1-4　人工種苗の系統確立と集団サイズの低下

かけに比べはるかに家系数の少ない類縁個体からなる集団が形成されることになる。このような人工種苗を大量に自然界に放流したとき、野生集団に対しどのような遺伝的影響をもたらすのか、いまだよく解明されていない。野生集団では集団の有効な大きさの確保と遺伝的多様性の維持は難なく達成される。しかし、人工種苗集団に限らず野生集団においてさえ、遺伝的多様性の保全の観点を失うと、遺伝変異の喪失や近交による負の影響が発生することを覚悟しなければならない。

FAO は人工種苗生産において、遺伝変異の低下といった影響をおよぼさない程度に近親交配のレベルを低く維持するために、親魚を継代しないという条件で、$N_e = 50$ 以上は必要であるとし、継代するならば $N_e = 500$ 以上とする必要があるとする目安を提唱している（FAO／UNEP, 1981）。

9. 遺伝的多様性と漁業資源

栽培漁業や養殖においては、少数の親魚による次世代生産を行なうことになるため、近親交配やビン首効果による遺伝子構成の変化や変異性の減退がしばしば観察されている。最近では、海産魚の種苗生産場においては、それらの防止策がとられているが、必ずしも意図通りになっていないケースが見受けられる。したがって、人工種苗集団におけるこのような無意識的（意図しない）遺伝的変化は然るべきマーカーによりモニターしておくべきである。

栽培漁業用種苗が野生集団に遺伝的悪影響を与えたという事例または証拠はいまだみあたらない。これは単にそのような悪影響をモニターする手段がないというだけのことなのかもしれない。水産業が生産基盤を野生集団に依存している以上、野生集団の遺伝的保全を視野に入れた施策が求められる。このような、人工種苗における遺伝的変化および放流集団の追跡調査において、対象となる魚種において利用できる高感度DNAマーカーの開発が急がれている。

系群識別と資源管理： 生物の多様性の保全の立場からみると、1つの種内の地方集団または系統群もまた保全の対象となる。異なる系統群を導入して放流したところ、在来集団との間で交雑が起こり、在来集団が消失するということも懸念されている。

最新のDNA多型マーカーを利用することにより、今まで不十分であった海産魚介類の地方系統群の検出と同定に関する調査研究が可能となった。資源管理は、地方集団または系統群が対象となるので、遺伝マーカーによるそれらの集団のモニター体制を整えて、親魚の確保、種苗生産および種苗放流を実施すべきと思われる。アユの人工種苗における継代繁殖による大きな遺伝的変化については第8章において紹介した。

養殖漁業と水産育種への展開： 漁業と違って、養殖漁業では対象生物を人為管理下に置くわけであるから、農業と同じように、生産者や消費者のさまざまなニーズに対応する育種目標にそった遺伝的改良が行なわれる。このような改良品種の遺伝特性の解明と新品種の保存と管理はこの分野の重要な課題である。新しい品種が開発されれば、系統を保存、管理するためのスペース、労力、経費が増えコストアップにつながることにもなる。それらの改良品種や系統が遺伝マーカーの導入によって、混成飼育が可能となり、親魚の維持管理、系統保存のための維持経費および労力の大幅の削減が可能となるであろう。

付章2　アユのDNA多型の検出および分析マニュアル

1. DNAの抽出

アユのDNAの抽出は、もっぱら以下に述べるTNES-Urea法により行なっている。この方法は生鮮な魚体の筋肉、鰭あるいは血液のみならず、アルコールやホルマリンで固定された標本からでもDNAの抽出を行なうことのできるすぐれた方法である*1（Asahida *et al.*, 1996）。

①尾鰭の半分*1を解剖バサミで切断し、500μℓのTNES-Ureaバッファー（10mM Tris-HCl pH7.5, 125mM NaCl, 10mM EDTA・2Na, 1% SDS）の入った1.5mℓマイクロチューブに入れ、ハサミで細切する。

②チューブに10mg/mℓのプロティナーゼK 10μℓを加えて、軽くタッピングし、37℃で一晩インキュベートする。

③中性フェノール・クロロホルム・イソアミルアルコール（25：24：1、以下PCI）を500μℓ加えて、ローテーターを用いて穏やかに20分間の転倒攪拌を行なう。

④15,000rpmで10分間の遠心分離を行ない、上層（DNA層）だけを新しいマイクロチューブに移す。上層と下層（PCI層）の界面にはタンパク質がトラップされている。界面のタンパクを吸い上げてしまわないよう注意深く吸い上げる。またピペットチップは先端から5mm程度切断したものを用いると、吸い上げるさいのDNAの物理的な切断を防ぐことができる。

⑤ ③と④の操作をもう一度繰り返す。

⑥マイクロチューブにクロロホルム・イソアミルアルコール（24：1）を500μℓ加えて、ローテーターを用いて穏やかに20分間の転倒攪拌を行なう。

⑦15,000rpmで10分間の遠心分離を行ない、上層を別のマイクロチューブに移す。この場合もチップの先端は切断しておく。

⑧ ⑥と⑦の操作をもう一度繰り返す。

⑨移した上層液の1/10量の3M酢酸ナトリウムと、これらを合わせた量の2倍量の100%エタノールを加えて混和する*2。このときDNAが糸屑状になって析出する。

⑩DNAの析出したチューブを−80℃のフリーザー中に2時間（−20℃であれば一晩以上）置き、15,000rpmで10分間の遠心を行なう。

⑪遠心後、DNAはペレット状になってチューブの底に沈澱するが、これを落

とさぬよう注意しながらデカンテーションを行なう。
⑫ 70%のエタノール1,000$\mu\ell$を加えてリンス後、15,000rpmで5分間の遠心を行なう。
⑬ ⑪と⑫の操作をもう一度繰り返す。
⑭ 70%エタノールを捨て、100%エタノール1,000$\mu\ell$を加えてリンス後、15,000rpmで5分間の遠心を行なう。
⑮エタノールを捨てた後、机上に敷いたキムワイプ上でチューブを逆さまに立ててDNAペレットを乾燥させる。ペレットを完全に乾燥させてしまうとチューブから剝落したり、後のTEバッファーに溶けにくくなってしまう。乾燥時間は周囲の気温や湿度にもよるが、下に敷いたキムタオルからエタノールが蒸発するまでが一応の目安である。
⑯チューブにTEバッファー（10mM Tris−HCl, 1mM EDTA・2Na）を50$\mu\ell$加えて軽くタッピングした後、冷蔵庫中（4℃）で保存する。DNAがバッファー中に完全に溶解するには一晩かかる。

2. マイクロサテライトDNA分析

マイクロサテライトDNAは、ゲノム中に散在する（CA)n、(GA)n、(GTG)nなどのような2～6塩基の繰り返し配列のことをいう（Short Tandem Repeat：STRともいう）。多型は多くの場合、これらの繰り返し配列数の違いとして検出される。この変異は、ゲノム複製のさいに、Slippageにより複製ミスをすることが主な原因となっており、突然変異を起こしやすいと考えられている（10^{-2}～10^{-5}）。このマーカーの開発は、ゲノムライブラリーの作成を行ない、そのなかからマイクロサテライトの挿入部位をスクリーニングするという手間のかかるものである。しかし、いったん開発してしまえば高変異マーカーとして集団解析のみならず親子鑑定や交配様式の推定などに最適のマーカーとして活用できる。

当初、マイクロサテライトDNAの検出にはRI（ラジオアイソトープ）標識のプライマーを用いたPCRと、得られた増幅産物を電気泳動によって分画してオートラジオフィーを得るという方法によって行なわれていた。この場合、RI専用の施設を必要とする。しかし、RIを用いない多型の検出法（非RI法）も報告されるようになり、通常の生物実験室でも容易に多型の検出ができるようになった。プライマーのビオチン標識とPhototope−Star Detection Kit（New England Biolabs社）を利用したマイクロサテライトDNAの検出法は、マダイ（Perez−Enriquez *et al.*, 1998）やギンブナ（Ohara *et al.*, 1999）でも成果をあげており、RI法によって得られる電気泳動像と遜色のない結果が得られている。

ここで紹介するマニュアルは、Perez-Enriquez ら（1998）によって報告されたマダイでのマニュアルに準拠しているが、改変している部分もある。

(1) サンプルの PCR

①抽出した DNA を（20 ～ 40ng/μℓ）になるように TE バッファーで希釈する。厳密に希釈するためには吸光度計を用いる必要があるが、上記の方法によって得られた DNA 溶液を 20 ～ 40 倍程度に希釈すれば、ほとんどの場合、良好な泳動像が得られる。

②希釈した DNA 溶液から 1μℓ 取り、0.2mℓ の PCR チューブに分注する。分注後、ミネラルオイルを 7μℓ 重層し、DNA 溶液の乾燥を防ぐ。

③以下の組成でマスターミックスを作成する（40 サンプル分）。

10×PCR バッファー	22μℓ
dNTP Mixture	17.6μℓ
ホルムアミド	2.2μℓ
プライマー（F）（10pmol/μℓ）	2.2μℓ
プライマー（R）（10pmol/μℓ）	2.2μℓ
r*Taq* ポリメラーゼ	1.0μℓ
超純水	124.4μℓ

10×PCR バッファーおよび dNTP Mixture は r*Taq* ポリメラーゼ（TaKaRa 社）に添付されるものを用いている。アユのマイクロサテライト DNA を検出するためのプライマーの塩基配列を**付表 2-1** に示した。これらは Takagi ら（1999）によって開発されたプライマーである。ビオチンはリバースプライマーの 5' 末端にラベルする。ビオチン標識したリバースプライマーはカートリッジ精製以上のグレードのものしか使用できないが、フォワードプライマーはグレードを落としてもかまわない。プライマーはシグマジェノシス（http：//www.genosys.jp/index_n.html）などの web から発注することができる。得られた電気泳動像にゴーストバンドが多数みられる場合には、DNA の濃度やプライマーの量を減らすと改善される場合がある。特に *Pal-5* の場合はプライマーの量を上記の量よりも少なくすると（1μℓ）よい像が得られる。

④マスターミックスを 4μℓ ずつ PCR チューブに分注し、軽くスピンダウンする。

⑤チューブをサーマルサイクラーにセットし、以下の条件で PCR を行なう。

94℃ 1 分-53℃ 30 秒-72℃ 30 秒…………7 サイクル
90℃ 30 秒-53℃ 30 秒-72℃ 30 秒………33 サイクル

PCR 終了後、以下の Stop Dye を 5μℓ 加える。

付表2-1 アユのマイクロサテライトDNAローカスとプライマー配列

ローカス	プライマー配列（5'-3'）	アニーリング温度（℃）
Pal-1	F：TGTTTGGGAAGTGGGTGCGGG	55
	R：AGAAATCCACATCAACATCC	
Pal-2	F：TCACACTCCCTCACTGGCAC	53
	R：TTCAGCACACACATTATCTCAC	
Pal-3	F：TCACCGCTTCTCCTGTTCTC	53
	R：AGTATTTATTTCAACCCGTC	
Pal-4	F：GTCCAGGAAGGGCTTGT	55
	R：GTCTGGTAAAAGCAAGGCGT	
Pal-5	F：TGGCTGTGCTTTATGTGGTC	53
	R：GGTGGTAGTATGTGGTGTTC	
Pal-6	F：CCCCACATAGACCCGCAGA	53
	R：GAGGAGTTTAGTGCTGTTT	
Pal-7	F：CACAACACAAAGCCACAGA	55
	R：ACACAGAGAGCAGGAGAGGG	

Stop Dye（10mℓ分）	
0.5M EDTA 2Na pH 8.0	200μℓ
ホルムアミド	9.75mℓ
ブロムフェノルブルー（BPB）	30mg
キシレンシアノール（XC）	30mg
超純水	50μℓ

すぐに電気泳動を行なわない場合は、4℃の冷蔵庫内に保存しておく。

(2) シーケンスラダーのPCR

サンプルを電気泳動しただけでは、得られたバンド（アリル）のサイズを特定できない。そのため、あらかじめ塩基配列の判明しているプラスミドなどのDNAをテンプレートにしてPCRを行ない、サンプルとともに電気泳動を行なう。得られたラダーの各バンド（A、G、C、T）とサンプルのバンドの移動度を比較することでアレルのサイズを特定できる。ビオチン標識を利用したシークエンスラダーのキットは各社から販売されているが、我々の研究室ではSequencing High-Plus-反応パーツセット（TOYOBO社）を用いている。

①それぞれA、G、C、Tと上蓋に書いたPCR用チューブにキット中の4種類のBiotin-ddNTP（A、G、C、T）をそれぞれ4μℓずつ分注する。AとGはそのままでよいが、CとTはキット添付のMgCl2でそれぞれ4倍と2倍に希釈したものを分注する。

②以下の組成でマスターミックスを作成する。

Cycling Buffer	6μℓ
dNTPs	2μℓ
Template DNA（M13mp18 single strand）	2μℓ
M13 Forward Primer	2μℓ
Δ Tth Polymerase*3	2μℓ
超純水	16μℓ

③A、G、C、Tの各チューブにマスターミックスを8μℓずつ加える。ミネラルオイルを重層して軽くスピンダウンを行なう。

④以下の条件でPCRを行なう。

95℃ 30秒－60℃ 2分 ………………… 15サイクル

95℃ 30秒－60℃ 30秒－72℃ 2分…… 15サイクル

PCR終了後、キット添付のStop Solutionを5μℓ加える。すぐに泳動を行なわない場合には4℃の冷蔵庫に保存しておく。

(3) ゲル板の組み立てとゲルの作成

我々の研究室では、電気泳動装置としてHoeffer社のマニュアルDNAシークエンサーSQ3を用いている。ゲル板用のガラスプレート（33.3×41.9×0.5cmと33.3×39.4×0.5cmの大小2枚1組）は、この泳動装置に付属しているが、同一サイズのガラス板を予備として複数組もっておくとよい。

①以下の泳動用バッファーとゲル用ソリューションのストックをあらかじめ作成しておく。

泳動用バッファー（10×TBE、1ℓ分）

Tris	121.1g
ホウ酸	61.8g
EDTA・2Na	7.44g

40%アクリルアミド（500mℓ分）

アクリルアミド（電気泳動用）*4	190g
メチレンビス	10g

脱イオン水で500mℓにメスアップし、4℃の冷蔵庫に保存する。

ゲル溶液（1ℓ分）

尿素	480g
脱イオン水	458mℓ
10×TBE	129.6mℓ
40%アクリルアミド	196.8mℓ
Tween 20*5	0.48mℓ

②両方のガラスプレートのゲルに接する面に100%エタノールを噴霧し、キムワイプなどでていねいに拭く。

③小さいほうのガラスプレートにゲルスリック（TaKaRa社）*6を数滴垂らし、キムワイプでガラス面に均等に広げる。ゲルスリックを塗布するのは、後のブロッティング時にゲルを片方のガラスだけに付着させておく必要があるためである。ゲルスリックを両方のガラスプレートに塗布すると泳動中にゲルが滑り落ちる場合があるので、塗布するのは必ず小さいほうのガラスプレートだけにする。誤って大きいガラスプレートにも塗布した場合には、自動車用の油膜取り剤（たとえばウィルソン ガラスコンパウンドSuper）で落とす。

④大きいほうのガラスプレートの両側に蒸留水で少し湿らせたスペーサー（ウエッジ0.25−0.75mm；アマシャムファルマシア バイオテク社）を置き、小さいほうのガラスプレートを重ねる。スペーサーはテーパーになっており、厚くなっているほうが底面にくるように置く。

⑤ガラスプレートの底と両側を大型のテープ（Teraoka Tape 幅5cm）で閉じる。指の腹を用いてテープをガラスに密着させる。プレートの側面下部を大型クリップで止める。

⑥ビーカーにゲル溶液を約100mℓ取り、スターラーで攪拌しながら10% APS 1000μℓとTEMED 50μℓを加える。10% APSは作成してから2週間程度で完全劣化するので、少量（10mℓ程度）を作成して冷蔵庫内に保存しておき、なるべく短い期間で使いきるようにする。

⑦ APSとTEMEDを加えたら、ゲル溶液をすぐに50mℓのシリンジ（ピストンは不要）を用いて、組み立てたプレート（ゲル板）に注ぎこむ。ゲル溶液をすべて注ぎこんだら、プレートの底面を机に軽く叩きつけて巻きこんだ気泡をすべてゲル板上部に浮上させる。

⑧ゲル板を水平に置き、シャークティースコーム（ギブコ マイラーシャークコーム、長さ28cm、厚さ0.35mm）の反対側を、気泡を巻きこまないように注意しながら、差しこむ。差しこむ前に気泡が完全に追い出されているかどうかをよく確認し、気泡が残っている場合にはティースコームの歯で掻き出す。コームを差しこむ深さはコームに開けられている穴の縁辺部までにする。

⑨ゲル板の側面上部とコームの部位を大型クリップで挟む。

⑩ゲルが完全に固まるまで（2～3時間）プレートを水平に保ったままで静置する。

(4) 電気泳動

①ゲル板のテープをすべてはがし、流水下でコームを静かに抜き取る。ガラス表面を柔らかいスポンジでよく洗い、付着したゲルを落とす。ウェル内も流水をあてて洗浄する。

②ゲル板の表面をキムタオルなどでよく拭き、泳動装置に取り付ける。上下のバッファー槽に泳動用バッファーとして1×TBEを入れる。ウェル内に気泡があればシリンジを用いてバッファーを吹きかけパージする。

③ 50Wで20分間の予備通電（プレラン）を行なう。電源はBIO-RAD社のPower Pac 3000を用いている。この電源は2台同時に泳動できるので便利である。2台の場合は100Wにする。

④プレランの間にPCRを終えたサンプル（シークエンスラダーも含む）を乾熱器またはサーマルサイクラーに入れ、95℃ 10分の熱変性を行なう。その後クラッシュアイス中で急冷する。

⑤プレラン後、シリンジでバッファーを吹きかけ、ウェル内のゲルや析出した尿素をパージする。

⑥シャークティースコームの歯をゲル上面に差しこむ。差しこむ深さは1mm弱にする。差しこみが浅すぎるとサンプルが隣のレーンに漏れ、深すぎるとバンドイメージが曲がるので、歯と歯の間のゲルが湾曲する程度にする。

⑦サンプルを1.5μℓずつ（シークエンスラダーは2.5μℓ）ウェルに入れる。ギブコ マイラーシャークコームの場合、68サンプルの泳動が可能だが、左右端までサンプルをアプライすると泳動像が湾曲するので、左右の10ウェル分は使用しないほうがよい。

⑧ 50W（2台のときは100W）で約3時間の電気泳動を行なう。ここで使用している8%アクリルアミドゲルの場合、XCが約120bp、BPBが約30bpの位置に相当する。

(5) ブロッティング

①電気泳動中に、濾紙（Advantec Toyo No.131）およびナイロンメンブレン（Pall Biodyne A, 孔径0.45mm、日本ジェネティクス社）をそれぞれ横20cm×縦15cmに切断する（ただし、濾紙は同一サイズのものが5枚必要）。横のサイズは40サンプルをウェルの空きなしに並べたときのサイズで、縦のサイズはアユの *Pal-1*～*7* のどのローカスのアレルでもそのほとんどが収まるようになっている。これより多くのサンプルを泳動した場合やアレルのサイズの範囲が広い場合には、もっと大きく切断する必要がある。また、ナイロンメンブレンを切断するさいにはグローブを着けて、汚染しないようにする。

②ゲル板を泳動装置から取り外し、小さいガラスプレート（ゲルスリックを塗布したほう）を上にして作業台の上に置く。
③ゲル板の隣に使用していないガラスプレートを置き、その上に1×TBEを十分に染みこませた2枚重ねの濾紙を置く。濾紙の上で攪拌棒やガラスピペットを転がし、余分な1×TBEを押し出す。染み出した1 × TBEはキムワイプなどで拭きとる。
④薄いスパーテルやメス刃を用いて小さいほうのガラスプレートを剥がす。ゲルは下のガラスに残る。
⑤ゲルの必要部分*7を含むように、濾紙で覆い、攪拌棒などで密着させる。Advantec Toyo の No.131の場合、粗い面と平滑な面があるが、平滑な面をゲルに付着させる。また、特に濾紙の周囲を指で少し強めに押しつけて、しっかり密着させておく。
⑥濾紙よりはみだした余分なゲルをスパーテルで切り外し、濾紙をゲルとともにゆっくり引き上げる。完全に剥離できたら、濾紙の右下端に小さく切れ目を入れておきゲルの上下左右がわかるようにしておく。メンブレンも同様に右下端に切れ目を入れておくとよい。
⑦ ③で準備した濾紙上に、⑥の濾紙のゲル面を上にして、気泡が入らないよう端を合わせてゆっくりと下ろす。
⑧上にしたゲル面に1×TBEで濡らしたナイロンメンブレンをゆっくり重ねる。ナイロンメンブレンはグローブを着用して取り扱う。
⑨ナイロンメンブレンの上で、手のひらを用いて攪拌棒を軽く転がし、ゲルとメンブレンの間の気泡を追い出す。2枚重ねの濾紙をメンブレンの上に重ねて、ガラスプレートを置く。
⑩空のガロン瓶を重しとして、20分間静置してブロッティングを行なう。
⑪ピンセットを用いてメンブレンをゲルから剥がし、ゲルに接していた面を上にしてメンブレンよりも大きなサイズの濾紙上におく。メンブレンにゲルが付着している場合にはピンセットでていねいに除去する。そのまま乾熱器で乾燥させる（80℃で10分間）。
⑫乾燥後、トランスイルミネーター上にメンブレンのゲル付着面を下にして置き、UVを照射してクロスリンクを行なう。照射時間は、トランスイルミネーターによって異なるが、UVP Dual−Intensity Transilluminaster（フナコシ社）の場合8秒間である。メンブレンは、暗所、室温で数カ月安定である。

(6) ハイブリダイゼーション

ここまでの作業で、メンブレンにはビオチンを含む増幅DNAが結合した状態になっている。この状態のDNAを Phototope−Star Detection Kit に含まれ

るストレプトアビジン、ビオチンが結合したアルカリフォスファターゼ、CDP-Star を用いて検出する。キットの説明書には各 Solution の量をメンブレンの面積に合わせて調節するよう指示がされているが、ここでは 20×15cm のメンブレンに対応させた量を記しておいた（説明書よりもやや多めである）。節約のために厳密に調整したい方はキットの説明書を参照していただきたい。一連のハイブリダイゼーションの作業は、TOYOBO 社の Rolling Mixer を用いると便利である（ここで紹介したメンブレンのサイズであれば一度に 2 枚のメンブレンの処理ができる）。この装置は高価（約 6 万円）だが、ローラーがミニ 4 駆（タミヤ模型）のシャーシとアクリル板、ハイブリシリンジが透明の塩ビパイプとゴムキャップなので、同様の部品を模型店またはDIY ショップで購入して自作すると安価ですむ（実際に我々はそうしている）。また、ハイブリバッグと震盪器の組み合わせでもよい。

①以下の溶液をあらかじめ作成してストックしておく。

Blocking Solution（3 ℓ 分）

NaCl	29.92g
Na2HPO4	7.23g
NaH2PO4	3.72g
SDS	149.67g

脱イオン水で 3 ℓ にメスアップする。

Washing Solution I

Blocking Solution を脱イオン水で 10 倍に希釈する。

Washing Solution II（1 ℓ 分）

Tris	12.11g
NaCl	5.54g
MgCl2・6H2O	2.03g

4℃の冷蔵庫内で保存

②クロスリンク後のナイロンメンブレンをハイブリシリンジに丸めて入れ、キャップをする。メンブレンはゲルに接していた面が内側になるようにする。

③ 40mℓ の Blocking Solution をハイブリシリンジに入れてキャップをし、室温で 5 分間回転させる。この間に Streptavidin Reagent（Blocking Solution 20μℓ にキットの Streptavidine 溶液を 20μℓ 加える）を準備しておく。

④シリンジ内の Blocking Solution を捨て、Streptavidin Reagent を加え、キャップをして 5 分間回転させる。

⑤ Streptavidin Reagent を捨て、200mℓ の Washing Solution I を加えて 5 分間回転させる。この操作をもう一度繰り返す。2 回目の回転を行なっている間に、Alkaline Phosphatase Reagent（Blocking Solution 20μℓ にキットの

Biotinilated Alkaline Phosphatase 溶液を 20μℓ 加える）を準備しておく。
⑥ Washing Solution I を捨て、Alkaline Phosphatase Reagent を加えて 5 分間回転させた後、溶液を捨てる。
⑦ Blocking Solution を 200mℓ 加えて 5 分間回転させる。
⑧ Blocking Solution を捨て、Washing Solution II を 200mℓ 加えて 5 分間回転させる。この操作をもう一度繰り返す。2 回目の回転を行なっている間に、CDP−Star Reagent（脱イオン水 10mℓ にキットの CDP−Star 20μℓ と CDP−Star Assay Buffer 400μℓ を加える）を準備する。
⑨ Washing Solution II を捨て、CDP−Star Reagent を加えて 5 分間回転させた後、CDP−Star Reagent を捨てる。
⑩ピンセットを用いてシリンジからメンブレンを取り出し、サランラップで気泡が入らないように覆う。

(7) 検出

①暗室中にてサランラップで覆ったメンブレンをフィルムカセット（GIBCO The CourierTM 35・45）にセットする。メンブレンはゲルに接していた面が上にくるように置く。
② X 線フィルム（Fuji X Ray Film RX−U*8）をメンブレンの上に置き、カセットの蓋をして 5 〜 15 分感光させる。フィルムをセットするときにメンブレンと同じ位置に切りこみを入れておくと、後で泳動像の上下左右を間違えなくてすむ。
③カセットからフィルムを取り出し、現像液に浸す。最初はメンブレンに接していた面を下にして浸し（感光面が均一に現像液に接するようにするため）、すぐに裏返す。目的とするバンドが全体にわたって表われたら、即座に定着液に浸す。
④フィルムが透明化したら、定着液から出して流水で水洗する。
⑤よく乾いたら、マジックでサンプル名を記し、ビューボックス上で各サンプルのアレルを読み取る。**付図 2−1** に得られた電気泳動像を示す。

(8) 暗室不要の検出法

X 線フィルムを用いる場合には、必ず暗室が必要となる。しかし、暗室がない場合でも以下のようにメンブレンを直接染色してバンドを検出できる*9。ハイブリは行なったが現像液を切らしてしまった場合などに試みるとよい。
①ハイブリダイゼーションが終了したメンブレンをハイブリバッグ（タッパーウェアでもよい）に移し、0.2mg/mℓ BCIP（5−Bromo−4−Chloro−3−Indolyl Phosphatate）、0.2mg/mℓ NBT（Nitro Blue Tetrazorium）を含む

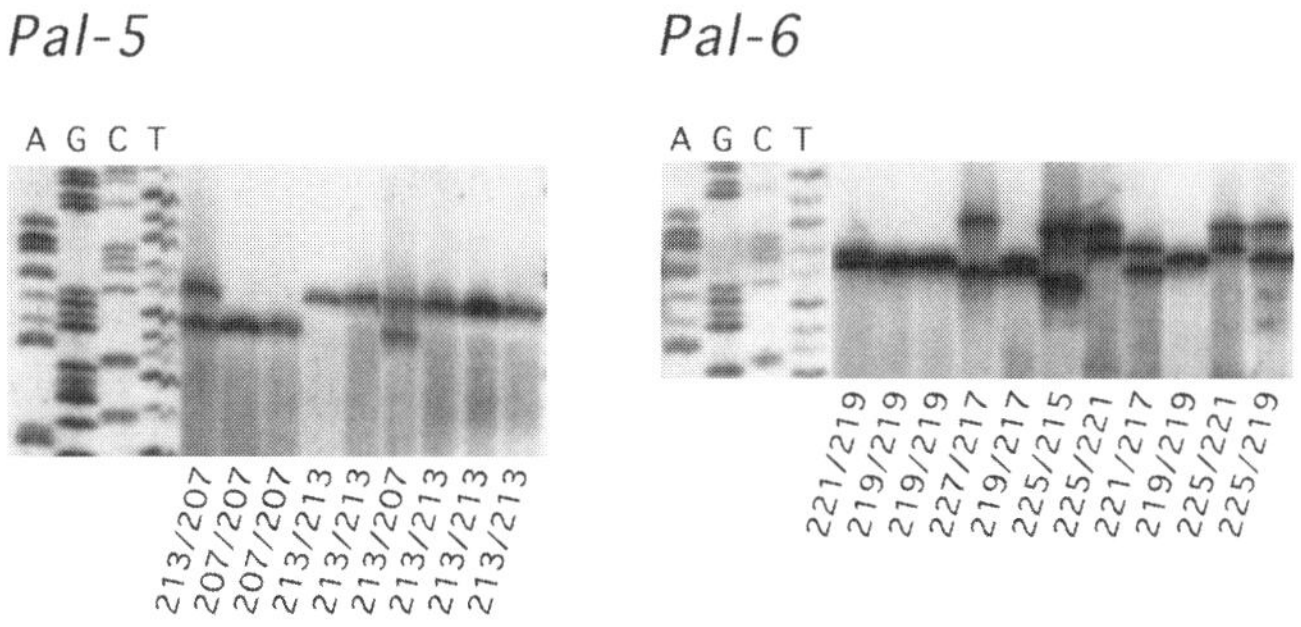

付図 2-1　*Pal-5* と *Pal-6* の電気泳動像

20mM Tris-HCl (pH 9.0) バッファー20mℓ を加える。

② 37℃の暗所でインキュベートし、目的とするバンドが表われたら（約 2 時間）、TE バッファーで 5 分間洗浄して反応を止める。バンドは紫褐色を呈している。

③乾燥させてラップなどに包んで保存する。乾燥させるとバンドが薄くなるが、水で濡らすと再び明瞭になる。

(9) 解析

遺伝子座と対立遺伝子：　マイクロサテライト DNA およびミニサテライト DNA の場合は DNA 断片はローカス（遺伝子座）およびアリル（対立遺伝子）と呼ばれる。これらの断片の遺伝様式は、検出される部位の遺伝子としての機能の有無にかかわりなく、メンデルの法則にしたがっているので（**付図 2-1**）、便宜的にローカス（遺伝子座）およびアリル（対立遺伝子）と称される。したがって、変異レベルや集団間の分化の指標はアイソザイムの場合と全く同様である。

集団内の遺伝的変異性：　1 遺伝子座あたりの対立遺伝子数の平均、多型的遺伝子座率および平均ヘテロ接合体率などにより評価する。低頻度対立遺伝子の多いマイクロサテライト DNA 多型においては、1 遺伝子座あたりの有効対立遺伝子数（effective number of alleles $= 1/(1-H_e)$）を採用する。

ハーディー・ワインベルグの平衡の検定：　マイクロサテライト DNA 多型では、対立遺伝子数が多いので、マルコフ連鎖法による検定が採用される。この場合、コンピューターソフト（たとえば Alrequin）の使用は必須で、1 つの集団について遺伝子座ごとに検定を行なうだけでなく、複数の遺伝子座につい

て一度に検定を行なうことにより、メンデル集団に由来するサンプルであるか否かを判定することができる。また、いくつかの主対立遺伝子を選び、遺伝子型の観察数とそれらの期待値の差の有為性についてカイ二乗検定を行なうといった従来法による計算も可能である。

集団間の遺伝的分化および集団間の分岐図作成： 集団間の遺伝的分化の指標として、G_{st}（遺伝子分化指数）、集団間の遺伝的距離（D）などを用いることにより、その程度を評価する。遺伝的距離の計算および分岐図の作成には、コンピューターソフト、PHYLIP がよく使われる。

異なる集団の単純な混合、遺伝子浸透および近親交配： ハーディー・ワインベルグ平衡から著しくずれる場合には異集団の混合や近親交配、さらには異集団間の交雑を想定する必要がある。これらはヘテロ接合体率の実測値（H_o）と期待値（H_e）の比、固定指数（F）などによる（$F=1-H_o/H_e$）により評価される。

長所と問題点： シングルローカス法はこのような集団遺伝学的パラメータの推定が可能で、魚類の系統群分析や人工種苗集団の遺伝的変化のモニターにおける感度のすぐれたマーカー遺伝子として評価が高い。マイクロサテライトDNA の場合は多型性が極度に高いが、それらのマーカー遺伝子を有効に利用するには1つのサンプル群あたり多数のサンプル（80 ～ 100 個体）が必要となる。また、遺伝子座によっては対立遺伝子中にはプライマー部分の変異により、PCR 産物が生じないいわゆるナル遺伝子が存在するので、分析にあたって留意する必要がある。

集団分析用コンピューターソフトの利用： 前述のように、高感度 DNA 多型マーカーは、1遺伝子座あたりの対立遺伝子数が多く、遺伝子型の数も多く、集団遺伝学的分析におけるハーディー・ワインベルグ平衡や集団の異質性の検定などの計算は著しく煩雑になる。さらに、個々の対立遺伝子の頻度が低いので、これらのマーカーを有効に利用するためには1標本群あたりのサンプル数を多く取る必要がある。このような問題を考慮すると、集団分析用コンピューターソフトの利用が不可欠と考えられる。これらは幸いなことに、インターネットのホームページからダウンロードして使用することが許されている（**付表 2-2**）。

マイクロサテライト DNA マーカーを用いた集団の遺伝的多様性または遺伝的構造の評価法については、数多く報告されるようになり、また、計算のための解析ソフトも多数発表されている。集団内および集団間の多様性の評価と検定については、マイクロサテライト DNA が高変異性のマーカーであるため、従来のアロザイムとは異なり、コンピューターを用いた無作為化検定が多用される。**付表 2-2** に、よく用いられる解析ソフトとダウンロードのための URL

付表 2-2 マイクロサテライト DNA の主要パラメータを算出するために使用している主な解析ソフト

ソフトウェア	制作者	URL
Arlequin ver. 2.000	Schneider *et al.* (2000)	http://lgb.unige.ch/arlequin/
FSTAT	Goudet (1995)	http://www2.unil.ch/izea/softwares/fstat.html
GENEPOP	Raymond and Rousset (1995)	http://wbiomed.curtin.edu.au/genepop/
GENETIX	Belkhir *et al.* (1996)	http://www.univ-montp2.fr/%7Egenetix/genetix/genetix.htm
PHYLIP	Felsenstein (1995)	http://evolution.genetics.washington.edu/phylip.html

を示した。これらを用いることにより、ヘテロ接合体率（H_e）、ハーディー・ワイベルグ平衡の検定、AMOVA（Analysis of Molecular Variance）（Excoffier *et al.*, 1992）による集団の階層構造の検討などを行なうことができる。

3. ミトコンドリア DNA 調節領域の PCR-RFLP 分析

ミトコンドリア DNA（mtDNA）の調節領域は、mtDNA の複製に関与する領域であるが、タンパクや RNA をコードしていない非翻訳領域であるため、生じた突然変異が集団中に蓄積されやすく、集団の遺伝的変異性や比較的近い過去における集団の動態（Demography）を把握するうえで有効なマーカーとなる。PCR が普及しはじめた 1980 年代後半から 1990 年代半ばにかけては、この領域を増幅し、増幅産物を制限酵素処理することによって RFLP（制限酵素切断片長多型）を検出する方法が盛んであった。しかし近年は、この領域のダイレクトシークエンスが行なわれるようになり、PCR-RFLP 分析はやや影が薄くなった感がある。アユについてはこの領域の PCR-RFLP 分析の例はなかったが、領域前半部の塩基配列とこれらを用いた集団構造の解析が報告されている（Iguchi *et al.*, 1997; 1999; Iguchi and Nishida 2000）。しかし、集団中に存在するハプロタイプをより多くの個体について低コストかつ簡便に認識するうえで、PCR-RFLP 分析はいまだに有用であり、特に現場ではその価値は高いと考えられる。以上の観点から、アユの調節領域全体についての PCR-RFLP 分析について検討し、マニュアル化を行なった。

(1) 調節領域の PCR

① TE バッファーに溶かした各個体の DNA サンプルから 2μℓ 取り、PCR 用の

0.5mℓ または 0.2mℓ のマイクロチューブに移す。

②以下の組成で PCR カクテルを作成する。

10×PCR バッファー	5μℓ ×(サンプル数＋1)
dNTP Mixture	5μℓ ×(サンプル数＋1)
プライマー（F）(100pmol/μℓ)	1μℓ ×(サンプル数＋1)
プライマー（R）(100pmol/μℓ)	1μℓ ×(サンプル数＋1)
r*Taq* ポリメラーゼ（5units/μℓ ）	0.5μℓ ×(サンプル数＋1)
超純水	35.5μℓ ×(サンプル数＋1)

バッファーおよび dNTP Mixture は TaKaRa の r*Taq* ポリメラーゼに添付されるものを用いている。プライマーの配列は以下の通り。

プライマー（F）：5'−TTA AAG CAT CGG TCT TGT AA−3'
（L15923： Shields and Kocher, 1991）
プライマー（R）：5'−TAT AGT GGG TAT CTA ATC CCA GTT−3'
（H1067： Martin *et al.*, 1992）

③ PCR カクテルをサンプル DNA の入ったマイクロチューブに 48μℓ ずつ加える。

④ミネラルオイルを重層し、蓋をしてフラッシングを行なう。

⑤サーマルサイクラーにチューブをセットし、以下の条件で PCR を行なう。

94℃ 1 分	1 サイクル
94℃ 1 分－48℃ 1 分－72℃ 1 分	30 サイクル
72℃ 5 分	1 サイクル

⑥ PCR 終了後、反応液 4μℓ と BPB 溶液 2μℓ 、超純水 9μℓ をパラフィルム上で混ぜ、0.8％アガロースゲルにアプライし、電気泳動を行なう。電気泳動は、Mupid（コスモ・バイオ社）などの泳動装置を用い、1 × TBE バッファー（89mM トリス、89mM ホウ酸、2mM EDTA・2Na）で 100V 約 30 分間通電する。サイズマーカー（Roche 社の DNA Moleculer Weight Marker XVI など）も同時に泳動しておくと、増幅された調節領域のサイズや量を推定できるので便利である。

⑦泳動が終了したら、ゲルと使用した泳動用バッファー（200mℓ 程度）をタッパーウェアに移し、エチジウムブロマイド（10mg/mℓ ）を 4μℓ 加えて 20 分間震盪し、染色を行なう。

⑧トランスイルミネーターにゲルを置き、UV を照射してポラロイド撮影を行なう。写真上にて増幅された調節領域のサイズや量をチェックする。UV 照射時はフェイスマスクを着用する。**付図 2−2** に増幅されたアユの調節領域を含む断片（約 1.5kbp）の電気泳動像を示す。良好な RFLP を得るには 100ng/μℓ 程度の増幅量が必要である。多くの場合はこの条件をクリアする

が、標本の状態が悪いなどの理由により増幅量が少ないときは、PCRのときのDNA量を増減したり、*Taq*ポリメラーゼの添加量を増やしてみるなどの工夫をしてみるとよい。また、同一のサンプルについて複数回PCRを行ない、以下の濃縮を行なうのも手段の1つである。

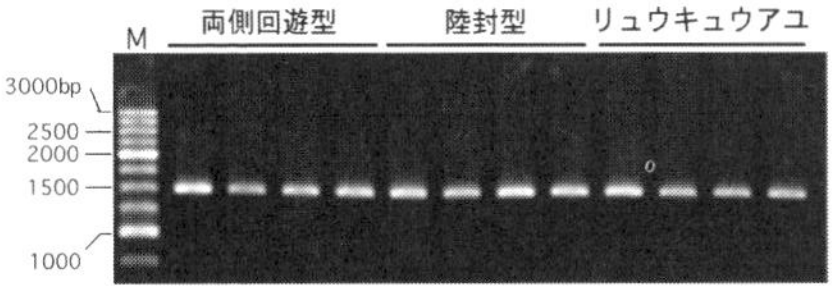

付図2-2
アユのミトコンドリアDNA調節領域を含むPCR増幅断片

(2) 増幅産物の濃縮

①同一個体のPCR反応液を1.5mℓマイクロチューブに集め、等量のクロロホルムを加えて5秒間ボルテックスにかける。この作業によりミネラルオイルが下層のクロロホルムに溶けこみ上層から除去される。

② 15,000rpmで10分間遠心し、マイクロピペットを用いて上層を別のマイクロチューブに移す。反応液の量が少ないときには、上層のみを吸い上げる作業が困難になるので、あらかじめ適当量のTEバッファーを①の段階で加えておくとよい。

③上層の1/10量の3M酢酸ナトリウムと2倍量の100%エタノールを加え、よく混和する。

④ 15,000rpmで10分間遠心し、上精を捨て、70%エタノール1,000μℓを加える。この操作をもう一度繰り返す。

⑤ 15,000rpmで5分間遠心し、上精を捨て、100%エタノール1,000μℓを加える。

⑥ 15,000rpmで5分間遠心し、上精を捨て、チューブを逆さまにしてペレットを乾燥させる。

⑦期待する濃縮量になるようにTEバッファーの量を調節してチューブに加える。

(3) RFLPの検出

調節領域のPCR-RFLP分析を行なう場合、4塩基認識の制限酵素が使用される場合が多い。これは6塩基認識の制限酵素の場合に比べて変異を検出できる確率が高いためである。アユの場合、*Alu* I、*Hae* III、*Hha* I、*Hinf* I、*Msp* I、*Rsa* I、*Taq* Iの7種類の制限酵素を用いている。

① PCR反応液を3μℓ取り、0.5mℓまたは0.2mℓのマイクロチューブに移す。

②以下の組成でマスターミックスを作成する（サンプル数が15、使用する制限酵素が20units/μℓの場合）。

制限酵素	3μℓ
添付バッファー	16μℓ
超純水	141μℓ

ここでのマスターミックスの総量は16サンプル分（160μℓ）であるが、これはあとで分注するさいのロスを考慮しているためである。

③マスターミックスを各チューブに10μℓずつ分注し、軽くスピンダウンしたあと37℃（*Taq* Iの場合は65℃）で5時間から一晩インキュベーションを行なう。インキュベーション中の反応液の蒸発を抑えるためには、恒温水槽よりも恒温器を用いたほうがよい。

④インキュベーションを行なっている間に3%のアガロースゲルを作成する。通常、Mupid用のゲルメーカーを使用している。小型の三角フラスコに1×TBEを30mℓ取り、スターラーで攪拌しながら、0.9gのアガロースを少しずつ加える。マグネットバーを入れたままで電子レンジで加熱し溶解させる。加熱時には最初から沸騰させることは避け、突沸が始まったら取り出して再度スターラーで攪拌し、加熱と混合を繰り返す。加熱時にはかなりの水分が蒸発して失われるので補給していく必要があるが、あらかじめ30mℓの位置に印をつけておき、そのつど足すとよい。アガロースが完全に溶けたら、すぐにゲルメーカーに流しこみ固まらせる。ゲルは約2時間で完全に固まるが、すぐに泳動を開始しない場合には1×TBEを上から注ぎ乾燥を防ぐ。使用するアガロースは、NuSieve 3：1アガロース（TaKaRa社）がやや高価ではあるが、低融点でゲルの作成がしやすく、比較的小さなサイズのDNA断片（3%であれば60bp程度まで）についても分画できるので定評がある。

⑤インキュベーション後、各チューブにBPB溶液を1μℓずつ加え、軽くスピンダウンの後、ゲルにアプライして電気泳動を行なう。泳動は、1×TBEバッファーを用い、100Vで行なう。BPBがゲルトレイの最後のラインまで泳動されるまで通電する（約40分間）。サイズマーカー（Roche社のDNA Moleculer Weight Marker VIIIなど）も同時に泳動しておくと各断片のサイズがわかる。ただし、断片の移動度は反応液中の塩濃度に影響されるので、サイズマーカーには制限酵素処理に用いたときと同一の添付バッファーを加えておく必要がある。

⑥泳動が終了したら、使用した泳動用バッファー（200mℓ程度）とゲルをタッパーウェアに移し、エチジウムブロマイド（10mg/mℓ）を4μℓ加えて、20分間震盪して染色を行なう。

⑦ゲルをトランスイルミネーター上に移し、UVを照射してポラロイド撮影を

行ない、写真上にて切断型の確認と断片サイズの推定を行なう。**付図 2-3** に *Alu* I で処理したときの調節領域の RFLP を示す。

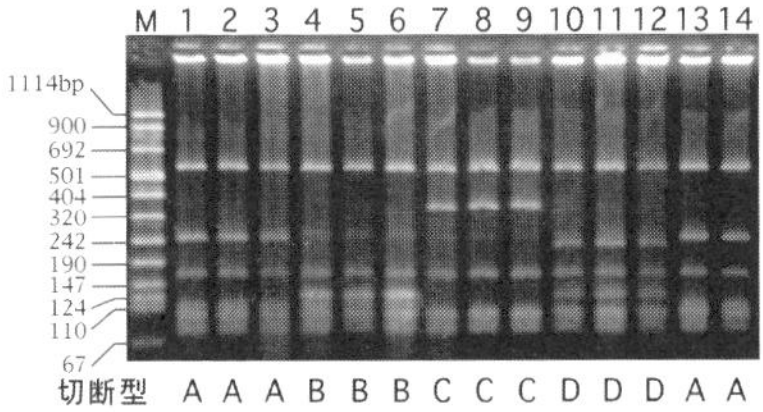

付図 2-3
AluI での RFLP

(4) 解析

①ハプロタイプ頻度

対象とするすべてのサンプルについて、各制限酵素での切断型を個体ごとにプロファイルし、各個体のハプロタイプを決定する。決定後、それぞれのハプロタイプについて標本集団中の頻度を求める。頻度（p）は以下の式によって求められる。

p = ハプロタイプの出現数 / 調査個体数

②ハプロタイプ多様度

ハプロタイプ多様度（haplotype diversity：h）は集団の変異性を測る尺度の1つである。集団中から任意に2個体を取り出したさいにこれらの個体が異なったハプロタイプをもっている確率と定義づけられ、以下の式によって求められる（Nei and Roychoudhury, 1974）。

$$h = 2n(1 - \Sigma x_i^2)/(2n - 1)$$

ここで xi は集団中におけるハプロタイプ i の頻度で、n は調べた個体数である。

③標本集団間のハプロタイプ頻度の差の検定

標本集団間のハプロタイプ頻度の差異の評価は、ハプロタイプ頻度の均一性の χ^2 検定による。通常の χ^2 検定では低頻度ハプロタイプについての正規近似が悪いことからモンテカルロ法を用いた χ^2 検定（Roff and Bentzen, 1989）がよく用いられる。ハプロタイプの出現個数について l（標本集団数）× m（ハプロタイプの総数）のセルを作成して、χ^2 値を求める。次に、縦と横の合計はそのままで、疑似乱数を発生させることにより出現個数をランダムに変化させ、それぞれについての χ^2 値からその分布を求め、もとの χ^2 値より大きな値が偶然に得られる確率を求める。通常、ランダムに変化させる回数（試行回数）は 1,000 回以上行なう。

④ハプロタイプ間の塩基置換数

各酵素の切断型の組み合わせにより得られたハプロタイプ間の塩基置換数（d）は以下のように求める（Nei and Li, 1979）。
まず、2つのハプロタイプに共通なDNA断片の期待値Fを求める。

$$F=2m_{xy}/(m_x+m_y)$$

ここで、m_xとm_yは2つのハプロタイプのそれぞれに出現した制限酵素切断片の数、m_{xy}は2つのハプロタイプに共通の断片数である。

次にt時間の間に認識部位が変わらない確率Gを以下の斬化式によって求める。

$$G=[F(3-2G)]^{1/4}$$

この式は両辺にGがあるので、反復法によって解くことになる。このときのGの最初の試行値としては$F^{1/4}$を用い、両辺のGが等しくなるまで計算を繰り返す。普通、わずかの反復回数でGが求められる。

求められたGから塩基置換数（d）を求める。

$$d=-(2/r)\log_e G$$

ここでrは認識部位の塩基数である（4塩基認識の酵素であれば$r=4$）。

⑤集団内および集団間の塩基置換数

上記のハプロタイプ間の塩基置換数はハプロタイプそのものの違いを表わすが、集団内および集団間についてハプロタイプの多様性を塩基レベルで論議する場合にはこれらの頻度も考慮に入れる必要がある。集団内の塩基置換数の平均値（d_x）は以下の式で与えられる（Nei and Tajima, 1981）。

$$d_x=(n_x/n_x-1)\Sigma_{ij}x_ix_jd_{ij}$$

ここでn_xは標本集団中のハプロタイプ数であり、x_iおよびx_jはハプロタイプiとjの頻度、d_{ij}はハプロタイプiとj間の塩基置換数（上記3の方法によって求めたもの）である。d_xは、x集団中から任意に2個のハプロタイプを取り出したときに2つのハプロタイプの間で異なっている塩基置換数の平均値と定義することができる。

一方、集団間の塩基置換数の平均値（d_{xy}）は以下の式で求められる。

$$d_{xy}=\Sigma_{ij}x_iy_jd_{ij}$$

ここでx_iおよびy_jはそれぞれ集団xとyのi番目とj番目のハプロタイプ頻度、d_{ij}は集団xからとったハプロタイプiと集団yからとったハプロタイプjの間の塩基置換数である。ただし、ここでのd_{xy}はそれぞれの集団内の塩基置換数も成分として含まれているので、2集団間の純塩基置換数（d_A）は、以下のように求められる。

$$d_A=d_{xy}-(d_x+d_y)/2$$

集団間の純塩基置換数は比較する集団間のハプロタイプ頻度に異質性がみら

れて初めて意味のある値となる。ハプロタイプ頻度に差異がないにもかかわらず、純塩基置換率を求めても得られた値は実質上0となる。また通常、異質と判定された集団間でd_Aを求めた場合には、d_xやd_yよりも大きな値を示すが、一方の集団のハプロタイプ数が少なく、それらがもう一方の集団にも含まれる場合には、d_xやd_yよりも小さな値となってしまう場合がある。この要因として考えられるのは、集団間の遺伝子流動の制限が最近生じ、片方の集団でボトルネックが生じた場合や、最近の少数の移住者によって集団が形成されていることが考えられる。

各集団間で得られたd_Aのマトリックスから、PHYLIP（Felsenstein, 1995）などの系統樹作成プログラムを用いて、集団間の遺伝的類縁関係を表わすデンドログラムを作成することもできる。ただし、上にも述べたように、d_Aはハプロタイプそのものの違いと頻度の違いをかけ合わせた値で、進化的観点が含まれたパラメーターである。種間あるいは分岐してから長い時間が想定されるような集団間はともかくとして、同一種内の天然集団と人工種苗のようにハプロタイプ頻度の差異だけを問題にするのであれば、以下のRogersの距離（Rogers, 1972）を用いたほうが集団間の差異をより単純に表わしていると考えられる。

$$D_R=[\Sigma(x_i-y_j)^2/2]^{1/2}$$

ここで、x_iはx集団のi番目のハプロタイプ頻度、y_iはy集団のj番目のハプロタイプ頻度である。

モンテカルロ法を用いたχ^2検定の実行、ハプロタイプ間の塩基置換数、集団内および集団間の塩基置換数を求めるにあたっては、電卓などを用いるとたいへんな時間を要する。調べた標本集団数が多くなればなるだけ労力と心理的な負担は増し、計算間違いを犯す頻度も高くなるのでコンピューターの助けを借りるのが望ましい。**付表2-2**に示した解析ソフトも使用可能であるが、RFLP分析を主な対象として開発されたソフトウェアであるREAP（McElroy *et al.*, 1992：http：//bioweb.wku.edu/faculty/mcelroy/）が便利である。

本稿は、本委託事業が開始された2000年度の報告書の巻末に載せたマニュアルに加筆と修正を行なったものである。当時、自動シーケンサーが導入されていない施設も多く、そのような施設を対象としてこれら方法に関してマニュアル化を行なうことは意義のあることと考えたしだいである。しかし、多くの検体についてマイクロサテライトDNAの多型検出を行なう場合には、やはり自動シーケンサーの導入または導入されている施設での使用をすすめる。特にアリルの読み取りに関しては絶大な威力を発揮し、フィルムからアリルを読み取る場合に比べて時間的あるいは心理的負担は大幅に減少する。また、調節領

域のダイレクトシーケンスに関しても、当時に比べて安価に塩基の解読を行なえるようになった。業者に委託して、1検体1,000円以下で読み取りを行なうことも可能になっている。この場合、常に安定して塩基の読み取りを行なうことのできるよう一定量以上の増幅産物を得ることがポイントとなる。これらに関する詳しい方法については、直接筆者らにお問い合わせいただきたい。

*1　標本は冷凍されたものでもアルコール固定されたものでもほとんど問題ない。また、「尾鰭の半分」は遡上時期のアユ標本を想定したものであるが、流下期の標本であれば魚体全体、海中生活期であれば魚体の尾部から1cm程度を切り取って試料としている。

*2　移した上層液の量が400$\mu\ell$であれば、40$\mu\ell$の3M酢酸ナトリウムを加え、880$\mu\ell$の100%エタノールを加えることになる。

*3　キット添付のDilution Bufferで4倍に希釈する。

*4　アクリルアミドは神経毒なので計量のときはグローブを着用する。

*5　Tween 20はほかの試薬が完全に溶けてから加える。

*6　自動車用のガラスコート剤で代用もできる。この場合、スプレー式よりも塗りこみ式のほうがゲルを保持する効果が高い。

*7　目的とするアレルのサイズをよく考慮する必要がある。上にも述べたようにXCの移動度は約120bpの位置に相当する。これより約5cm上部で130bp、さらに約10cm上部が200bp前後にあたるので、検出しようとするアレルのサイズをほぼ網羅できるような位置に濾紙を置く。

*8　このフィルムには4ツ切と6ツ切がある。ここで紹介したメンブレンのサイズだと6ツ切が適しており、後のフィルムの整理も楽である。4ツ切だとハサミで切って使用しなければならず、余りのフィルムがたくさん出るので経済的でない。X線フィルムは安全灯の下でも5分以上経過すると感光が始まるので作業は手早く行なう。

*9　この方法は、X線フィルムを使用する場合に比べコスト高になるが、メンブレン上の個々のバンドを切り出してDNAの抽出を行ない、塩基配列を調べることもできるので、アレル間の差異を塩基レベルで詳細に検討したいときにも有効であろう。

引用文献

Asahida, T., T. Kobayashi, K. Saitoh and I. Nakayama (1996) Tissue preservation and total DNA extraction from fish stored at ambient temparature using buffers containing high concentration of urea. *Fisheries Sci.*, 62: 727–730.

Excoffier, L., P.E. Smouse and J.M. Quattro (1992) Analysis of molecular

variance inferred from metric distance among DNA haplotypes: application to human mitochondrial DNA restriction data. *Genetics*, 131: 479-491.

Felsenstein, J. (1995) PHYLIP: *Phylogeny Inference Package*. University of Washington, Seatle.

Iguchi, K., Y. Tanimura and M. Nishida (1997) Sequence divergence in the mtDNA control region of amphidromous and landlocked forms of ayu. *Fisheries Sci.*, 63: 901-905.

Iguchi, K., Y. Tanimura, H. Takeshima and M. Nishida (1999) Genetic variation and geographic population structure of amphidromous ayu *Plecoglossus altivelis* as examined by mitochondrial DNA sequencing. *Fisheries Sci.*, 65: 63-67.

Iguchi, K. and M. Nishida (2000) Genetic biogeography among insular populations of the amphidromous fish *Plecoglossus altivelis* assessed from mitochondrial DNA analysis. *Conserv. Genet.*, 1: 147-156.

Martin, A.P., R. Humpreys and S.R. Palumbi (1992) Population genetic structure of the armorhead, Pseudpentaceros wheeleri, in the North Pacific Ocean: Application of the polymerase chain reaction to fisheries problem. *Can. J. Fish. Aquat. Sci.*, 49: 2386-2391.

McElroy, D., P. Moran, E. Bermingham and I. Kornfield (1992) REAP: an integrated environment for the manipulation and phylogenetic analysis of restriction data. *J. Hered.*, 83: 157-158.

Nei, M. and A.K. Roychoudhury (1974) Sampling variance of heterozygosity and genetic distance. *Genetics*, 76: 379-390.

Nei, M. and W-H. Li (1979) Mathematical model for studying genetic variationin terms of restriction endonucleases. *Proc. Natl. Acad. Sci. USA.*, 76: 5269-5273.

Nei, M. and F. Tajima (1981) DNA polymorphism detectable by restriction endonucleases. *Genetics*, 97: 145-163.

Ohara, K., S. Dong, and N. Taniguchi (1999) High proportion of heterozygotes in microsatellite DNA loci of wild clonal silver crucian carp, *Carassius langsdorfii. Zool. Sci.*, 16: 909-913.

Peretz-Enriquez Ricardo・竹村昌樹・谷口順彦（1998）マダイにおけるケミルミネッセンスを用いたマイクロサテライトDNAの検出：実践マニュアル．水産育種，26：73-79.

Roff, D.A. and P. Bentzen (1989) The statistical analysis of mitochondrial DNA polymorphisms: 2 and problem of small samples. *Mol. Biol. Evol.*, 6: 539-545.

Rogers, J.S. (1972) Measures of genetic similarity and genetic distance. In "*Studies in Genetics VII*", Univ. Texas Publ. pp. 145-153.

Shields, G.S. and T.D. Kocher (1991) Phylogenetic relationship of American Ursids based on analysis of mitochondrial DNA. *Evolution*, 45: 218–221.
Takagi, M., E. Shoji and N. Taniguchi (1999) Microsatellite DNA polymorphism to reveal genetic divergence in Ayu, *Plecoglossus altivelis. Fisheries Sci.*, 65: 507–512.

付章 3　水産庁のアユ種苗放流指針（平成 16 年度発表）

この放流指針は平成 14 年から 16 年にかけて実施された「アユの遺伝的多様性保全指針作成調査」の成果としてまとめられたもので（原、2005）、その掲載にあたって委託元の水産庁の許可を得た。

アユの遺伝的多様性保全指針作成調査事業の実施体制

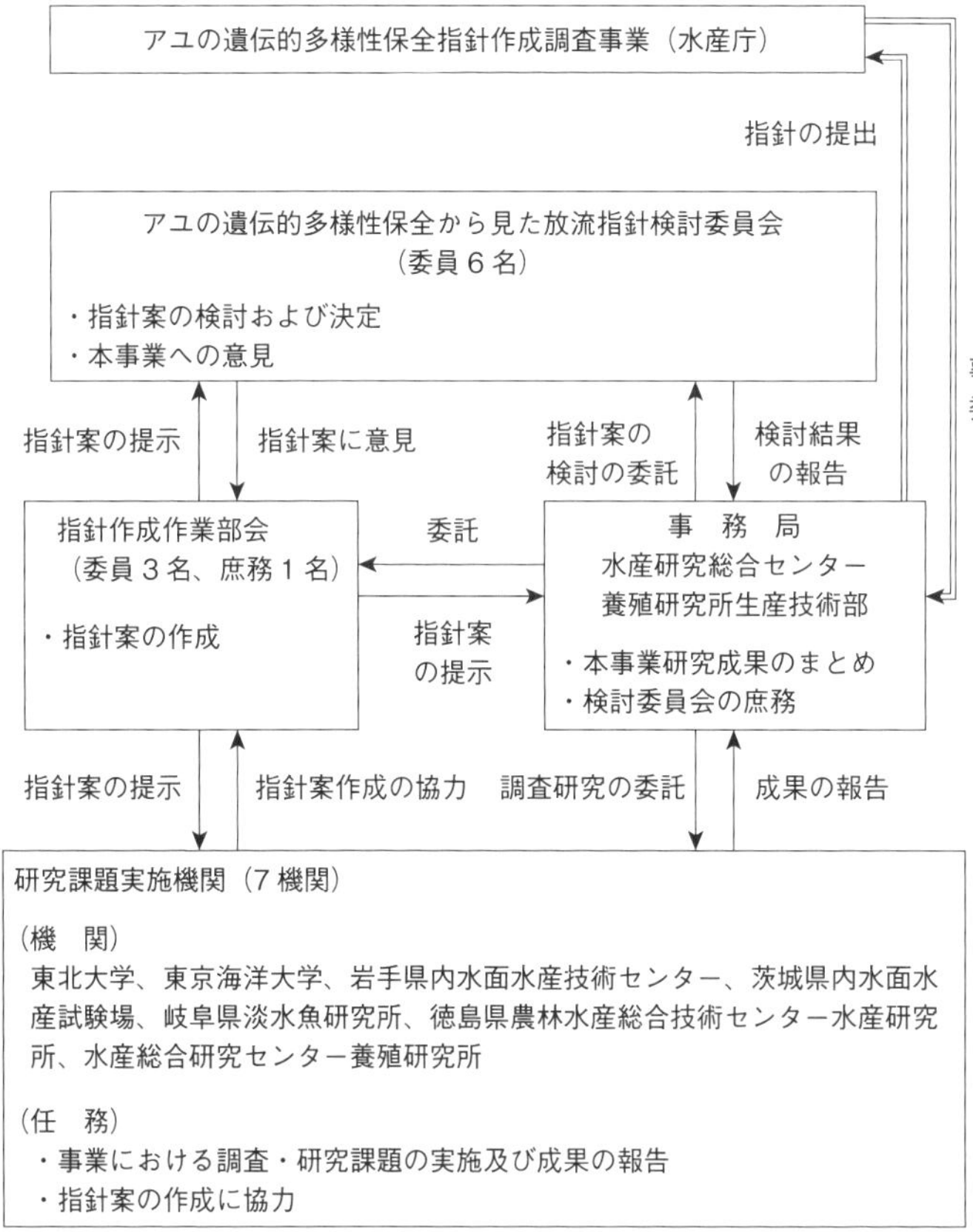

アユの遺伝的多様性保全から見たアユ種苗放流指針

はじめに

アユは我が国のほぼ全土に分布し、古来より広く食用に供されるとともに、その多くが人里近くの河川で漁獲されることから、日本人に馴染み深い魚となっている。このアユの生息域であった多くの河川は、戦後継続して行われてきた治水と利水を中心とした開発事業により、アユにとって生息し難い環境となった。さらに、高度成長期以降の河川の水質汚濁は、アユの自然繁殖を妨げ、再生産を困難な状況に陥らせた。このようなアユ生息域の環境劣化は、今日においても続いているが、漁獲量は1949年以降、1991年までは右肩上がりに増加し、最高で18,000トンに達した。これは、河川環境が年々悪化していく中で、全国各地の河川漁業協同組合をはじめとする内水面漁業関係者が、天然および人工産のアユの種苗放流を積極的に続けてきた成果であり、さらに、アユ釣りを楽しむ人や地域住人のアユ資源増殖への理解によるところが大きい。しかし、このような努力にもかかわらず、1992年以降の全国漁獲量は遡上稚アユ量の低迷などにより大幅に減少し、河川漁協の経営を圧迫している。

近年、河川行政も河川に対する考え方が大きく変わり、河川を単なる流水路としてだけでなく、豊かな生態系を構成するものとして見直され、河川環境の改善と修復が推進されている。このような状況の中で、水産関係者も前向きで現実的な提案を行い、アユなどの水産生物が永続的に生息しやすい河川環境の改善を進めているところである。目標としては、多くの河川において、種苗放流に頼らなくても、自然遡上するアユ稚魚だけで、それぞれの河川のアユ資源が維持され、高い水準での漁獲が持続できることが望ましい。一方、ダム等の河川横断工作物によって自然遡上が困難な河川も全国に多く存在し、また、遡上可能な河川においても海産稚アユの遡上量が大きく変動するのも現実である。これらのことを考えれば、今後とも個々の河川の特性を考慮しつつ、種苗放流と自然遡上をうまく組み合わせることにより、各河川のアユ資源を安定的に維持していく努力が必要である。

アユは増殖対象種の中で放流効果が顕著にあらわれる魚種であることから、資源量の回復には科学的知見に基づいた種苗放流の管理が重要と考えられている。この考え方を基にして、アユ種苗の放流については、両側回遊型アユの河川生活期や陸封型の琵琶湖産アユの豊富な生態情報を用いて、すでに漁場環境や適正放流基準についての放流マニュアル（石田、1994）も公表されている。しかしながら、昨今の生物多様性の確保を重視する国内外の動向、その中でも

種苗放流が行われている種については遺伝的多様性を保全することが結果として資源の保全につながるという考え方が広まりつつある。

では、なぜ、遺伝的多様性を保全することが資源の保全につながるのであろうか。遺伝的多様性は、地域集団レベルの多様性と個体レベルの多様性からなる。種内に存在する地域集団はそれぞれの地域的特性を備えており、その特性の一部は遺伝的に制御されている。たとえば、海産アユと琵琶湖産アユは産卵期が違ったり、卵の大きさが違ったり、同じ水温下で孵化日が違ったりするが、このような差は環境要因だけでなく、遺伝要因によって決まることが確かめられている。さらに、集団内にも種々の個体差がある。たとえば、同じ海産アユでも早く産卵する個体から遅く産卵する個体までいろいろである。この性質においても、環境要因と遺伝要因によって決まることが知られている。このような集団レベルと個体レベルの遺伝的多様性は、気候の短期および長期の変動への適応力や種々の疾病に対する抵抗力、繁殖能力などを高く維持することにも役立つことが知られており、これが低下すると集団および個体レベルの適応力が低下すると考えられている。このことを説明する事例として、適応力が低下したと考えられる絶滅危惧種においては、遺伝的特徴を備えた地域集団の消失や集団内の個体間の遺伝的変異の縮小などの遺伝的多様性の低下が起きることが知られている。

このように遺伝的多様性の保全を重要視せざるを得ない状況において、アユについても放流種苗の再生産の有無や遺伝的特性の異なる放流種苗の河川天然集団への影響、すなわち遺伝的組成の変化や遺伝的多様性の低下にも関心が持たれるようになり、これらに配慮した種苗の選択や放流方法の検討が必要になってきている。また、放流種苗が病原菌のキャリアーとなり放流漁場に大きな被害を与えることから、種苗放流の影響を考える場合には生残に関わる健苗性などの生物特性項目の検討も必要と思われる。

しかし、今回のアユの遺伝的多様性から見た放流指針（以下、「指針」という）では、アユの種苗放流による在来の河川天然集団への遺伝的特性の変化をできるだけ避けるために必要な事項についてまとめ、放流用種苗の遺伝的特性についての知見を整理するとともに、放流種苗の在来集団に対する再生産を通しての遺伝的影響について推察し、アユ資源の河川天然集団の遺伝的多様性を保全する観点から、望ましい放流のあり方について提案する。

1. アユの生息域と系統ならびに種苗の種類

日本のアユ（*Plecoglossus altivelis altivelis*）は、九州、四国、本州、北海道の一部にかけて広く分布し、南限が九州の屋久島、北限が太平洋側では岩手県北

部、日本海側では北海道の余市川周辺とされている。このアユの近縁亜種として、現在は奄美大島のみに生息し、絶滅が危惧されているリュウキュウアユ（*Plecoglossus altivelis ryukyuensis*）がいる。リュウキュウアユは、分類学上、亜種と位置づけられており、アロザイムやDNAなどの遺伝マーカーでもアユとは明らかな違いが認められている。

アユは、河川と海を往来する両側回遊型アユ（本指針で海産アユと呼ぶ）と琵琶湖や池田湖など二十数湖で発見されている陸封型アユに大別される。陸封型アユで重要なのは、琵琶湖とその流入河川に生息するアユである。これは、湖産アユとかコアユとも呼ばれるが、本指針では琵琶湖産アユと呼ぶ。琵琶湖産アユは、海産アユと比較して水温の低い遊漁シーズンの始めでもナワバリ形成能が強いため（水産生物有用形質の識別評価マニュアル 1994）、友釣りなどに適している。このことから、長い間、大量の琵琶湖産のアユ稚魚が種苗として全国の河川に放流されてきた。しかし、近年は琵琶湖産アユ種苗の放流効果の低下から、琵琶湖産アユ種苗の放流割合を減らしている河川が増え、2004年の全国内水面漁業協同組合資料によれば、現在の琵琶湖産アユ種苗の放流割合（重量）は3割を下回っている。これに対して、全体の2割弱ではあるが沿岸域や遡上河川で採捕される海産アユも種苗として流通しており、これを海産アユ種苗と呼ぶ。その他、数量的には非常に少ないが、一部の地域では琵琶湖産以外の陸封型のアユ種苗の放流も行われている。前述のアユ種苗は天然種苗であるが、近年、海産アユや琵琶湖産アユを親魚とする人工種苗の生産量も増大し、2004年には放流種苗全体の半数以上が人工種苗になっている。人工種苗の生産には、海産アユ、琵琶湖産アユおよびそれらの交雑種、さらに天然アユ（一代目）だけでなく継代飼育したアユなど様々な親魚が使われている。

2. 海産アユの遺伝的グループ（遺伝的集団構造）

アユの地域集団間の遺伝的違い（遺伝的集団構造）については、西日本を中心に調査が行われている。アロザイムを用いた分析では、地域による遺伝的違いは認められなかった（谷口ら 1983、関ら 1985）。その後、アロザイム分析よりも遺伝的違いを高感度に検出できるいくつかの方法が開発されている。Iguchi *et.al.,*（1997）は北日本も含めた広い範囲の地域集団についてミトコンドリアDNAを用いて分析した結果、日本のアユは1つの大きな集団と考えられてきたが、僅かではあるが遺伝的違いも認められたことから、地域的な小集団構造の存在（メタポピュレーション構造）を示唆している。さらに、谷口ら（2002）は本事業の成果で、より高感度なマイクロサテライトDNA分析を用いて、少なくとも複数の地域群の存在を示唆している。さらに、井口（2004）

は、マイクロサテライトDNA分析を用いて、能登半島を境にした北日本と南日本のグループの存在の可能性を示唆し、これらのグループ分けは、海流に関係があると考察している。

以上のことをまとめると、日本に広く分布する両側回遊型の海産アユは、遺伝的に均質な1つの集団とは言い難く、北日本と南日本などのような海流に影響されたいくつかの地理的分集団（地方集団）に分けられる可能性がある。さらに、これらの地理的分集団の中にも、より狭い範囲で特異的な遺伝的特徴をもつ繁殖集団の存在も否定できない。また、近年の分析手法の進展を考慮すると、遺伝的違いの検出感度が高くなることと相俟って、地理的分集団の区分の変更の可能性は十分に考えられる。これに関連して、本事業でも多数の変異性の高いマイクロサテライトDNAマーカーが開発されており、今後は、これらのマーカーを利用し、調査河川数を増やすことにより、より詳細なアユの集団構造の解析が可能となり、これにより種苗と親魚候補の移動範囲に関するより詳しい指針を策定することができると考えられる。

3. アユ種苗の遺伝的特性

河川漁業協同組合はアユの漁獲量を一定水準以上に維持することを目的として、全国各地から様々な種苗を入手し、放流してきた。この放流種苗の主なものとしては、琵琶湖産アユ種苗、海産アユ種苗および人工種苗があり、以下にそれぞれの種苗の遺伝的特性について述べる。なお、琵琶湖産アユ以外の陸封型アユ種苗も一部の地域で流通しているが、これらの種苗の遺伝的特性はそれぞれの地域特性により異なるものと思われる。

(1) 琵琶湖産アユの遺伝的特性

琵琶湖産アユは、海産アユと比較して適水温帯や強いナワバリ性などの特異的な生理・生態特性を備えることが知られ（水産生物有用形質の識別評価マニュアル 1994）、アロザイムマーカーやDNAマーカーなどを用いた分析手法により、その遺伝特性が調べられている。谷口ら（1983）はアロザイムマーカーにより、琵琶湖産アユは海産アユに較べ、遺伝子数やヘテロ接合体率などの遺伝的多様性を表す指標の数値が低く、遺伝子の頻度組成が異なることを示した。さらに、遺伝的距離でも琵琶湖産アユは海産アユの地域集団より離れていること、すなわち両者間の遺伝的な違いが大きいことを示した。また、Takagi *et.al.*,（1999）も、マイクロサテライトマーカー座のアリル頻度の分析により、海産アユと琵琶湖産アユでは明らかに遺伝的な組成が違うことを示している。Iguchi *et.al*,（1997）によれば、ミトコンドリアDNAの制限領域の分析により、

琵琶湖産アユは海産アユより遺伝的な均一性が高いこと、すなわち遺伝的多様性が低いことを、および両者は異なる遺伝子型を持つため、両者間の識別は凡そ10個体中8個体（80％）で識別が可能であることを報告している。また、野口ら（2003）は、アロザイムとマイクロサテライトDNAマーカーを組合せることにより、琵琶湖産アユと海産アユの個体識別の誤判別率は0.06～0.14%と非常に低くおさえられることから、両者はほとんど間違いなく識別できるとしている。本事業における茨城県（2000）、徳島県（2002）および養殖研究所（2003）のアロザイム分析やマイクロサテライト分析の結果でも、琵琶湖産アユと海産アユの遺伝的特性（遺伝子頻度など）が異なることが示された。なお、Iguchi *et.al.*,（2002）は、琵琶湖産アユについても湖内の異なる地点で採集した集団間で遺伝的な違いがあるものの、その違いのレベルは、琵琶湖産アユと海産アユ間に比べればかなり小さいと報告している。

以上を整理すると、琵琶湖産アユは海産アユに比較して遺伝的多様性が低下傾向にあり、遺伝子組成の差に起因する生理・生態的諸特性も琵琶湖産アユと海産アユで異なることが示唆される。また、琵琶湖産アユと海産アユは、遺伝マーカーにより、群として（集団レベル）だけでなく、一個体一個体（個体レベル）でも識別が可能であると言える。

(2) 海産アユの遺伝的特性

海洋生活期および河口または河川への自然遡上した天然稚アユは、科学的には両側回遊型と呼ばれる集団であり、遺伝的には河川で採捕された海産アユと同質である。そして、海産アユは、その遺伝的集団構造に対応した分集団により構成されている。現在まで、分集団間の遺伝子流動や分布の境界などに関して得られた情報は不完全であるが、それぞれの採集場所において得られた海産アユの分集団は、それぞれの海域に対応する地域的な遺伝特性を備えている可能性を排除できない。

一般に、海産アユは、琵琶湖産アユに比べて産卵期が遅く、漁期が長い。一方、最適水温がやや高く、それに伴ってナワバリの形成時期もやや遅れる傾向があるため（水産生物有用形質の識別評価マニュアル 1994）、アユの友釣りで解禁当初、海産アユは琵琶湖産アユに比べて釣れにくいものの、夏季にはよく釣れるようになることが知られている。

(3) 人工種苗の遺伝的特性

アユの人工種苗は海産アユや琵琶湖産アユを養成した親魚同士、これらの親魚を継代し養成した親魚同士、または、両者を起源とする親魚を交雑することによって生産されている。これらの人工種苗は、天然アユ集団と比較して限ら

れた数の親魚により種苗が生産されている場合が多いことから、天然集団アユ（海産アユおよび琵琶湖産アユ）とは異なる遺伝的特性を持つことが推測される。谷口ら（1983）はアロザイム分析を用いて、人工種苗は河川天然集団と比較して、遺伝子数や多型遺伝子座数が減少することを示した。その後、原ら（1996）や久保田（2002）もアロザイム分析を用いた結果として、人工種苗の遺伝的多様性が河川天然集団よりも低いことを報告している。一方、本事業における岩手県（2000）や徳島県（2003）の報告によるミトコンドリアDNAやマイクロサテライトDNAを用いた分析結果でも、人工種苗の生産ロット間では遺伝的組成（遺伝子などの頻度組成）の変動が大きく、遺伝的多様性が低いことが明らかにされている。なかでも、継代を重ねた人工種苗については、初代の親魚数にもよるが、それ以外の人工種苗と比較して極端に遺伝的多様性が低下することが明らかにされている（谷口ら2003）。

以上のことから、人工種苗は天然集団と比較して遺伝的多様性が低い傾向があると結論づけることができる。特に、人工種苗の生産においては、継代飼育された親魚の使用が人工種苗の遺伝的多様性を極端に低下させることがわかってきた。また、人工種苗では生産に関与する親魚の意識的および無意識的選択により、生産ロット間で遺伝的組成に大きなばらつきが生じるという特徴を持つことも確認されている。

4. 放流アユ種苗の河川集団への影響評価

アユ種苗の河川放流を実施する場合、異なる地域で採集した種苗や遺伝的に変化した人工種苗を用いれば、在来集団に対して生態的影響や遺伝的影響の可能性があることを注意する必要がある。このうち生態的に影響のある場合を生態的攪乱と言い、遺伝的に影響のある場合を遺伝的攪乱と言う。遺伝的攪乱は、絶滅危惧種の適応力の低下の一因とも考えられる地域集団の遺伝的多様性の消失と個体レベルの遺伝的多様性の低下となって現れる。

しかしながら、実際上、このような遺伝的攪乱の帰結を直接的に測定・観測することは困難をともなうので、一般的にはDNA中に存在する遺伝的変異を指標として遺伝的多様性を評価することになるのである。遺伝的攪乱により一旦消失してしまった遺伝子や集団の遺伝的特性は容易に再生できるものではない。

アユの種苗放流において遺伝的多様性を高く維持するという見地から、種苗特性を詳しく調べ、的確な種苗を選定し、それらを放流する。そして、放流後においても、遺伝的な影響の有無を監視することは、放流による重大な影響を回避するために基本的な重要項目であり、河川のアユ資源を持続的に利用する

ために欠かすことのできない事柄と考えられる。

すなわち、放流の前後において遺伝的多様性を適正に評価することは、アユの遺伝資源を保全するための基本情報を提供することに繋がるばかりか、それにより得られた情報を遺伝的多様性の保全のために有効に活用することにより、遺伝的な特徴を備えたアユ地域集団（資源）の保全に繋がる（消失などと言う取り返しのつかない状況を回避する）と考える故である。

このような観点から、以下に、アユ放流種苗の由来別に、人工放流がなされた場合に遺伝的攪乱を引き起こす可能性の程度、また遺伝的攪乱を未然に防止する手法、更には今後に残された課題等について、簡潔に整理した。

(1) 琵琶湖産アユ種苗の放流について

数十年間にわたり多くの河川で、琵琶湖産アユが放流されてきたことから、放流河川における琵琶湖産アユと海産アユの交雑の有無や琵琶湖産アユの再生産について関心が持たれ、放流による遺伝的な影響の研究が進められてきた。谷口ら（1983）は、古くから琵琶湖産アユが放流されている高知県の河川におけるアロザイム分析を行った。その結果、この河川の天然アユ集団が琵琶湖産アユ独自の遺伝的組成とは明らかに異なる海産アユの遺伝的特性を維持していたことから、琵琶湖産アユは放流した年のアユ漁獲量の増大には寄与するものの、天然アユの再生産には殆ど貢献しないと報告した。Pastene *et.al.*,（1991）も、信濃川において、アロザイム分析とミトコンドリアDNA分析を用い、放流人工種苗または琵琶湖産アユ種苗と河川天然集団の間での交雑の可能性は推察できるものの、遡上アユについては、人工種苗や琵琶湖産アユの影響は殆どみられなかったと報告している。この原因は、琵琶湖産アユの産卵期が海産アユよりも早いため、ふ化した仔魚が海へ下っても、海域環境に順応できず、海での生存が難しいためと推側している。また、琵琶湖産アユは海産アユに比べ産卵時期が早いため、両者間の交雑アユができる可能性は非常に低いと考えられている。結論として琵琶湖産アユは放流一代限であり、河川における天然アユの再生産に寄与しないことから、河川の天然アユ集団の遺伝的多様性や遺伝子組成には影響を及ぼさないと推察している。

以上のことから、遺伝的多様性保全の観点からみる限り、現在までのところ琵琶湖産アユの放流による顕著な影響は認められない。しかし、長良川などの一部河川では、琵琶湖産アユと早期に降下する海産アユの産卵期が重なるという調査結果から、琵琶湖産アユと海産アユ間で交雑が行われ、遡上早期群アユの生残に悪い影響を及ぼす可能性が懸念されている（平成14年度本事業岐阜県報告)。さらに、河川の天然アユ集団の産卵期は、北に位置する集団ほど早い傾向があり、琵琶湖産アユの放流については、緯度に応じた配慮が必要にな

ると思われる。これらの点については、今後、詳細な遺伝学的調査を実行し、降下早期における交雑アユの有無、海洋生活期における生残や遡上早期群アユの由来調査を行う必要性があると考えられる。

(2) 海産アユ種苗の放流について

海産稚アユの遡上量の減少から、海産アユ種苗の放流量は全体の2割弱(2004年全国内水面漁業協同組合資料)と多くないが、河川天然集団の遺伝的特性を保存するためにも、できる限り近接した河川や海域で採捕された稚魚を放流用種苗として用いることが望ましい。一方、遠く離れた河川や海域の海産アユ種苗は、放流する河川の天然集団との間で遺伝的特性(遺伝子頻度などの遺伝的組成)の異なる可能性が高いと予測される。遺伝的特性の異なる海産アユ種苗は、再生産を通して放流した河川の天然集団の遺伝的性質を変える可能性が考えられる。このことから、海産アユ種苗を放流種苗として用いる際には、単なる遺伝的多様性の観点というよりも、遺伝子頻度などの遺伝的組成の変化に注意が必要である。

以上のことから、遺伝的に同質な隣接河川の天然遡上アユをそのまま放流したり、または、それらのアユを親魚として養成し採苗すれば、河川天然集団の遺伝的性質もほとんど変化させることなく放流効果を上げることが可能と思われる。

(3) 人工種苗の放流について

人工種苗は、海産アユや琵琶湖産アユを養成した親魚だけでなく、それらを継代した親魚や、さらにはそれらの交雑によって生産されていることから、成熟期などにおいて琵琶湖産アユより河川の天然アユ集団に近い傾向があり(「アユ種苗生産マニュアル」;全国湖沼河川養殖研究会アユ初期餌料研究部会1999)、再生産を通じて遺伝的多様性に影響を与える可能性が高いと考えられる。しかし、現在まで、人工種苗の放流による天然アユ集団への遺伝的多様性や遺伝的特性に対する影響調査は実施されていない。また、継代親魚は、選抜によってある程度成熟期をコントロールできることから、交雑による再生産形質への影響も懸念されており、今後、慎重に種苗生産や放流を行うことが必要であると指摘されている(谷口ら2003)。そこで、人工種苗の遺伝的多様性の低下を避けるためには、谷口(1995)や野澤(1997)が紹介しているFAO専門家会議の報告書による天然集団の保全指針が参考になる。この報告書によると、親魚として天然魚を使用する場合は、有効親魚数(N_e)を50として種苗生産を行うこと、継代した親魚を使用する場合には、有効親魚数を500以上とすることを推奨している。このような人工種苗の放流については、放流前および

放流後において定期的な遺伝的分析を行うシステム、すなわち遺伝的モニタリング体制の確立とその実行が必要と考えられる。

人工種苗については、前述の方法により十分に遺伝的多様性を保った種苗で、かつ放流河川に近接した河川の親魚により生産された種苗が望ましい。けれども、仮に十分な親魚数が確保できない場合は、放流された種苗のモニタリングを前提として、少なくとも現状で遺伝的違いが認められなかった河川グループ内（本事業の成果報告書参照）の親魚から生産された種苗の放流が望ましい。

5. 種苗放流のリスク評価とリスク管理

放流事業は自然の生態系への直接的行為であることから、放流によりもたらされる利益は、短期的には漁獲量の増加であり、長期的には資源の持続的な利用であるが、そのためには該当生態系および天然集団に対する遺伝的な影響などの顕在的および潜在的なリスクの評価と査定も必要と考える。

査定項目としては、①生物種の関係（近縁種との関係）、②生態学的関係（生態的同位種や両側回遊型と陸封型などの生態的相互関係）、③生理的特性の違い（温度や塩分に対する耐性）、④遺伝学的位置関係（地域集団間の違いと遺伝的類縁関係およびそれらの間の交雑による遺伝的撹乱の可能性）、⑤遺伝的多様性のレベル低下などが上げられる。また、放流後においてもリスク管理指針などを策定するとともに、国や県の行政並びに研究機関の支援のもと、調査体制を整えることにより、リスク回避のための措置を講じてゆくことが望ましい。

6. 遺伝的多様性保全から見た放流指針ダイジェスト

アユの種苗放流については、すでに放流マニュアルや種苗生産マニュアルが公表されているが、アユ資源の持続的利用のためには、放流種苗が天然資源に及ぼす影響の検討も必要との考えが広まりつつある。種苗放流の影響を考える場合、種苗が病原菌のキャリアーとなり放流漁場に大きな被害を与える場合もあり、生理学や病理学的な健苗性の検討も必要である。けれども、今回の放流指針では、アユの遺伝的多様性を保全するという観点から、望ましい放流のあり方について提案する。

(1) 琵琶湖産アユについては、河川天然集団との交雑の可能性は完全に否定できないものの、現在までの長年の調査でも、放流河川における琵琶湖産アユの再生産や、琵琶湖産アユと海産アユとの交雑による遺伝子頻度などの遺伝的

組成の変化の証拠は見つかっていない。このことから、現時点では、琵琶湖産アユの放流による大きな遺伝的影響はないと考えられる。しかし、琵琶湖産アユの産卵期と河川の天然アユ集団の産卵期が重なるような北日本の河川や産卵早期群が存在する河川にあっては、国や県の行政並びに試験研究機関の支援のもと、放流後の十分なモニタリング体制を整えるとともに、遺伝的多様性を保全することを目的として、放流の事前と事後の調査を積極的に実施していくことが望ましい。

(2) 海産アユ種苗については、遺伝的多様性保全の観点からは大きな問題はないと考えられる。しかし、遺伝的な組成の違いが認められる海域や河川から採集した種苗の放流は、放流河川に生息する天然集団への遺伝的な影響が否定できないことから、国や県の行政並びに試験研究機関の支援のもと、放流後の十分なモニタリング体制を整えながら、以下のような管理が望ましい。

①放流種苗は、遺伝的な違いが認められない近接した河川、または遺伝的違いが認められない範囲で、近い海域内のものを使う。
②遺伝的多様性を維持するため、放流種苗は1日分だけでなく、できるだけ多くの複数日の採集分を混合して放流する。
③放流種苗は、遺伝的多様性が十分に保たれていることを確認し放流する。

(3) 海産アユや琵琶湖産アユを由来とする人工種苗の放流による遺伝的多様性への顕著な影響については、現時点では不明である。しかし、仮に海産アユの資源量が大きく減少して河川の天然集団の数量と放流種苗の数量の割合が近接または逆転した場合には、交雑や再生産の影響が現れる可能性も予測されるので、国や県の行政並びに試験研究機関の支援のもと、放流後の十分なモニタリング体制を整えながら、放流種苗を生産する段階から常時、以下に示す管理を行うことが望ましい。

①人工種苗生産用の親魚は遺伝的な違いが認められない近接した河川、または遺伝的違いが認められない範囲で、近い海域内のものを使う（本事業成果報告書参照）。
②天然親魚一代限りの生産では、有効親魚数で50以上を確保する。
③できるだけ継代した親魚の使用を避けることが望ましいが、継代した親魚を使用する場合には、初めの有効親魚数（創始集団）は500以上を確保する。
④産卵期全般にわたって、できるだけ多くの親魚が種苗生産に関与し、有効な種苗集団サイズが大きくなるようにする。
⑤生産した種苗は混合して、遺伝的多様性の維持を図る。
⑥天然集団と比較して、遺伝的多様性が十分に保たれた種苗を放流する。

⑦種苗放流後についても、調査体制を整え、当該河川または海域の天然集団の遺伝的多様性の調査を実施する。

(4) 遺伝的調査について

遺伝的分析技術は日々進歩していることから、種苗放流の遺伝的な影響を正確にモニタリングするためには、国や県の行政並びに試験研究機関の支援のもと、放流後の十分なモニタリング体制を整えながら、有効な遺伝マーカー（マイクロサテライトDNAマーカーやミトコンドリアDNAマーカーなど）を用いて、種苗の放流前調査と遡上期の調査を定期的に実行することが望ましい。また、これにより得られた最新のデータに基づき、随時、本指針の見直しを行っていくことも必要と考える。

（文責：原　素之：水産庁養殖研究所）

用語解説

AMOVA 分析　分子マーカーによる分散分析（Molecular analysis of variance）のことで、複数（3以上）集団の遺伝的均質性を検定するときに用いる方法である。

ATPase　アデノシン三リン酸（ATP）の末端のリン酸結合を加水分解する酵素（EC 番号 3.6.1.3）のことで、筋肉活動のようにエネルギーを要する生物活動に関連したタンパク質の存在するところで、この酵素の活性をもっていることが多い。この酵素の活性は白筋（速筋）と赤筋（遅筋）で異なり、白筋において褐色に染まる。

F_{ST} 分析　ＤＮＡマーカーによる遺伝子型データ分析において、集団間の多様性が、遺伝的多様性全体のなかで占める割合を示す統計値であり、集団間の遺伝的分化の程度が大きいほど F_{ST} は高くなる。ペアワイズ F_{ST} は2集団間の遺伝的分化の程度を示す指数である。

H.E. 染色　ヘマトキシリン・エオシン染色は、組織学で使われる一般的染色法である。ヘマトキシリンに青紫色に染まる組織を好塩基性といい、細胞核、骨組織などがよく染まる。エオシンにより赤からピンクに染まる組織を好酸性といい、細胞質、結合組織などがよく染まる。

NADH 脱水素酵素　ニコチンアミドアデニンジヌクレオチド（NAD：nicotinamide adenine dinucleotide）は、電子伝達体であり、さまざまな脱水素酵素の補酵素として機能し、酸化型（NAD^+）および還元型（NADH）の2つの状態をとる。この酵素の活性は赤筋（遅筋）で活性が高く、青く染色される。

Nei の遺伝的距離　根井正利（1977）により考案された集団間の遺伝距離を計る統計量（付章2参照）。

PAS 染色　Periodic acid-Schiff stain の略称で、パス染色と称される組織学で使用される染色法の1つである。PAS 染色は主に組織におけるグリコーゲンの証明のために使用される。魚では、体表や消化管の上皮細胞に存在する粘液多糖類が染色される。また、産卵期の個体の排卵後の濾胞細胞が PAS 陽性であるので、産卵の確認に使われる。

RFLP（制限酵素断片長多型）　RFLP は Restriction Fragment Length Polymorphism の略称。DNA 鎖を制限酵素により切断したときの断片の長さが個体によって異なる場合、これを制限酵素断片長多型という。通常、ミトコンドリア DNA の変異性の高い D ループ領域を PCR で増幅し、RFLP

を検出する。RFLPは、ほかのDNAマーカーとともに種の鑑定、集団の異同、家系判別などに応用される。

TNES-Urea法　DNAの抽出法の1つで、この名前はTNES-Ureaバッファー（10mM Tris-HCl pH7.5, 125mM NaCl, 10mM EDTA・2Na, 1% SDS）を使用することに由来する（付章2参照）。

UPGMA法　Unweighted Pair-Group Method using Arithmetic averagesの略称であり、非加重結合法といわれる。対象集団の各ペア間の遺伝的距離を用いてボトムアップ方式で系統樹を作成するクラスター解析法である。

アロザイム　電気泳動分析において、移動度の差異により識別される酵素の変異型である。DNA分析が開発・普及されるまでは、種や集団の遺伝的違いを調べるために有効なマーカーとして採用されてきたが、変異性があまり高くないので、地理的分集団の識別においては難点がある。

遺伝子流動　種や地理的分集団間において、個体の移動などにより遺伝子レベルの交流が生じること。

遺伝的距離　生物種において集団間の遺伝的違いの程度を示す尺度で、種や分集団間の遺伝的類縁関係を客観的に表わすうえで有効とされる。マーカー遺伝子の頻度を用いて集団の違いを数値化したものがD値である。D値は同じ集団から採ったサンプル間では0となり、類縁関係が遠いほど大きくなる。

遺伝的多様性　種内または集団内にさまざまな遺伝子の変異が存在すること、また、その度合いを示す。遺伝的多様性が低くなると、その結果として個体および集団レベルでの適応度が低下する可能性が想定され、絶滅に至る時間が確率的に短くなるため、保全にあたっては、考慮すべき項目の1つであると考えられている。遺伝的多様性は、生態系の多様性、種の多様性とともに、生物多様性条約で保全すべき重要な項目の1つとしてあげられている。

カイ二乗値　カイ二乗は各頻度の観測値と理論値の差を2乗し、各頻度の理論値で割った値の総和である。カイ二乗は、観測値と理論値の差が大きいほど大きくなる。ハーディー・ワインベルグ平衡のカイ二乗検定においては、採集した標本群の表現型の頻度分布が2項2乗の法則によって予測される頻度分布に一致しているか否かを判定する。両値が一致していると、その集団は均質なメンデル集団と判断され、一致しない場合は異集団の混合の可能性や近交の可能性が疑われる。

管理単位（Management Unit = MU）　種内の1つの分集団で、集団間に遺伝子流動の可能性があっても、少なくとも1つ以上の遺伝子座において統計的な異質性が確認される場合、この集団は1つの管理単位とみなされる。放流事業や漁獲規制などの資源管理の計画と実行は、この単位ごとに実施され

るべきである。

基亜種　亜種が記載されている種では、必ず種小名と同じ学名の亜種が存在し、これは基亜種または原亜種と呼ばれる。アユの場合は、海産アユや琵琶湖産アユが基亜種となる。

近交弱勢現象　近親交配は子孫の生存率や繁殖量を減少させる。この現象は近交弱勢と呼ばれ、劣性有害遺伝子のホモ化が原因と考えられている。

ケミルミネッセンス法　電気泳動法やDNAシーケンサーにおいて、蛍光物質を使ってDNA断片を可視化する方法を指す。それ以前は、ラジオアイソトープを使用していたので、それを操作するための特別の実験室が必要であったが、この方法の採用により通常の生物実験室でDNA多型の検出が可能となった。

雑種強勢現象　遺伝的に異なる両親の間に生じた雑種に現われる、生育、生存力、繁殖力などのすぐれた性質のことを指し、ヘテローシスとも呼ばれる。

集団の有効な大きさ（N_e）　任意交配を行なう理想的繁殖集団において、次の世代に遺伝子を供給した親の数を表わす概念である。天然集団では、それぞれの親の貢献度（次世代に残した子どもの数）や雌雄の個体数に違いがあるので、個体が次世代に配偶子を伝える確率を補正する。

進化学的保全単位（Evolutionally Significant Unit =ESU）　集団構造に関する調査研究の結果として得られた系統図において、確認された単系統的グループで、1つ以上のDNAマーカーにおいて独立性が確認できれば、これを進化的保全単位（ESU）と称する。同一種であっても異なる保全単位間の移植放流は遺伝的攪乱とその後の絶滅につながるので、避けなければならない。

絶滅危惧種　自然的または人為的要因により、個体数がはなはだしく減少しており、放置すればやがて絶滅すると考えられる生物集団。

地理的分集団　ある生物種の分布域全体で、遺伝的に均質な単一集団を構成している場合は少なく、程度の差はあれ、なんらかの地理的隔離によって、いくつかの分集団に分かれていることが多い。分集団間では、ある程度の遺伝子の交流があるものの、それぞれ固有の遺伝的組成をもち、地理的分集団として存在している。

ハーディー・ワインベルグ平衡　ハーディー・ワインベルグの平衡は、1つの遺伝子給源（gene pool）を共有し、他家受精の有性生殖を行なう個体からなる集団（メンデル集団）において成立する。この法則は、「任意交配（random mating）が続けられ、淘汰、突然変異が働かないという条件のもとで、遺伝子および遺伝子型頻度は毎代不変で、接合体系列は配偶子系列の2乗に等しい」というものである。この法則は、配偶子系列の遺伝子頻度と接合体系列の遺伝子型頻度のきわめて単純な関係を示すもので、2項2乗の

法則とも呼ばれる（付章1参照）。

ビン首効果　ボトルネック効果ともいわれる。生物集団の個体数が激減することにより遺伝的浮動が促進され、その子孫において遺伝子頻度がもととは顕著に異なるだけでなく、均一性の高くなる（遺伝的多様性の低くなる）現象を指す。これは、細いびんの首から少数のものを取り出すときには、もとの割合からみると特殊なものが得られる確率が高くなる、という原理から命名された。

ヘテロ接合体率　卵や精子、またそれに相当する配偶子が2個融合し接合体を形成する生物において、違う型の配偶子が接合する状態をヘテロ接合体という。個体および集団の遺伝的多様性の保有度合いを表わす1つの指標としてよく採用される。

ホモ接合体過剰　多型的遺伝子座において出現するホモ接合体の観察値がハーディー・ワインベルグ平衡により予測される理論値より高くなる場合を指す。この状態は、ヘテロ接合体の観察値が理論値より低くなる状態と裏腹の関係である。ホモ接合体過剰の度合いは、近交係数の上昇に比例して高くなることが理論的に解明されている。

マーカーアリル　マイクロサテライトDNA領域などのようなタンパク質の合成にかかわらない領域（非コード領域）であるが、対立遺伝子に相当する個体変異を含んでいる場合には、このような変異領域に対してマーカーアリルの呼称があてられている。

マイクロサテライトDNA分析　核DNAに存在する2～数塩基単位の反復配列で、個体間で繰り返し数の異なる型が多く、分析再現性も高いことから、遺伝的多様性の度合いを調べるために有効な遺伝指標となる。また、高度の変異を含んでいるため、集団や個体識別に有用と考えられている。

ミトコンドリアDNA分析　細胞内のミトコンドリア組織に存在するDNAで、核DNAと比較すると短いために扱いやすい。ミトコンドリアDNAの全体、または一部を用いた遺伝的分析法が遺伝的多様性を調べる方法として開発・応用されている。さらに、核DNAと比べて、ミトコンドリアの塩基配列情報は、雌個体を通してのみ遺伝するという際立った特徴がある。

メタ集団構造（メタ個体群構造）　メタ集団は、局所的集団（パッチ）が多数集まり、それぞれの局所的集団は生成と消滅を繰り返しながらも存続しているケースを想定した個体群モデルのことである。メタ集団の時間的変遷を遺伝的視点からとらえたのが、遺伝的集団構造である。

メンデル集団　1つの遺伝子給源（gene pool）を共有し、他家受精の有性生殖を行なう個体からなる集団をメンデル集団と称している。メンデル集団において、繁殖個体が次世代を生産するために等しく配偶子を集団中へ供給す

るならば、ハーディー・ワインベルグの法則（2項2乗の法則）が成立する。

有効親魚数（N_c）　人工種苗生産において、実際に再生産にかかわった親の数を指す。ただし、「集団の有効な大きさ：N_e」の場合と同じく、雌雄比や、それぞれの個体が次世代に配偶子を伝える確率を補正したに対応する概念がある。人工種苗の放流事業においては、天然集団との混合後の集団の有効な大きさの変化を想定して、実際の生産にかかわった親魚数の補正値を有効親魚数（N_c）として区別している。

連鎖不平衡　複数の遺伝子座の対立遺伝子または遺伝的マーカー（多型）が、同じ染色体上にあって遺伝的連鎖をしているために、それらの出現様式にランダムでない相関がみられ、特定の組み合わせ（ハプロタイプ）の頻度が有意に高くなる現象をいう。

参考文献

Asahida, T., Kobayashi, T., Saitou, K. and Nakayama, I. (1996) Tissue preservation and total DNA extraction from fish stored at ambient temparature using buffers containing high concentrations of urea. *Fisheries Science* 62: 727–730.

アユ冷水病防疫対策共同研究チーム編（2005）アユ冷水病の病害発生阻止に関する研究（平成 16 年度大学等連携促進研究成果報告書），高知県内水面漁業センター：1–53.

東　幹夫（1970）びわ湖における陸封型アユの変異性に関する研究Ⅳ．集団構造と変異性の特徴についての試論．日本生態学会誌 23: 255–265.

東　幹夫（1977）びわ湖のアユをめぐる種の問題．淡水魚 3: 78–86.

Azuma, M. (1981) On the origin of Koayu, a landlockedform of amphidromous Ayu–fish, *Plecoglossus altivelis. Verh International Verein Limnology* 21: 1291–1296.

Azuma, K., Kinoshita, I., Fujita, S. and Takahashi, I. (1989) GPI isozyme and birth dates of larval ayu, *Plecoglossus altivelis* in the surf zone. *Japanese Journal of Ichthyology* 35: 493–496.

Azuma, K., Takahashi, I., Fujita, S. and Kinoshita, I. (2003) Recruitment and movement of larval ayu occurring in the surf zone of a sandy beach facing Tosa Bay. *Fisheries Science.*, 69 (2): 355–360.

東　健作・平賀洋之・堀木信男・谷口順彦（2002）和歌山県中部の砕波帯におけるアユ仔魚の分布．水産増殖 50：9–15.

Excoffier, L., Smouse, P.E. and Quattro, J.M. (1992) Analysis of molecular variance inferred from metric distances among DNA haplotypes: application to human mitochondrial DNA restriction data. *Genetics* 131: 479–491.

FAO/UNEP (1981) Conservation of the genetic resources of fish: Problems and recommendations, Report of the expert consultation on the genetic resource of fish. *FAO Fisheries Technological Paper* 217: 1–43.

FAO (1995) Fisheries Report No.491. [谷口順彦 訳（1997）水産育種 22：83–10.]

Felsenstein, J. (1996) *PHYLIP* (*Phylogeny Inference Package*), Version 3. 57c. Department of Genetics, University of Washington, Seattle, Washington.

Frankel, O.H., Soulé, M.E. (1981) "*Conservation and Evolution*". Cambridge

University Press, Cambridge.［フランケル O.H.・ソレー M.E.（1982）「遺伝子資源」（三菱総研監訳）］
後藤　宏・池田　実・布川　誠・東　健作・谷口順彦（2002）ミトコンドリアDNA分析による和歌山県沿岸域におけるアユ仔稚魚の遺伝的組成の比較．水産育種 32：127−134.
浜田理香・木下　泉（1988）土佐湾の砕波帯に出現するアユ仔稚魚の食性．魚類学雑誌 35（3）：382−388.
原　徹・斉藤　薫・武藤義範（1996）アユ資源の増殖に関する研究―Ⅰ．岐阜県水産試験場報告，41：1−6.
Hara, M., Sakamoto, T., Sekino, M., Ohara, K., Matsuda, H., Kobayashi, M. and Taniguchi, N.（2006）Characterization of novel microsatellite DNA markers in ayu *Plecoglossus altivelis. Fisheries Science* 72: 208−210, 2006.
原　素之（2005）遺伝的多様性保全から見たアユ種苗放流指針．「健全な内水面生態系復元推進事業報告書（アユの遺伝的多様性保全指針作成調査）」独立行政法人水産総合研究センター養殖研究所，三重，pp. 181.
堀木信男（1991）和歌山県における海産稚アユ採捕量の年変動，特に近年における採捕量の激減について．日本水産学会誌 57：1065−1070.
Iguchi, K., Tanimura, Y. and Nishida, M.（1997）Sequence divergence in the mtDNA control region of amphidromous and landlocked forms of ayu. *Fisheries Science* 63: 901−905.
Iguchi, K., Tanimura, Y., Takeshima, H. and Nishida, M.（1999）Genetic variation and geographic population structure of amphidromous ayu *Plecglossus altivelis* as examined by mitochondrial DNA sequencing. *Fisheries Science* 65: 63−67.
Iguchi, K., Watanabe, K. and Nishida, M.（1999）Reduced mitochondrial DNA variation in hatchery populations of ayu（*Plecoglossus altivelis*）cultured for multiple generations. *Aquaculture* 178: 235−243.
Iguchi, K. and Nishida, M.（2000）Genetic biogeography among insular populations of the amphidromous fish *Plecoglossus altivelis* assessed from mitochondrial DNA analysis. *Conservation Genetics* 1: 147−156.
Iguchi, K., Ohkawa, T. and Nishida, M.（2002）Genetic structure of land−locked ayu within the Biwa Lake System. *Fisheries Science* 68: 138−143.
井口恵一郎（2004）アユ仔・稚魚の海域を通じた分散過程の分子遺伝学的解析．生態系保全型増養殖システム確立のための種苗生産・放流技術の開発研究結果総括概要書．69−70.
井口恵一郎・武島弘彦（2006）アユ個体群の構造解析における進展と今日的意義．水産総合研究センター研究報告，別冊5号：187−195.

池田　実（2008）DNA分析で見えてきた内水面移植の新たな問題.「水産資源の増殖と保全」北田修一・帰山雅秀・浜崎活幸・谷口順彦編著，西山堂書店，東京，pp. 105−127.
Ikeda, M., Nunokawa, M. and Taniguchi, N.（2003）Lack of mitochondrial gene flow between populations of the endangered amphidormous fish *Plecoglossus altivelis ryukyuensis* inhabiting Amami−oshima Island. *Fisheries Science* 69: 1162−1168.
池田　実・立原一憲・布川　誠・谷口順彦（2001）マイクロサテライトDNAおよびミトコンドリアDNA Dループの PCR−RFLP分析によるリュウキュウアユ導入集団の遺伝的評価．水産育種 31：33−37.
池田　実・高木秀蔵・谷口順彦（2005）マイクロサテライトDNA分析によるアユ人工種苗の継代数と遺伝的変異性の関係．日本水産学会誌 71：768−774.
Ikeda, M. and Taniguchi, N.（2002）Genetic variability and divergence in populations of ayu *Plecoglossus altivelis*, including endangared subspecies, inferred from PCR−RFLP analysis of the mtDNA D−loop region. *Fisheries Science* 68: 18−26.
池田　実・谷口順彦（2005）アユのマイクロサテライトDNA多型およびミトコンドリアDNA Dループの PCR−RFLP検出マニュアル.「健全な内水面生態系復元推進事業報告書（アユの遺伝的多様性保全指針作成調査)」，独立行政法人水産総合研究センター養殖研究所，三重，pp. 121−140.
稲田善和・筑紫康博・辻村明夫・谷口順彦（1996）ビブリオ病に対するアユの免疫能形質の評価．水産育種 23：29−39.
稲田善和・筑紫康博・辻村明夫・谷口順彦（1997）交雑法によるリュウキュウアユの成長形質と抗ビブリオ病形質の評価．水産増殖 45: 259−266.
Ishiguro, N., Miya, M. and Nishida, M.（2001）Complete mitochondrial DNA sequence of ayu, *Plecoglossus altivelis*. *Fisheries Science* 67: 474−481.
Ishiguro, N.B., Miya, M. and Nishida, M.（2003）Basal euteleostean relationships: A mitogenomic perspective on the phylogenetic reality of the “Protacanthopterygii”. *Molecular Phylogeneticsand Evolution* 27: 476−488.
Ishiguro, N.B., Miya, M. and Nishida, M.（2005）*Sundasalanx*（Sundasalangidae）is a progenetic clupeiform, not a closely−related group of salangids（Osmeriformes）: Mitogenomic evidence. *Journal of Fish Biology* 67: 561−569.
石田力三（1984）人工採苗アユについて．淡水魚 10：95−100.
石田力三（1985）アユ種苗の資源動向と需給状況．養殖 5：44−48.
石田力三監修（1994）アユ種苗の放流マニュアル．全国湖沼河川養殖研究会ア

ユ放流研究部会.
Kakehi, Y., Nakayama, K., Watanabe, K. and Nishida, M.（1999）Inheritance of amplified fragment length polymorphism makers and their utility in population genetic analysis of *Plecoglossus altivelis*. *Jouranal of Fish Biology* 66: 1529−1544.
川那部浩哉・桜井淳史（1982）アユの博物誌. 平凡社, 東京, 144p.
Jérome, G.（1999）PCA−GEN for Windows（Version 1.2）. Institute of Ecology and Biology Building, University of Lausanne CH−1015, Lausanne, Switzerland.
環境庁（1991）日本の絶滅の恐れのある野生動物（レッドデータブック）脊椎動物編. 自然環境研究センター, 東京, 340p.
Kimura, M. and Crow, J.F.（1964）The number of alleles that can be maintained in a finite population. *Genetics* 49: 725−738.
北島　力編（1993）放流魚の健苗性と育成技術. 水産学シリーズ 93, 1−119.
近藤桂太・今井貞美・高橋信夫・野口大毅・谷口順彦（2006）耳石ストロンチウムマーカーおよび遺伝マーカーに基づく吉野川上流域に放流された海系人工採苗アユの再捕確認. 水産育種 36：25−32.
久保田仁志（2003）アユ遺伝的多様性解析—栃木県内放流種苗アユについて. 全国河川養殖研究会要旨, 27−28.
宮地伝三郎（1960）「アユの話」岩波書店, 東京, 226.
向井輝美（1978）「集団遺伝学」講談社サイエンティフィック, 東京, 288p.
中嶋正道・高木秀蔵・細川秀毅・谷口順彦（2008）アユの天然遡上集団と遺伝的背景を共有する人工池中養成および河川放流集団の血液性状の比較研究, 水産育種 38：81−85.
根井正利（1977）遺伝距離.「人類学講座 10 巻, 遺伝」人類学講座編集委員会編, 雄山閣出版, 東京, 256p.
Nei, M. and Tajima, F.（1981）DNA polymorphism detectable by restriction endonucleases. *Genetics* 97: 145−163.
Nei, M.（1987）"*Molecular Evolutionary Genetics*". Columbia University Press, New York.［根井正利（1990）「分子進化遺伝学」（五條堀孝・斉藤成也訳）培風館, 東京.］
日本魚類学会（2001）アユの生物学と保全. 日本魚類学会シンポジウム要旨.
Nishida, M. and Takahashi, Y.（1978）Enzyme variation in population of ayu, *Plecoglossus altivelis*. *Bulletin of Japanese Society of Scientific Fisheries* 44: 1059−1064.
Nishida, M.（1985）Substantial genetic differentiation in ayu *Plecoglossus altivelis* on the Japan and Ryukyu Islands. *Nippon Suisan Gakkaishi* 51: 1269−1274.

Nishida, M.（1986）Geographical variation in the molecular, morphological and reproductive characters of ayu *Plecoglossus altivelis* in the Japan–Ryukyu Archipelago. *Japanese Journal of Ichthyology* 33: 232–248.

Nishida, M.（1988）A new subspecies of the ayu, *Plecoglossus altivelis*（Plecoglossidae）from the Ryukyu Islands. *Japanese Journal of Ichthyology* 35: 236–242.

西田　睦（1988）同一河川環境化で成育した琵琶湖産および海産アユの繁殖形質ならびに形態の差異．琉球大学理学部紀要 46：69–75.

西田　睦（1989）アユ，リュウキュウアユ．「日本の淡水魚」川那部浩哉・水野信彦編監修，山と渓谷社，東京，pp. 66–81.

西田　睦（1990）アユの分布とリュウキュウアユ．水産増殖 38：200–203.

西田　睦・澤志泰正・西島信昇・東　幹夫・藤本治彦（1992）リュウキュウアユの分布ならびに生息状況―1986 年の調査結果―．日本水産学会誌 58：199–266.

西田　睦・大河俊之・岩田祐士（1998）ミトコンドリアＤＮＡ分析による集団構造解析法．水産育種 26：81–100.

野口大毅・董　仕・谷口順彦（2003）血縁度を用いたアユの両側回遊型および陸封型の個体判別．水産増殖 51：219–224.

野澤　譲（1997）遺伝資源の保存．水産育種 24：75–82.

布川　誠・池田　実・谷口順彦（2000）アイソザイム分析による東日本におけるアユの集団構造．水産育種 29：61–68.

太田清信（1987）中国大陸に香魚を訪ねて．「香魚百態」宮地伝三郎他編，筑摩書房，東京，pp.194–207.

岡慎一郎・徳永浩一・四宮昭彦（1996）奄美大島住用湾の砕波帯におけるリュウキュウアユ仔稚魚の食性．魚類学雑誌 43：21–26.

Pastene, L.A., Numachi, K. and Tsukamoto, K.（1991）Examination of reproductive success of transplanted stocks in an amphidromous fish, *Plecoglossus altivelis*（Temmink et Schlegel）using mitochondrial DNA and isozyme markers. *Journal of Fish Biology* 39: 93–100.

Primack, R.（1993）Essentials of conservation biology. Sinauer Associates, Massachusetts, USA.

Queller, D.C. and Goodnight, K.F.（1989）Estimating relatedness using genetic markers. *Evolution* 43: 258–275.

Sato, R. and Ishida, R.（1977）Genetic variation in malate dehydrogenase and other isozymes in white muscle of ayu（*Plecoglossus altivelis*）. *Bulletin of Freshwater Fisheries Research Laboratory* 27: 75–84.

佐藤良三・中　賢治・石田力三（1982）アイソザイムの増養殖研究への適用. 水産育種 7：1−8.

澤志泰正・佐藤尚二・西田　睦（1992）奄美大島南部におけるリュウキュウアユの分布ならびに生息状況─ 1990 年 12 月の調査結果─. 沖縄島振興研究 10：43−57.

澤志泰正・藤本治彦・東　幹夫・西島信昇・西田　睦（1993）琉球列島北部におけるアユの分布ならびにその遺伝的・形態的特徴. 日本水産学会誌 59：191−199.

Sawashi, Y. and Nishida, M.（1994）Genetic differentiation in populations of the Ryukyu−ayu *Plecoglossus altivelis ryukyuensis* on Amami−oshima Island. *Japanese Journal Ichthyology* 41: 253−260.

澤志泰正・東　幹夫・藤本治彦・西田　睦（1998）対馬暖流域の島嶼におけるアユの生息状況とその遺伝的特徴. 魚類学雑誌 45：87−99.

Schneider, S., Roessli, D. and Excoffier, L.（2000）ARLEQUIN, version 2.000: A software for population genetics data analysis. Genetics and Biometry Laboratory, University of Geneva, Switzerland.

澁谷竜太郎・関　伸吾・谷口順彦（1995）海系アユおよび琵琶湖系アユのなわばり行動の水温別比較. 水産増殖 43：415−421.

関　伸吾・谷口順彦・村上幸二・米田　実（1984）湖産アユと海産アユの成長, 成熟および行動比較. 淡水魚 10：101−104.

関　伸吾・谷口順彦（1985）西日本におけるアユ地方集団間の遺伝的分化. 高知大学海洋生物学研究報告 7：39−48.

関　伸吾・谷口順彦・田　祥麟（1988）日本および韓国の天然アユ集団間の遺伝的分化. 日本水産学会誌 54：559−568.

関　伸吾・谷口順彦（1988）アイソザイム遺伝標識による放流湖産アユの追跡. 日本水産学会誌 54：745−749.

関　伸吾・谷口順彦（1989）天然湖および人工湖の移植陸封アユおよび人工採苗アユの由来について. 水産育種 13：39−44.

Seki, S., Taniguchi, N., Murakami, N., Takamichi, A. and Takahashi, I（1994）Seasonal changes in the mixing rate of restocked ayu−juveniles and assessment of native stock using allozyme marker. *Fisheries Science* 60: 31−35.

関　伸吾・浅井康弘・佐藤健人・谷口順彦（1994）継代飼育したアユ 親魚由来の卵の水温感受性における地理的品種間の差異. 水産増殖 42：459−463.

関　伸吾・高木基裕・谷口順彦（1995）DNA フィンガープリントとアイソザイム遺伝標識による野村ダム湖産アユの遺伝変異保有量の推定. 水産増殖 43：97−102.

関　伸吾・村上直澄・高　道昭・谷口順彦（1997）アユの2地理的品種および1亜種の鱗相の比較研究．高知大学海洋生物学研究報告 17：131–139.

Seki, S., Agresti, J.J., Gall, G.A.E., Taniguchi, N. and May, B.（1999）AFLP analysis of genetic diversity in three populations of ayu *Plecoglossus altivelis*. *Fisheries Science* 65: 889–892.

Senta, T. and Kinoshita, I.（1985）Larval and juvenile fishes occurring in surf zones of western Japan. *Transaction of American Fisheries Society* 114: 609–618.

四宮明彦（1994）リュウキュウアユ．日本の希少な野生生物に関する基礎資料（Ⅰ），水産庁，pp. 406–413.

諸喜田茂充・西島信昇・伊野波盛仁（1975）沖縄産アユの産卵生態—アユ保護の必要性．沖縄生物学会誌 13：12–17.

水産庁（1994）日本の希少な野生水生生物に関する基礎資料．財団法人日本水産資源保護協会，東京，696p.

田畑和男・東　幹夫（1986）海産、湖産系および湖産アユの仔魚の海水飼育における生残特性．兵庫県水産試験場研究報告 24：29–34.

田畑和男（2005）海産アユ遡上河川における人工産アユの混合率にもとづく再生産の確認．水産育種 34：117–122.

立原一憲（1991）池田湖産陸封アユの卵内発生と仔・稚魚の成長に伴う形態変化．日本水産学会誌 57：789–795.

立原一憲（1997）Ⅳ. 沖縄の動物 1．よみがえったリュウキュウアユ．「沖縄の自然を知る」池原貞男・加藤祐三編著，築地書館，東京，pp. 84–94.

立原一憲・澤志泰正・諸喜田茂充（1999）第2分冊 リュウキュウアユの保存と復元．「水生生物保存対策調査委託事業総合報告書（平成6～10年度）」財団法人日本水産資源保護協，東京，41p.

Tachihara, K. and Kawaguchi, K.（2003）Morphological development of eggs, larvae and juveniles of laboratory–reared Ryukyu–ayu *Plecoglossus altovelis ryukyuensis*. *Fisheries Science* 69: 323–330.

高木基裕・谷口順彦（1994）DNA フィンガープリントにおけるリュキュウアユの遺伝変異保有量と地理的分化．水産育種 20：29–37.

Takagi, M., Taniguchi, N., Yamasaki, M. and Tsujimura, A.（1995）Identification of clones induced by chromosome manipulation in ayu, *Plecoglossus altivelis* by DNA fingerprinting with RI and Non–RI labelled probes. *Fisheries Science* 61: 909–914.

高木基裕・曽我部五郎・谷口順彦（1998）AFLP フィンガープリント法によるアユの遺伝変異保有量と分化．水産育種 26：55–61.

Takagi, M., Shoji, E. and Taniguchi, N.（1999）Microsatellite DNA polymorphism to reveal genetic divergence in ayu, *Plecoglossus altivelis*. *Fisheries Science* 65: 507－512.

高木基裕・谷口順彦（1999）DNA 多型検出マニュアル，平成 10 年度水産生物の遺伝的多様性の保存及び評価手法の開発事業報告書，日本水産資源保護協会.

高木基裕・酒井治巳・今井千文・鬼頭均・畑間俊弘・藤村治夫・大橋裕（2001）阿武川ダム湖における海系放流アユの陸封化．水産育種 31：33－44.

Takahashi, I., Azuma, K., Fujita, S. and Hiraga, H.（2000）Differences in larval and juvenile development among monthly cohorts of ayu, *Pelecoglossus altivelis*, in the Shimanto River. *Ichthyological Research* 47: 385－391.

Takahashi, I., Azuma, K., Fujita, S., Kinoshita, I. and Hiraga, H.（2003）Annual changes in the hatching period of the dominant cohort of larval and juvenile ayu *Plecoglossus altivelis* in the Shimanto Estuary and adjacent coastal waters during 1986－2001. *Fisheries Science*., 69（3）: 348－444.

Takeshima, H., Iguchi, K. and Nishida, M.（2005）Unexpected ceiling of genetic differentiation in the control region of the mitochondrial DNA between different subspecies of the ayu *Plecoglossus altivelis*. *Zoological Science* 22: 401－410.

谷口順彦・木村晴朗（1982）高知県の物部川で獲れたサケについて．高知大学海洋生物学研究報告 4：55－57.

谷口順彦・関　伸吾（1983）湖産アユおよび海産アユの遺伝的分化．淡水魚 9：53－57.

谷口順彦・関　伸吾・稲田善和（1983）両側回遊型，陸封型および人工採苗アユ集団の遺伝変異保有量と集団間の分化について．日本水産学会誌 49：1655－1663.

谷口順彦（1985）土佐のアユ資源の保護を考える．土佐の自然 40：7－10.

谷口順彦（1986）種苗生産における遺伝学的諸問題 .「マダイの資源培養技術」水産学シリーズ 59，恒星社厚生閣，東京，170p.

谷口順彦（1987）琉球アユの保護について―遺伝資源保護の立場から―．淡水魚 終刊号：23－26.

谷口順彦（1987）四万十川におけるアユの不漁について．淡水魚 終刊号：34－35.

谷口順彦・依光良三・西島敏隆・松浦秀俊（1989）土佐のアユ．高知県内水面漁業協同組合連合会，高知，240p.

谷口順彦・高橋勇夫（1989）生化学的遺伝標識によるアユ放流種苗の追跡につ

いて—那賀川での調査事例—．海洋 21：270−276.
谷口順彦（1992）リュウキュウアユの人工増殖．淡水魚保護 92 終刊号：116−118.
谷口順彦（1993）水生遺伝資源の利用と保全について—ＦＡＯ専門家会議の報告書（1993）より—．水産育種 22：83−102.
谷口順彦（1994）第 5 章アユ．「水生生物有用形質識別評価マニュアル」日本水産資源保護協会，東京，pp. 131−197.
谷口順彦（1994）魚類の人工種苗放流と野生集団の遺伝的保全．海洋 26：501−504.
谷口順彦（1994）湖産アユと海産アユの違いについて（上・下）．養殖 387：76−79，110−114.
谷口順彦（1995）クローン魚による遺伝率の推定．水産育種 21：57−66.
谷口順彦（1996）アユの生態について—海産アユの資源増大について—，日本水産資源保護協会月報 385，pp. 5−6.
谷口順彦（1996）魚類のゲノム操作と高変異性 DNA マーカーによる G−C マッピング．日本水産学会誌 62：685−686.
Taniguchi, N., Yamasaki, M., Takagi, M. and Tsujimura, A.（1996）Genetic and environmental variancec of body size and morphological traits in communally reared clonal lines from gynogenetic diploid ayu, *Plecoglossus altivelis*. *Aquaculture* 140: 333−341.
谷口順彦・高木基裕（1997）DNA 多型と魚類集団の多様性解析．「魚類の DNA」青木　宙・隆島史夫・平野哲也編，恒星社厚生閣，東京，pp. 117−137.
Taniguchi, N., Takagi, M. and Matsumoto, S.（1997）Genetic evaluation of quantitative traits of hatchery stocks for aquaculture in red sea bream. *Bullutin.National Research Institute of Aquaculture Supplement* 3: 35−41.
谷口順彦・Perez−Enriquez, R.・松浦秀俊・山口光明（1998）マイクロサテライト DNA マーカーによるマダイ放流用種苗における集団の有効な大きさ（Ne）と近交係数（F）の推定．水産育種 26：63−72.
谷口順彦（1999）総論．「水生生物の遺伝的多様性の評価および保存に関する技術マニュアル」日本水産資源保護協会，東京，pp. 3−18.
谷口順彦（1999）魚介類の遺伝的多様性とその評価法．海洋と生物 123：280−289.
谷口順彦・岡崎登志夫（2000）新魚種導入マニュアル．「魚類養殖対策事業報告書（水産庁委託事業）」全国かん水養魚協会，東京，pp. 211−214.
谷口順彦（2000）アユの種苗放流と冷水病被害について．魚病研究 37：205−

223.
谷口順彦・池田　実・布川　誠（2001）アユのマイクロサテライトDNA多型およびミトコンドリアDNA Dループの PCR−RFLP 検出マニュアル.「平成12年度 内水面重要種資源増大対策委託事業（アユ遺伝的多様性保全指針作成調査）報告書」日本水産資源保護協会, 東京, pp. 37−58.
谷口順彦・董　仕・近藤桂太・今井貞美（2002）遺伝マーカーによる吉野川における陸封型放流アユの混合率および両側回遊型アユの分布の推定. 水産増殖 50：17−24.
谷口順彦（2002）魚類集団における遺伝的多様性の評価と保全―種苗生産と放流事業のあり方をめぐって―, 平成14年栽培漁業技術中央研修会テキスト集, pp. 1−9.
谷口順彦（2003）遺伝育種の研究. 日本水産学会誌 69（特別号）：81−86.
谷口順彦・池田　実（2003）DNA多型マーカーを利用したアユの集団構造と遺伝的多様性評価に関する研究.「平成14年度 内水面重要種資源増大対策委託事業（アユの遺伝的多様性保全指針作成調査）報告書」日本水産資源保護協会, 東京, pp. 37−41.
谷口順彦・東　健作・池田　実（2003）和歌山の海産アユの増殖に関する遺伝・生態学的調査研究, 財団法人かき研究, 仙台, 71p.
谷口順彦・中嶋正道・池田　実・谷口道子・高木秀蔵（2005）「アユの健苗性の促進に関する研究―人工種苗の遺伝的多様性と生態的特性の保全を目指して―」高知県内水面種苗センター, 高知, 62p.
谷口順彦（2007）魚類集団の遺伝的多様性の保全と利用に関する研究. 日本水産学会誌 73：408−420.
谷口順彦・野口大毅・福田　鑑・菅谷琢磨（2009）八田原ダム湖の陸封アユにおける浸透交雑. 2009年度日本水産学会春季大会. 89p.
土佐野治茂（2002）冷水病による甚大な被害. 魚病研究 37：205−223.
辻村明夫・谷口順彦（1995）生殖形質に見られた湖産および海産アユ間の遺伝的差異. 日本水産学会誌 61：165−169.
辻村明夫・谷口順彦（1996）クローンアユの生殖形質における表現型変異の縮小. 日本水産学会誌 62：393−398.
塚本勝巳（1988）アユの回遊メカニズムと行動特性.「現代の魚類学」上野輝弥・沖山宗雄編, 朝倉書店, 東京, pp. 100−133.
海野徹也・柴　智久・検崎仁美・柴田恭宏・長澤和也（2007）耳石 Sr/Ca 比による広島県芦田川水系における陸封アユの確認. 広島大学生物圏科学研報 46：35−42.
鷲谷いづみ・矢原徹一（1996）「保全生態学入門―遺伝子から景観まで―」文

一総合出版，東京，270p.
鷲谷いずみ（1999）「生物保全の生態学」共立出版，東京，181p.
夢枕　獏（2002）「本日釣り日和（海外編）釣行大全」中公文庫，東京，pp. 159−217.
吉沢和倶（1998）種苗生産に用いられるアユの形態とその遺伝的特徴．群馬県水産試験場研究報告 4：9−19.